地理信息系统理论与应用丛书

计算几何:空间数据处理算法

闫浩文　王明孝　王中辉　编著

科学出版社

北　京

内 容 简 介

计算几何是研究几何图形的计算机存储、表达、处理和分析等的理论与技术。而地理信息系统(GIS)处理的主要对象是空间数据(图形数据)。因此,如何运用计算几何的基本理论、方法、算法等为空间数据处理服务,已成为近年来GIS领域研究的焦点问题之一。

本书首先介绍计算几何基元及算法,然后依据计算几何在空间数据处理中的不同作用,分别论述空间分析算法、空间查询算法、空间数据可视化算法、空间关系表达算法及地图自动综合算法。本书注重介绍算法的基本原理与具体的实现过程。其论述深入浅出、图文并茂,便于读者理解与掌握。

本书适合于地理、地图、测量、城建等领域的广大研究人员和技术工作者阅读参考,也可作为地理学科、测绘学科及其他相关学科本科生、研究生的教学用书。

图书在版编目(CIP)数据

计算几何:空间数据处理算法/闫浩文,王明孝,王中辉编著.—北京:科学出版社,2012

(地理信息系统理论与应用丛书)

ISBN 978-7-03-036015-1

Ⅰ.①计… Ⅱ.①闫…②王…③王… Ⅲ.①计算几何-应用-空间测量-数据处理 Ⅳ.①O18②P236

中国版本图书馆CIP数据核字(2012)第268481号

责任编辑:韩 鹏 朱海燕 吕晨旭/责任校对:刘亚琦
责任印制:钱玉芬/封面设计:王 浩

科学出版社 出版
北京东黄城根北街16号
邮政编码:100717
http://www.sciencep.com

北京凌奇印刷有限责任公司 印刷

科学出版社发行 各地新华书店经销

*

2015年7月第 一 版 开本:787×1092 1/16
2015年7月第一次印刷 印张:12 3/4
字数:302 000

POD定价: 128.00元
(如有印装质量问题,我社负责调换)

前　言

早在2000年笔者撰写博士学位论文时就已经产生撰写本书的想法。当时，笔者在做空间关系理论问题的研究时，就发现地图上目标之间的空间关系计算问题，即在许多情况下都需要借助于凸包、Delaunay三角网、Voronoi图等来实现，而查阅当时的文献，中、外文书籍数量了了，于是心中闪过撰写本书的念头。后来，笔者在香港理工大学和瑞士苏黎世大学进行地图自动综合方面的研究时，发现计算几何在地图综合的空间描述和算法设计中应用同样广泛，这更加剧了笔者撰写本书的冲动。因此，从2006年开始，笔者尝试在兰州交通大学地图学与地理信息系统专业为硕士研究生开设了两门相关的课程："计算几何"和"地图数据智能化处理"，这使得笔者有机会投入专门的精力为本书写作积累资料、心得和人力支持。经过近5年多的探索，笔者大致理清了本书的思路。于是，在2011年上半年，笔者撰写了本书的提纲，邀请了王明孝博士、王中辉博士作为合作者，共同启动了本书初稿的撰写。

本书的撰写有两个目的：一是综括计算几何在空间数据处理算法方面的最新研究成果，为地图学、地理信息科学等领域的科研人员提供方法和技术手段；二是比较系统地论述计算几何的基本原理及其在空间数据处理中的经典算法，为地理信息学科的高年级本科生、硕士和博士研究生提供课本或课程参考资料。因而，本书在组织上着重于系统性，内容上强调新颖性。

为了论述上的系统性，本书在第1章提出并回答了计算几何与空间数据处理的关系问题，为后续各章的展开进行了导引；然后在第2章介绍了计算几何的基元和相关算法，为把计算几何算法应用到空间数据处理中奠定了基础。接下来进入了本书的重点章节：依据计算几何在空间数据处理中的不同作用，把这些算法归为4类，分别是：第3章"空间分析与空间查询算法"；第4章"空间数据可视化算法"；第5章"空间关系表达算法"；第6章"地图自动综合算法"。最后，第7章对全书进行了总结和展望。

本书的新颖性体现在4个方面。其一是书中的引文追求时效性，即针对某一具体问题的论述，尽量引用最近期的研究成果；其二是把计算几何和空间数据处理结合在一起进行系统论述的构想，到目前为止为本书所仅见；其三是书中给出了一个全新的计算几何在空间数据处理中的算法分类体系；其四是本书的第7章列出了计算几何在空间数据处理中潜在的研究方向，以便同行学者寻找感兴趣的研究课题。

本书撰写的具体分工如下：前言、第1章、第6章和第7章由闫浩文撰写；第4章的第4、5节和第5章由王明孝撰写；第2章、第3章和第4章的第1、2、3节由王中辉撰写。全书由闫浩文统一组织和统稿。

本书的出版得到兰州军区信息工程科技创新工作站、国家自然科学基金(40871208)、863重大项目(2009AA121404)、教育部创新团队资助计划(IRT0966)等的支持。本书完成后的初稿，曾在兰州交通大学地图学与地理信息系统专业2011级研究生中试用。期间，张宁、窦鹏、李双元、易珍言、程亚辉等同学在文字方面进行了修订，在此表示诚挚的谢意。特别感谢科学出版社领导和韩鹏先生在本书编辑出版中付出的辛勤劳动。

把计算几何理论和空间数据处理的实践结合在一起进行系统论述是空间信息科学中极具挑战性的课题。囿于作者的学识与经验，本书撰写虽然尽心尽力，但论述问题不免挂一漏万，遣词造句可能贻笑大方。文责尽在作者，欢迎同行批评指正。

闫浩文

2012年2月

目　　录

第 1 章　绪　　论

让我们用一个简单的事例开始本书的论述。

设想你是一个大学新生，初次进入陌生的大学校园，炎热难耐之际，想要在校园找个地方购买冷饮。学校里面零零落落地分布了数个冷饮小店。此时，你从哪里知道这些冷饮店的位置，并确定距离你最近的一个呢？一张校园地图无疑是非常合适的选择。在校园地图上，你可以很快确定自己的位置，明白你所在的校园分区，进而用简单的判断确定最佳的冷饮店位置(图 1.1)。

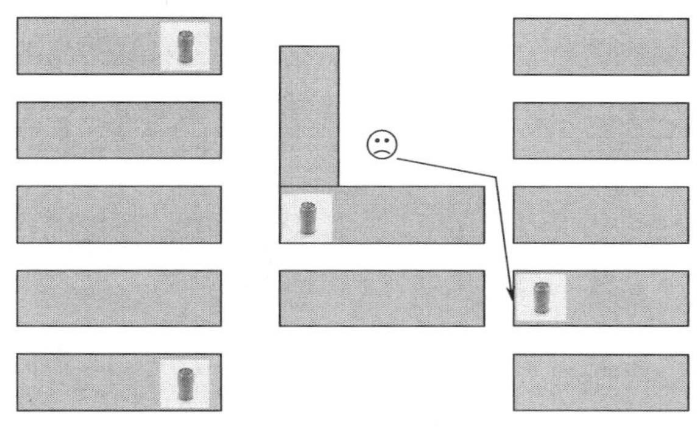

图 1.1　借助校园地图寻找冷饮店

大学新生借助地图寻找校园冷饮店的过程，如果换作机器人来自动实现，就包含了障碍物的识别、最短路径搜寻和计算等问题。简言之，该类问题可归纳为借助于计算机算法对几何图形进行计算的范畴，即属于计算几何(Computational Geometry，CG)所研究的问题。

计算几何的产生只有短短 30 多年的历史，但其发展势头极其迅猛，应用范围也非常广泛。目前，计算几何已成为计算机辅助设计、计算机辅助制造、运动规划、空间数据挖掘、图像处理、地图自动综合等领域的重要研究手段。

1.1　计算几何的概念

计算机科学(Preparata and Shamos，1988)和几何学(罗钟铉等，2010)的学者从各自的研究角度出发，均认为计算几何是自己学科的发展分支，从而各有侧重地对计算几何进行了定义。总括这两类定义，可以认为：计算几何是研究几何图形(或数据、模型)的计算机存储、表达、分析、综合、管理和处理等的理论与技术的总括。由于计算几何更偏重于算法的研究，因此，在许多情况下计算几何也被称为算法几何学(Algorithmic Geometry)或者几何算法学(Geometric Algorithms)。

显然，计算几何的研究对象是几何形体和几何数据，借助的工具是计算机相关学科，目的是实现图形处理的自动化和智能化(图 1.2)。

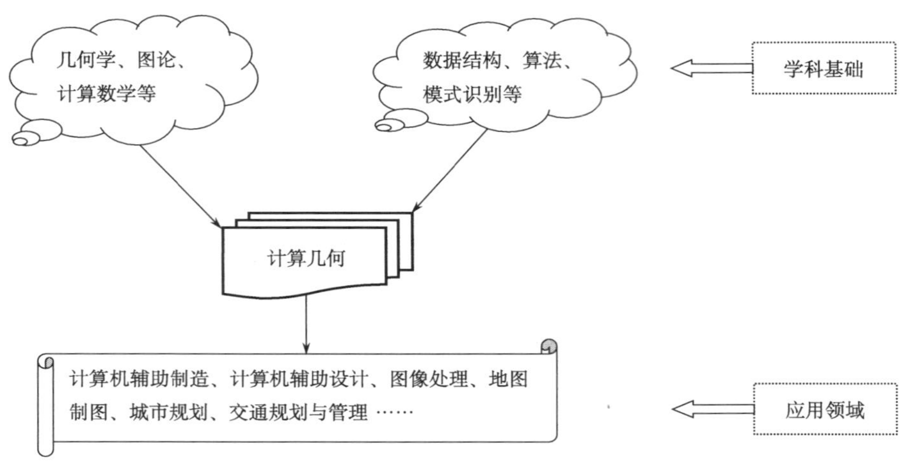

图 1.2 计算几何的相关学科及计算几何的应用领域

1.2 计算几何的缘起与发展

计算几何的“影子”可从 20 世纪 60 年代进行的样条曲线光滑、组合几何学等中窥见一斑。Minsky 与 Papert 在 1969 年出版的著作 *Perceptrons:An Introduction to Computational Geometry* 中最早提出“计算几何”这一术语,并进行了较为系统的论述。该书的出发点是模式识别。随后,Forrest(1971)在一篇名为“*Computational Geometry*”的会议论文中论述了几何曲线和曲面的建模问题。真正对当代计算几何学产生重大影响的标志性事件之一,应该是 Shamos 于 1978 年在耶鲁大学的博士学位论文“*Computational Geometry*”及其前后公开发表的一系列论文。他对计算几何的基本概念、工具和一些算法(如最近点问题、相交问题)进行了研究并给出了非常出色的解答。由于 Shamos 的突出贡献和他本人的计算机学科背景,后来者多把计算几何归结为理论计算机科学(Theoretical Computer Science)中的算法理论(Algorithm Theory)的一个分支。从 20 世纪 80 年代开始,计算几何的研究在世界范围内进入了一个非常活跃的时期。典型的事件,如 1983 年,关于计算几何的第一个国际学术研讨会召开;1985 年,关于计算几何的第一个国际学术大会(Annual Symposium on Computational Geometry)召开,并规定此大会每年举行 1 次;也是在这一年,第一本计算几何的教科书出版(Shamos and Preparata,1985)。

计算几何在中国的起源和发展几乎和世界同步,但是中国学者最初的研究方向却与其他国家有很大差异。1980 年,我国著名数学家苏步青、刘鼎元出版了《计算几何》一书。他们从计算机辅助设计的角度对样条曲线、样条曲面的光滑和变换问题进行了系统阐述;虽然这可视为计算几何在中国起源的标志性成果,但很显然,其着眼点与彼时的国际潮流并不一致。相比较而言,周培德(2000)撰写的著作《计算几何——算法设计与分析》,其内容及研究手段、研究思路、应用领域等与国际上计算几何研究的主流较为吻合。虽然,计算几何在中国已经得到了深入的研究和广泛的应用,也有部分高校开设了专门的计算几何课程；但是到目前为止，中国尚未成立专门的计算几何学会或协会，也未见专门的计算几何学术期刊发行。然而，鉴于计算几何在计算机科学、数学、空间信息处理、图形分析与设计等领域的重要地位，相关学术组织和学术期刊的出现可以预期。

1.3 从空间数据处理到计算几何算法

对地理信息系统(Geographic Information System，GIS)而言，其处理的对象是地理空间数据(简称空间数据)。GIS的空间数据一般可分为图形数据和属性数据两类，且图形数据是GIS研究的重点。从此意义上看，GIS的研究对象和计算几何的研究对象(几何图形数据)存在着很大的共性。因此，对于GIS领域的学者而言，研究如何运用计算几何的理论、方法、算法等为空间数据处理服务，就成为自然而然的事情。下面从几个例子来概括说明计算几何在空间数据处理中的应用。

1.3.1 点击选取目标

计算机屏幕上的地图目标，就其几何形体而言，无非是点、线、面三类。在计算机屏幕所在的二维空间点击选取目标，本质上是确定鼠标点击时所指的点与欲选中的目标之间的位置关系(图1.3)。

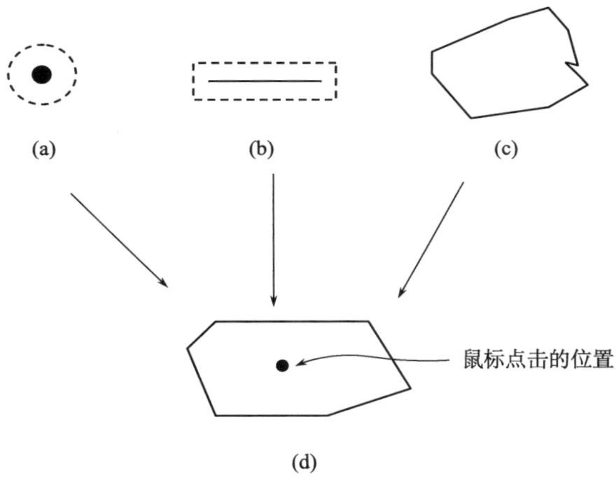

图1.3 鼠标在计算机屏幕上点击选取目标

用鼠标点击点目标时，由于数学意义上的点在屏幕上面积为零，所以鼠标不能捕捉到点目标。在实际中用该点的一个缓冲圆形区域来代替原始点目标[图1.3(a)]；当鼠标点击的位置在缓冲圆中时，即认为原始点目标被选中。

用鼠标点击线目标时，同样地，几何意义上的线没有宽度，只是在线所经过的位置占据单位像元的位置，用鼠标极难“点准”。为了选中线目标，通常为线目标设定一个缓冲区，并认为鼠标点击到该缓冲区时，就代表该线目标被选中[图1.3(b)]。

面目标则占据了屏幕上一定大小的实际区域，鼠标点击到该区域，就表示该面目标将被选中[图 1.3(c)]。

总括以上点、线、面三类目标的选取原理可知，在计算机屏幕上用鼠标点击选取目标，其关键就是(鼠标)点与多边形(所点击目标的抽象)的包含关系判断[图 1.3(d)]。这显然是一个几何图形的算法问题，比较典型的答案可见于地图数据处理中的铅垂线内点算法。

1.3.2 曲线化简

据统计，地图上至少 80%的符号为线状符号，因此曲线的处理是地图数据处理的主要内容。曲线化简是地图上线状目标可视化表达、地图数据网络传输等的常用运算。其目标是，在地图比例尺缩小时，去掉在视觉上多余的点，使地图上的线条符号和人类的视觉感受相一致。为此就需要区分在比例尺变化到一定幅度时，线目标上的哪些点仍然是特征点而需要保留，哪些点已不重要而需要删除。如果抛开曲线上点位的属性信息，这一问题就简化为寻找几何曲线上的特征点的问题，即计算几何算法问题。

到目前为止，曲线化简算法还以 Douglas 和 Peucker(1973)提出的算法最为经典，广为地图数据处理、图像处理、计算机辅助设计与制造等领域应用。在空间数据处理中，该算法被用在等高线化简、行政区域多边形化简等方面。图 1.4 是 Douglas-Peucker 算法化简单根等高线的一个例子。

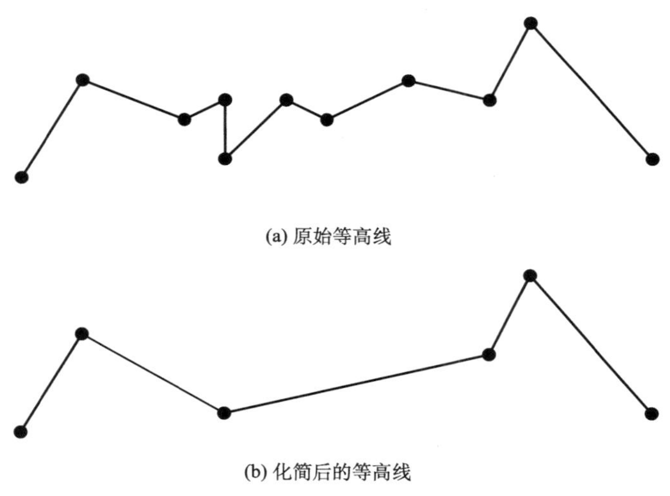

图 1.4 基于 Douglas-Peucker 算法化简等高线

1.3.3 居民地综合

在大、中比例尺的地图上，居民地一般呈离散、面状分布。当比例尺缩小时，由于地图图幅面积的限制，居民地符号之间、居民地与其他地物符号会出现重叠和压盖，此时需要对居民地进行合并、化简等操作。这一问题交由计算机自动完成时，就需要计算居民地之间的拓扑关系、距离关系、方向关系等，并由此确定应运用何种操作对相应的居民地群组进行合适的处理（闫浩文和王家耀，2009）。显然这主要是一个面状几何图形的计算问题。曾有学者（Yan et al.，2008）借助于计算几何中的 Delaunay 三角剖分，给出了这一问题的答案（图 1.5）。

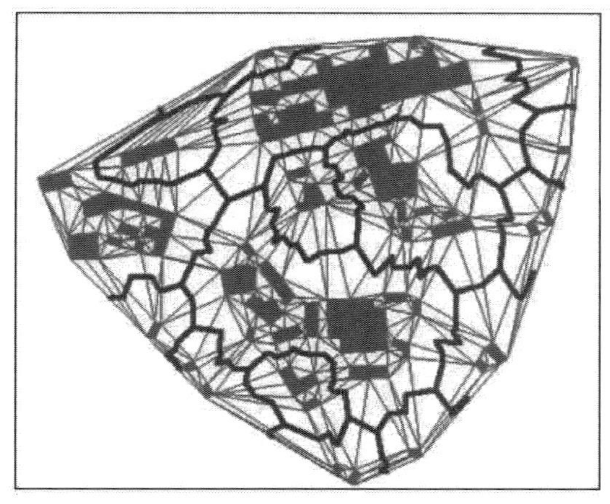

(a) 为了综合成1:25 000地图而进行的聚群

(b) 综合后的1:25 000地图

图 1.5　借助于 Delaunay 三角剖分的居民地综合方法

原图比例尺为 1∶10 000

计算几何在空间数据处理中的应用远非上述的例子所能概括。除了矢量数据，计算几何在栅格数据中同样应用广泛。国内外均有学者开发了专门的计算几何算法库，甚至把许多算法的控件库在网络上公布出来，免费让用户下载使用。

1.4　本书的组织和约定

在展开论述之前，对本书的研究对象、研究范围、研究重点等进行约定是必要的。

(1) 本书的研究对象是地理空间的矢量数据，除非特殊说明或部分章节的特殊需要，本书对栅格数据不作讨论。因此，本书所谓的地理空间数据可理解为表达地理空间的矢量数据。

(2) 本书研究的地理空间数据一般是二维的，且以地图数据作为研究重点。

(3) 本书不是计算几何的教科书，故无意涉猎计算几何的全部内容，而将专注于计算几何的基本理论和方法在地理空间数据处理中的算法方面。

本书的基本结构如下：

本章为绪论，主要论述计算几何的基本概念及其和空间数据处理的关系。

第 2 章论述计算几何的基元和相关算法，为后续章节中把计算几何算法应用到空间数据处理中奠定基础。

第 3～6 章是本书的重点。本书依据计算几何在空间数据处理中的不同作用，把这些算法分别归类到不同的章节，分别是：第 3 章“空间分析与空间查询算法”；第 4 章“空间数据可视化算法”；第 5 章“空间关系表达算法”；第 6 章“地图自动综合算法”。当然，本书不可能穷尽相关的所有算法，而是着重于新的、国际认同度高的算法。

第 7 章是本书的结束语，一方面对全书进行总结；另一方面提出本书研究议题中潜在的许多难题、问题，以便和同行学者分享。

主要参考文献

罗钟铉，孟兆良，刘成明. 2010. 计算几何. 北京：科学出版社

苏步青，刘鼎元. 1980. 计算几何. 上海：上海科学技术出版社

闫浩文，王家耀. 2009. 地图群(组)目标描述与自动综合. 北京：科学出版社

周培德. 2000. 计算几何——算法设计与分析. 北京：清华大学出版社

Douglas D H, Peucker T K. 1973. Algorithms for the reduction of the number of points required to represent a digitised line or its caricature. The Canadian cartographer, 10(2): 112～122

Forrest A R. 1971. Computational Geometry. *In*: Proceedings of the Royal Society of London. Series A, Mathematical and Physical Sciences, 321(1545): 187～195

Minsky M, Papert S. 1969. Perceptrons: An Introduction to Computational Geometry. Boston: The MIT Press

Preparata F P, Shamos M I. 1988. Computational Geometry: an introduction. New York: Springer-verlag

Shamos M I, Preparata F P. 1985. Computational Geometry: an introduction. Springer-verlag

Shamos M I. 1978. Ph. D Thesis. Yale University

Yan H W, Weibel R, Yang B S. 2008. A multi-parameter approach to automated building grouping and generalization. Geoinformatica, 12(1): 73～89

第 2 章　计算几何基元及算法

几何基元(Geometric Primitives)是计算几何研究的典型问题,包括多边形、凸壳、Voronoi 图、Delaunay 三角网、曲线和图等。它是研究计算几何其他问题的理论基础与必备前提,在空间数据处理算法中有着非常重要而广泛的应用,本章将就上述几类几何基元及其相关算法进行详细阐述。

2.1　多　边　形

2.1.1　简单多边形与复杂多边形

多边形分为简单多边形与复杂多边形。简单多边形是指边之间除顶点外不相交的多边形,即多边形的每个顶点的度数为 2,如图 2.1(a)所示。而复杂多边形则是指各边可以自相交,如图 2.1(b)所示,或是带有"洞"的多边形,如图 2.1(c)所示。对于复杂多边形,在矢量方法里,至今还没有好的解决办法。本书所讨论的多边形,如没有特别说明均指简单多边形。

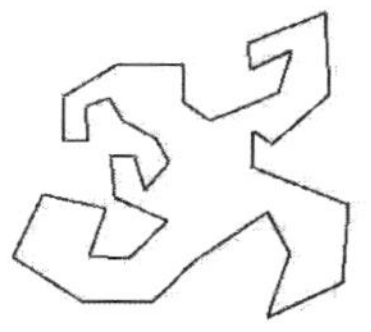
(a) 简单多边形

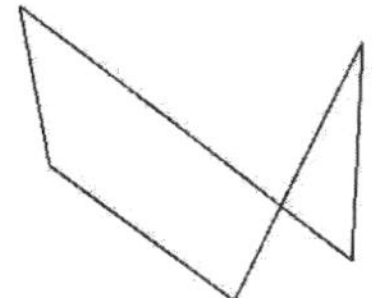
(b) 自相交的复杂多边形

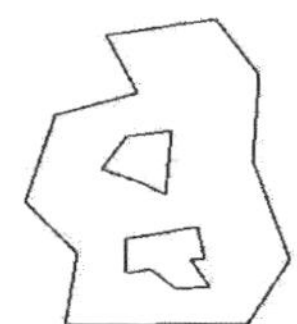
(c) 带"洞"的复杂多边形

图 2.1　简单多边形和复杂多边形

简单多边形分为凹多边形与凸多边形两类。凹多边形如图 2.1(a)所示。凸多边形是一种特殊的多边形,如图 2.2 所示。它具有许多特性,如凸多边形的所有顶点均在任一条边的同一侧,所有内角都小于 π,所有顶点均为凸点等。因此在许多问题中常常将多边形分割成凸多边形,特别是分割成三角形。另外,在空间数据处理及分析中常常用到的凸壳也是一凸多边形。

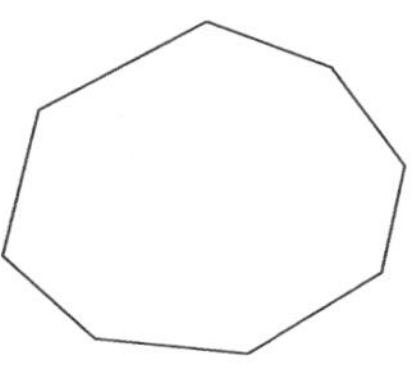
图 2.2　凸多边形

2.1.2　多边形的方向及顶点凹凸性的判定算法

1. 基本概念

在对空间数据进行处理时,常常需要判断多边形的方向和顶点的凹凸性。为了叙述上的方便，首先给出以下几个相关的定义。

定义 2.1 若多边形顶点 $P_1, P_2, P_3, \cdots, P_n$，依次按逆时针方向排列，且沿着多边形的任意一条有向边从起点走到终点时，左侧始终在多边形的内部，则称该多边形的方向为逆时针方向或正方向；否则称为顺时针方向或负方向。

定义 2.2 设 $P_1, P_2, P_3, \cdots, P_n, P_{n+1}=P_1$ 表示一个多边形。由 $P_{i-1}P_i$，P_iP_{i+1} 所形成的内角(即多边形内部的角)记为 $\theta(\theta \neq 0, \pi, 2\pi)$，若多边形某顶点 P_i 的内角 $\theta \in (0, \pi)$ 则该顶点是凸顶点；若 $\theta \in (\pi, 2\pi)$，则该顶点是凹顶点。

定义 2.3 在多边形的顶点中，将 x 坐标最小(大)的顶点，y 坐标最小(大)的顶点统称为多边形的极值顶点，极值顶点必为凸顶点。

定义 2.4 多边形的所有边均可看作有向边，边的方向与顶点的串联方向一致。对于每个顶点，均可求其前后相邻边的矢量叉积，得到的矢量称为顶点矢量。

2. 算法原理

在判断多边形的方向及其顶点的凹凸性时，涉及两个基本问题：

(1) 已知多边形某一顶点的凹凸性，确定多边形的方向；

(2) 已知多边形的方向，确定多边形任一顶点的凹凸性。

本节算法将上述两个基本问题结合起来进行考虑，通过多边形方向和其任一凸顶点之间的内在联系，确定出多边形的方向，然后再进一步由多边形的方向计算出其余各顶点的凹凸性(王中辉，2009)。具体算法原理叙述如下。

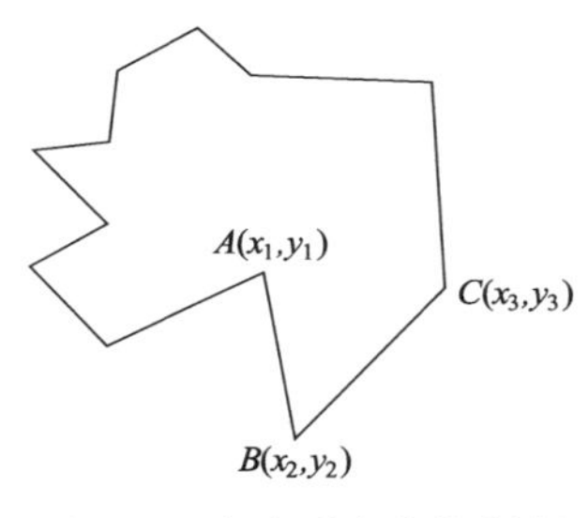

图 2.3 多边形方向的判断

如图 2.3 所示，设 $B(x_2, y_2)$ 是多边形的任意一个凸顶点，B 的前驱顶点为 $A(x_1, y_1)$，后继顶点为 $C(x_3, y_3)$。计算 B 的顶点矢量 K，得到式(2.1)：

$$K = (x_2 - x_1) \times (y_3 - y_2) - (x_3 - x_2) \times (y_2 - y_1) \tag{2.1}$$

若 $K>0$，多边形的方向为逆时针；反之，若 $K<0$，则多边形的方向为顺时针。

由多边形的性质可知，多边形的极值顶点必为凸顶点(本节算法中选择 y 坐标最小的极值点)。

同样，若已知多边形的方向为逆时针(顺时针)，利用式(2.1)计算多边形各顶点的顶点矢量，若其值大于(小于)零，则该顶点为凸顶点；其值小于(大于)零，则为凹顶点。

3. 算法描述

设 $P_i(x_i, y_i)\{i=1,2,3,\cdots,n\}$ 为多边形的一组有序顶点。

算法 1：多边形方向的判定。

第一步，遍历多边形顶点 P_1 至 P_n，找到 y 坐标最小的顶点 B；

第二步，利用式(2.1)计算凸顶点 B 的顶点矢量 K，若 $K>0$，则 flag$=1$，若 $K<0$，则 flag$=-1$；

第三步，判断 flag 的值，若为 1，则多边形的方向为逆时针；若为 -1，则多边形的方向为顺时针。

算法 2：多边形顶点凹凸性的判定。

第一步，利用算法 1 得到 flag 的值。

第二步，利用式(2.1)计算 $P_i(x_i, y_i)\{i=1,2,3,\cdots,n\}$ 的顶点矢量 K_i。

第三步，如果 flag＝1，若 $K_i>0$，则 P_i 为凸顶点，若 $K_i<0$，则 P_i 为凹顶点；如果 flag＝－1，若 $K_i<0$，则 P_i 为凸顶点，若 $K_i>0$，则 P_i 为凹顶点。

2.2 凸　　壳

2.2.1 凸壳的定义

定义 2.5　平面点集 S 的凸壳(Convex Hull)(或凸包、凸多边形)是指包含 S 的最小凸集，通常用 CH(S)来表示。从几何直观上判断，S 的凸壳表现为 S 中任意两点所连的线段全部位于 S 中。平面点集 S 的凸壳边界 BCH(S)是一个凸多边形，多边形的顶点必定为 S 中的点(图 2.4)。凸壳是计算几何中最普遍、最基本的一种结构。在应用中，许多实际问题都可以归结为凸壳问题，如运动路线规划中的货郎担问题(周培德，2000)，制图综合中的群点化简问题(毋河海，2000)等，都可以用凸壳解决。

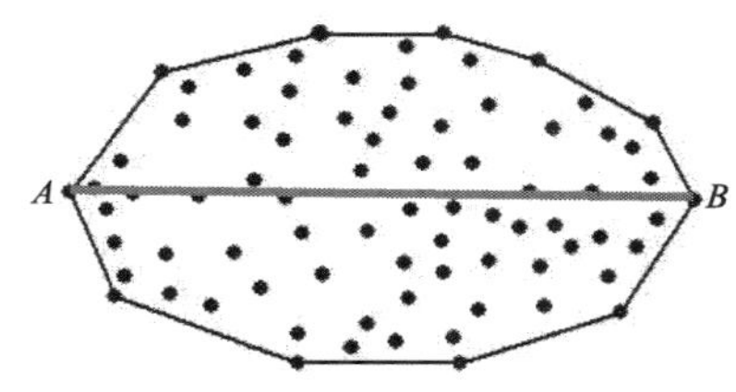

图 2.4　平面点集的凸壳

定义 2.6　凸多边形直径又称为平面点集的直径或平面点集凸壳的直径，定义为凸多边形顶点序列中距离最大的点对的连线，如图 2.4 中的线段 AB。

2.2.2 平面点集的凸壳求解算法

求解平面点集凸壳的算法有卷包裹法(Chand and KaPur，1970)、格雷厄姆算法(Graham，1972)、分治算法(PreParata and Hong，1977)、增量算法(Edelsbrunner，1982)及实时凸壳算法(PreParata，1979)等。

下面介绍格雷厄姆算法，该算法是求解群点凸壳的时间最优算法。

第一步，对于有 N 个点的点集 S，若 $N\leqslant 3$，输出 S，结束运算，否则转第二步。

第二步，找出 S 中 y 值最小的点(设为点 1)，计算该点与其他点的连线和水平线的夹角，如图 2.5(a)所示。该夹角的起算边是 x 轴的正半轴，顺时针旋转为负，逆时针旋转为正。然后按照夹角大小和各点与点 1 的距离进行词典排序，得到序列 $1,2,\cdots,N$，依次连接这些点，得到一个多边形，如图 2.5(b)所示。1、2、N 必然是凸壳上的点，如图 2.5(c)所示。

第三步，删除 3 到 $N-1$ 中的凹点，方法是：从第 3 点开始，设它为当前点 i，判断当前点 i 的后一点 $i+1$ 与第 $i-2$ 点是否在当前点 i 与它前面一点 $i-1$ 连线的同侧位，若在同侧，保留当前点，否则删除当前点。

如图 2.5(c)中，点 3 为当前点时，由于 1、4 点位于 2、3 连线的两侧，故删除点 3，得到

图 2.5(d)的结果；同样可以判断，点 4、7 为当前点时，被保留，而点 5、6 为当前点时被删除，得到图 2.5(e)的结果。

第四步，顺序输出凸壳顶点，如图 2.5(f)所示。

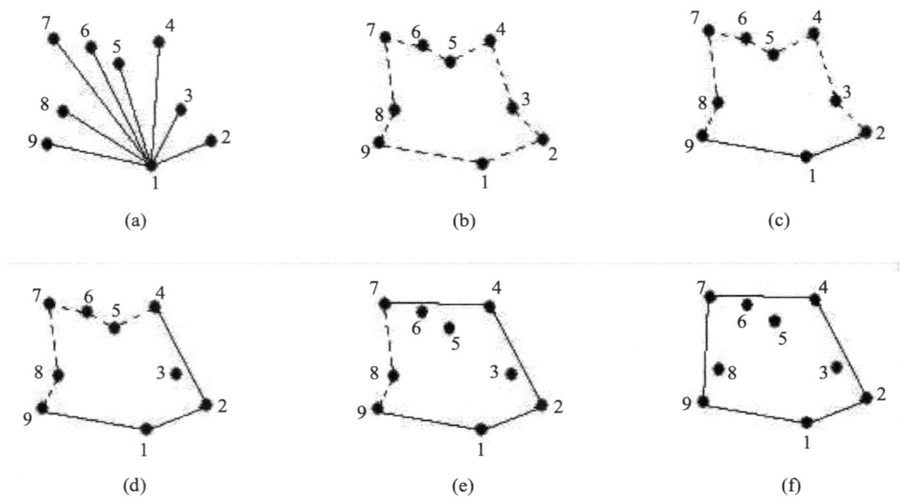

图 2.5　格雷厄姆算法求解凸壳的过程

2.2.3　平面点集的凸壳直径求解算法

多边形的直径是指连接多边形两顶点的线段的最长者。求凸 N 边形直径最简单、直观的方法是计算 $N(N-1)/2$ 个点对的距离，选取其中的最大者。这种算法显然需要 $O(N^2)$的时间复杂度。PreParata 和 Shamos(1988)设计了一种对趾点对算法，在预处理后时间复杂度为 $O(N)$。周培德(2000)提出的夹角序列算法与上面两种方法相比，不需要预处理，只需要 N 次求距离运算和 $N-1$ 次比较便可以得到凸 N 边形直径。

夹角序列算法是目前效率最高的算法。下面的三个引理包含了算法的主要思想，由于其证明很简单，故只附图给出引理，不作证明。

引理 1　图 2.6(a)中，D 是任意$\triangle ABC$ 的底边 BC 的中点，如果$\angle ADC<\pi/2$，则 $AC<AB$。

引理 2　设两个三角形$\triangle ABC$、$\triangle ACE$ 的位置如图 2.6(b)所示。D_1、D_2 分别是 BC、CE 的中点，如果$\angle AD_1B<\pi/2$，$\angle AD_2C<\pi/2$，则 $AB<AC<AE$。

引理 3　设 4 个三角形$\triangle ABC$、$\triangle ACE$、$\triangle AEF$、$\triangle AFG$ 的位置如图 2.6(c)所示。D_1、D_2、D_3、D_4 分别是所在三角形底边的中点，如果$\angle AD_1B<\pi/2$，$\angle AD_2C<\pi/2$，$\angle AD_3E>\pi/2$，$\angle AD_4F>\pi/2$，则有 $AB<AC<AE$，$AG<AF<AE$。

根据上面的引理，夹角序列算法如下：

第一步，计算凸壳各边中点的坐标。

第二步，从第 1 点起计算该点与各边中点连线和底边的夹角，并根据引理 3 判断循环中的一个距离最大值。

第三步，变换开始点，重复第二步，直到各点都被遍历。最后得到的距离最大值 $D=$

$\text{Max}(d_1, d_2, \cdots, d_n)$就是凸壳的直径。

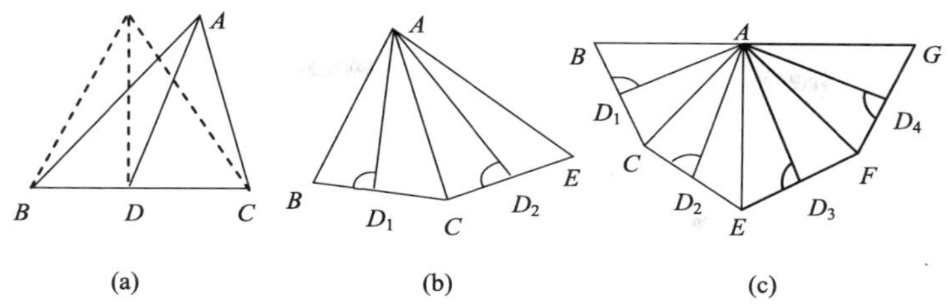

图 2.6　夹角序列算法

2.3　Voronoi 图和 Delaunay 三角网

2.3.1　Voronoi 图的定义及性质

1. Voronoi 图的定义

如图 2.7 所示，设 P_1，P_2 是平面上两点，L 是 P_1P_2 的垂直平分线，L 将平面分成两部分 L_l 和 L_r。位于 L_l 内的点具有特性：$d(P_i, P_1) < d(P_i, P_2)$，其中 $d(P_i, P_1)$表示 P_i，P_1 间的欧几里得距离。这就意味着，位于 L_l 内的点比平面上的其他点更接近点 P_1。换句话说，L_l 内的点是比平面上其他点更接近 P_1 的点的轨迹，记为 $V(P_1)$。同理，L_r 内的点是比平面上其他点更接近 P_2 点的轨迹，记为 $V(P_2)$。

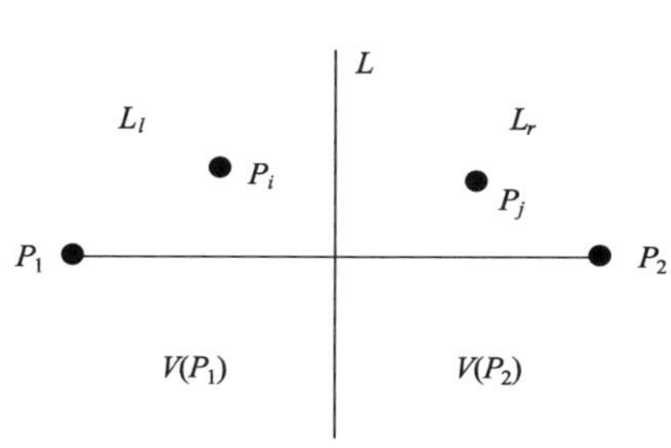

图 2.7　平面两点的 Voronoi 图

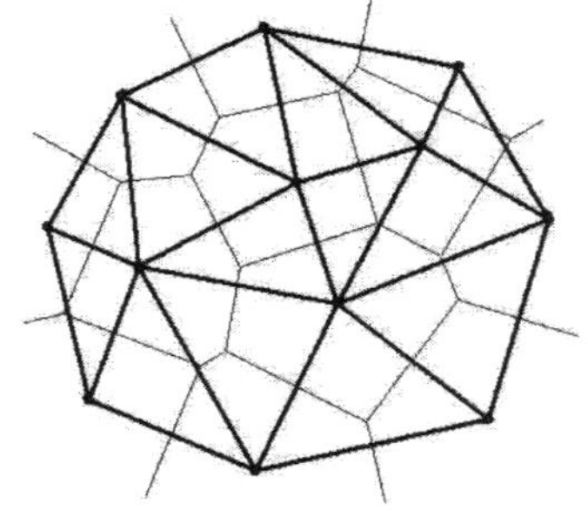

图 2.8　平面点集的 Voronoi 图和 Delaunay 三角网

给定平面上 n 个点的点集 $S = \{P_1, P_2, \cdots, P_n\}$。把上面的定义推广，定义 $V(P_i)$为比其他点更接近 P_i 的点的轨迹，是 $n-1$ 个半平面的交，它是一个不多于 $n-1$ 条边的凸多边形域，称为关联于 P_i 的 Voronoi 多边形或关联于 P_i 的 Voronoi 域(如图 2.8 所示，细实线组成的多边形就是 Voronoi 多边形)。

对于 S 中的每一个点都可以作一个 Voronoi 多边形，这样的 n 个 Voronoi 多边形组成的图称为 Voronoi 图，记为 $\text{Vor}(S)$。$\text{Vor}(S)$的顶点和边分别称为 Voronoi 顶点和 Voronoi 边。显然，$|S| = n$ 时，$\text{Vor}(S)$划分平面成 n 个多边形域，每个多边形域包含且仅

包含 S 的一个点。Vor(S)的边是 S 中某点对的垂直平分线上的一条线段或者射线，为该点对所在的两个多边形域所共有。Vor(S)中有的多边形域是无界的。

Voronoi 图可以理解为对空间的一种分割方式(一个 Voronoi 多边形内的任意一点到本 Voronoi 多边形中心点的距离都小于其到其他 Voronoi 多边形中心点的距离)，也可以理解为对空间的一种内插方式(空间中的任何一个未知点的值都可以由距离它最近的已知点，即采样点的值来替代)。

2. Voronoi 图的性质

性质 1 V(P_i)是无界的，如果 $P_i \in \mathrm{BCH}(S)$。即点集凸壳顶点的 Voronoi 域，在某些方向上是无界的。

性质 2 n 个点的点集 S 的 Voronoi 图至多有 $2n-5$ 个顶点和 $3n-6$ 条边。

性质 3 每个 Voronoi 顶点恰好是三条 Voronoi 边的交点。

性质 4 如果 $P_i, P_j \in S$，并且通过 P_iP_j 有一个不包含 S 中其他点的圆，那么 P_iP_j 是点集三角剖分的一条边。反之亦成立。

性质 5 S 中点 P_i 的每一个最邻近点确定 V(P_i)的一条边。

性质 6 Voronoi 域的边是 S 中某点对的垂直平分线上的一条线段或者射线，为该点对所在的两个 Voronoi 域所共有。

性质 7 Voronoi 图的直线对偶图是 S 的一个三角剖分。

2.3.2 平面点集的 Voronoi 图构建算法

Voronoi 图的生成算法很多，常见的有基于半平面交的算法、增量构造算法、减量算法和平面扫描算法等。有的算法，如增量构造算法，又分联机算法和脱机算法。根据数据模型的不同，Voronoi 图的生成算法分为基于矢量数据的算法、基于栅格数据的算法和矢量栅格数据混合模型算法。由于 Voronoi 图和下文的 Delaunay 三角网是一个对偶，生成一个就很容易得到另外一个。故此，本书对 Voronoi 图生成算法不做专门介绍，而与 Delaunay 三角网生成算法合并在一起论述。

2.3.3 Delaunay 三角网的定义及性质

1. Delaunay 三角网的定义

有公共边的 Voronoi 多边形称为相邻的 Voronoi 多边形，连接所有相邻 Voronoi 多边形的生长中心所形成的三角网称为 Delaunay 三角网(如图 2.8 所示，粗实线组成的三角形网就是 Delaunay 三角网)。

从 Delaunay 三角网和 Voronoi 图的历史来考察它们的定义会发现一个有趣的事实：Voronoi 图是从纯几何的观点来定义的，而 Delaunay 三角网则直接用 Voronoi 图来定义，这是由它们二者诞生的先后次序决定的。实际上，完全可以抛开它们的渊源关系，从其他的角度来定义 Delaunay 三角网。

2. Delaunay 三角网的性质

Delaunay 三角网是一种特殊的三角网，与其他三角网相比，Delaunay 三角网具有如下性质：

性质 1 Delaunay 三角网是唯一的。

性质 2 三角形的外围边界构成群点的凸壳。

性质 3 任意三角形的外接圆中没有其他点——外接圆准则。

性质 4 三角形最大限度地保持均衡，避免狭长三角形出现——最大-最小角准则。

性质 5 Delaunay 三角网遵守平面图形的欧拉定理：Nregions＋Nvertices－Nedges＝2。

性质 6 Delaunay 三角网最多有 $3n-6$ 条边和 $2n-5$ 个三角形，这里 n 是点数。

性质 7 Delaunay 三角网和 Voronoi 图是对偶，得到一个就很容易得到另一个。

Delaunay 三角网的以上性质表明：Delaunay 三角网是二维平面中三角网里唯一的、最好的；在一个有限点集中，只有一个局部等角的三角网，就是 Delaunay 三角网；在不多于三个相邻点共圆的欧几里得平面上，Delaunay 三角网是唯一的。

2.3.4 平面点集的 Delaunay 三角网构建算法

平面点集的 Delaunay 三角剖分在地理信息系统、计算机图形学、地学分析、CAD 技术等众多领域都有着非常广泛的应用。

下面基于 Visual C＋＋语言，介绍用于构建 Delaunay 三角网的渐次插入算法(闫浩文，2002)。

1. 数据结构定义

1) 点数据结构

```
class Point
{
    int index;//点的索引
    float x,y;//点的坐标
}
```

2) 三角形数据结构

```
class Triangle
{
    int index;//三角形的索引
    int nodeA,nodeB,nodeC;//三角形三个顶点的索引
    int triangleA,triangleB,triangleC;//三角形的三个邻接三角形的索引
}
```

2. 渐次插入算法

图 2.9 清楚地演示了渐次插入算法生成 Delaunay 三角网的过程。

第一步，定义包含所有数据点的超三角形，初始三角形集合中只有超三角形；

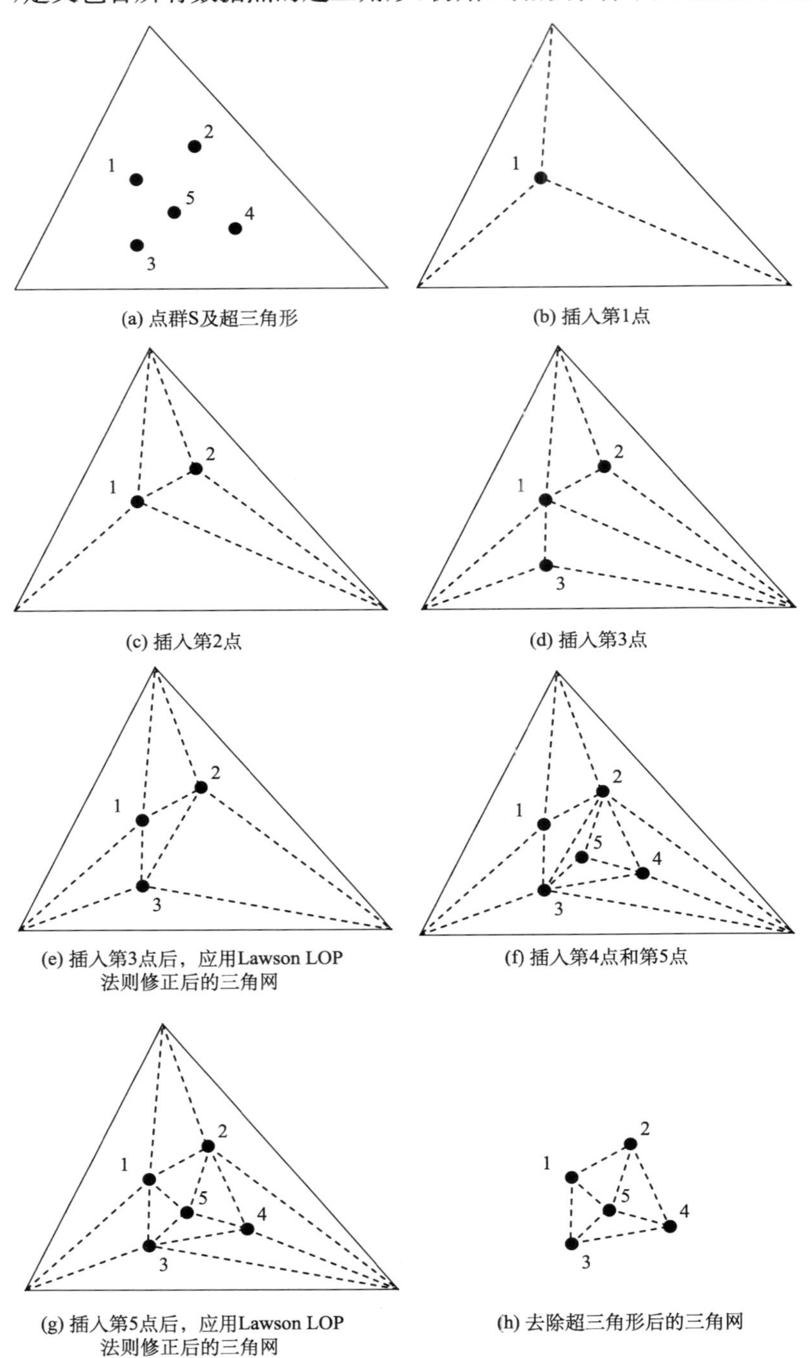

图 2.9 渐次插入算法生成 Delaunay 三角网的过程

第二步，插入一点 P 到三角网中，找出 P 所在的三角形 t；

第三步，连接 P 与 t 的三个顶点，形成三个三角形；

第四步，利用局部最优化法则——Lawson LOP(Local Optimization Procedure)法则更新生成的三角形；

第五步，重复第二步到第四步，直到所有的点插入结束；

第六步，删除包含超三角形顶点的三角形。

Lawson LOP 法则，是指插入一点后，构成的三角网要满足 Delaunay 三角网的最大-最小角准则。图 2.10(a)所示为初始△ABC，当插入点 D 重新构网时，若按照图 2.10(b)的方式，则三角网不满足最大-最小角准则，故须通过交换对角线(即局部优化)对三角形进行修正，如图 2.10(c)所示。

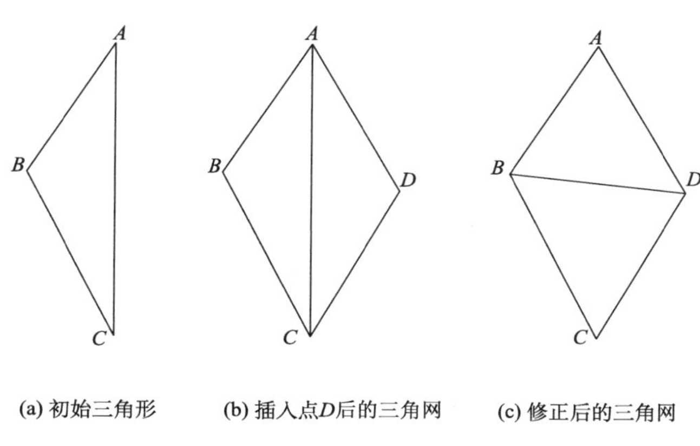

(a) 初始三角形　(b) 插入点D后的三角网　(c) 修正后的三角网

图 2.10　Lawson LOP 法则示例

2.3.5　平面点集的动态 Delaunay 三角网构建算法

现有的平面点集 Delaunay 三角剖分算法多是基于离散点数量已知的静态剖分，然而在实际应用中，由于新数据的引入和对象的动态变化，需要在建好的 Delaunay 三角网中动态地插入和删除数据点。例如，在道路设计时，由于设计线路的改变，补测了部分地形数据点，就需要对已存在的 Delaunay 三角网进行数据更新。

下面介绍的动态 Delaunay 三角剖分算法根据 Delaunay 三角网的外接圆准则，通过局部更新实现了点的动态插入和删除。

1. 数据结构定义

1) 点数据结构

```
class Point
{
    int index;//点的索引
    float x,y;//点的坐标
```

```
}
```

2）边数据结构

```
class Edge
{
    int index;//边的索引
    int start,end;//边的起点、终点索引
    int leftTriangle,rightTriangle;//边的两个邻接三角形的索引
}
```

3）三角形数据结构

```
class Triangle
{
    int index;//三角形的索引
    int nodeA,nodeB,nodeC;//三角形三个顶点的索引
    int triangleA,triangleB,triangleC;//三角形的三个邻接三角形的索引
}
```

2. 点的动态插入

1）算法原理

在动态插入一个数据点时，首先判断该点被哪些三角形的外接圆所包含，将这些三角形删除后形成一个插入多边形，该多边形包含了新插入的点；然后将新插入的点依次与插入多边形的每个顶点连接，便形成了新的 Delaunay 三角网。该过程如图 2.11 所示。

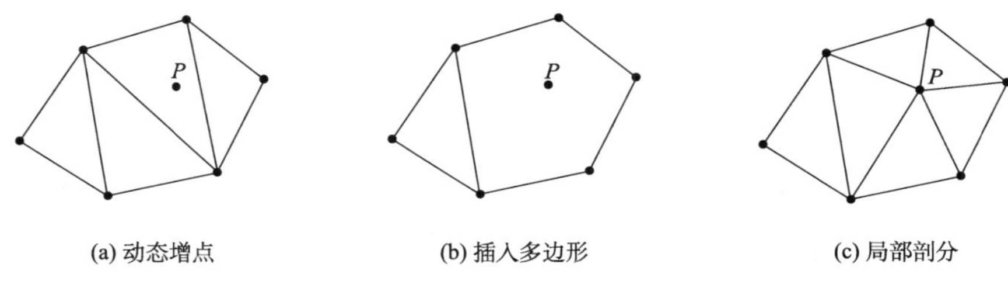

图 2.11　动态增点的过程

插入的数据点有时也可能落在已构建的三角网之外，如图 2.12(a)所示，图中实线部分为已有点集的 Delaunay 三角网，P 为新插入点。显然，在此情况下将无法直接使用上述方法在该点周围形成一个插入多边形进行局部三角剖分。解决该问题的方法是事先构造一个能够包含待插入点的辅助矩形，并将矩形的四个顶点作为辅助节点与其他数据点一起构网，这样便可以保证所有的插入点都落在已有的三角网之内。当剖分结束时只须把顶点包含辅助节点的三角形删除，便可得到点集最终的 Delaunay 三角网，如图 2.12(b)中的实线部分所示。

2）辅助矩形的动态构造

第一步，设初始辅助矩形的左上角顶点为 $A(x\mathrm{Min}=0, y\mathrm{Max}=1)$，右下角顶点为 $C(x\mathrm{Max}=1, y\mathrm{Min}=0)$，将该矩形沿任一对角线划分为两个三角形并将它们加入到三角形数组中，同时将矩形的四个顶点加入到点数组，形成初始 Delaunay 三角网；

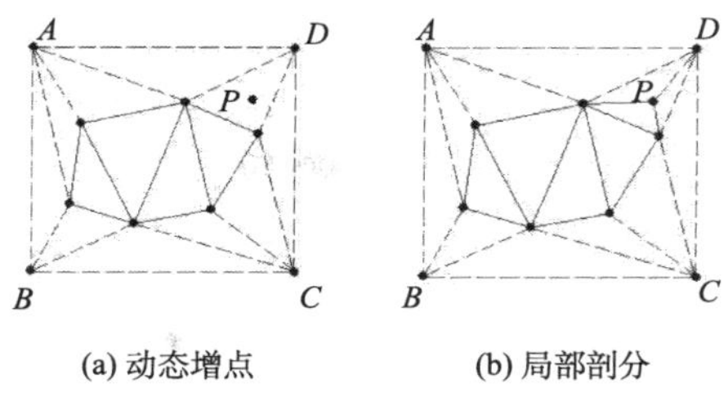

图 2.12　三角网络外的动态增点

第二步，判断插入点 $P(x,y)$，若 $x \leqslant x\mathrm{Min}$ 或 $x \geqslant x\mathrm{Max}$ 或 $y \leqslant y\mathrm{Min}$ 或 $y \geqslant y\mathrm{Max}$，修改 $x\mathrm{Min}$、$y\mathrm{Min}$、$x\mathrm{Max}$、$y\mathrm{Max}$ 的值，令：

$$x\mathrm{Min} = \min(x, x\mathrm{Min}) - K, x\mathrm{Max} = \max(x, x\mathrm{Max}) + K$$

$$y\mathrm{Min} = \min(y, y\mathrm{Min}) - K, y\mathrm{Max} = \max(y, y\mathrm{Max}) + K$$

式中，K 为一正的位移值。

上述辅助矩形的动态构造不会影响原有数据点所形成的三角网，它只是改变了以四个辅助节点为顶点的三角形，如图 2.12 中虚线部分所示，而这些三角形在最后的剖分结果中是不出现的。

3）算法描述

第一步，若新插入点 P 落在辅助矩形之外，则动态修改辅助矩形，使点 P 包含在该辅助矩形之内。

第二步，清空边数组，取三角形数组的第一个元素。

第三步，判断点 P 是否在该三角形的外接圆内，若不在，转第四步；否则，在边数组中查找该三角形的每一条边，如果该边已经存在，将该边从边数组中删除，否则将其加入到边数组中，删除该三角形。

第四步，若三角形数组没有遍历完，取下一个三角形，转第三步；否则将边数组中所有边的两端点与新增点 P 按逆时针方向连接形成的三角形加入到三角形数组中。

第五步，删除顶点包含辅助节点的三角形。

3. 点的动态删除

1）算法原理

在动态删除一个点时，首先将所有与待删除点组成三角形的数据点构成一个删除多边形，然后利用多边形的 Delaunay 三角剖分算法对其进行局部构网，最后删除顶点包含辅助节点的三角形，便得到动态删点后的 Delaunay 三角网。

2）删除多边形的构造

以图 2.13(a)为例，删除多边形的构造过程如下：

第一步，根据点与三角形之间的拓扑关系查找与待删除点 P 关联的三角形 $\triangle CDP$，并将该三角形的顶点 C 加入到删除多边形的顶点数组，之后再根据三角形之间的拓扑关系按逆时针方向顺序查找下一个与点 P 关联的三角形△DEP，并将其顶点 D 加入到删除多边形的顶点数组，重复此过程，直到下一个要查找的三角形为起始三角形△CDP 为止；

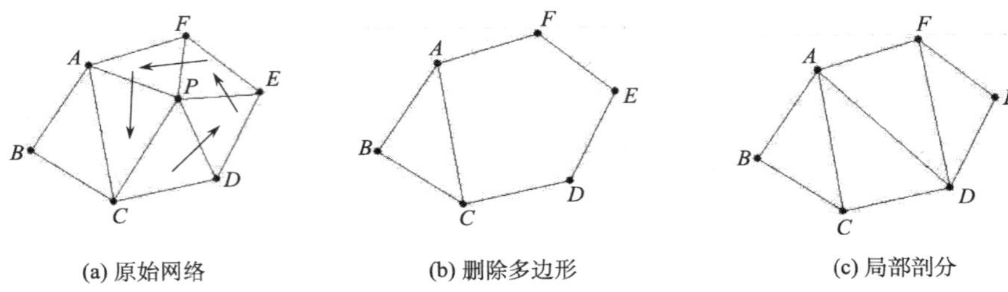

图 2.13　动态删点的过程

第二步，删除数据点 P 及与其关联的所有三角形，得到顶点按逆时针方向排列的删除多边形 $CDEFA$，如图 2.13(b)所示。

3) 删除多边形的 Delaunay 三角剖分

本算法采用基于凹凸顶点判定的简单多边形 Delaunay 三角剖分算法(马小虎等，1999)对删除多边形 $CDEFA$ 进行局部剖分，结果如图 2.13(c)所示。该过程的算法步骤如下：

第一步，建立多边形顶点数组，并按逆时针方向存储各顶点。

第二步，计算多边形顶点数组中每个顶点的凹凸性。

第三步，对多边形顶点数组中每个凸顶点 E，设与其前后顶点 D，F 组成的三角形为△DEF，若△DEF 不包含多边形上其他的顶点，则求出该三角形的权值(三角形的权值指三角形 3 个内角的最小值)。从这些三角形中求出权值最大的三角形，设其为△ABC。把△ABC 保存到三角形数组中，并从多边形顶点数组中删除凸顶点 B。

第四步，若多边形顶点数组中还存在 3 个及 3 个以上的顶点，转第二步，否则转第五步。

第五步，清空多边形顶点数组。

第六步，使用 Lawson LOP 法则对三角网进行优化。

上述算法利用动态辅助矩形，通过局部更新实现了任意位置、任意顺序的点的动态插入与删除，如图 2.14 所示。由于 Voronoi 图和 Delaunay 三角网相互对偶，因此该算法也同样适用于 Voronoi 图的动态修改。

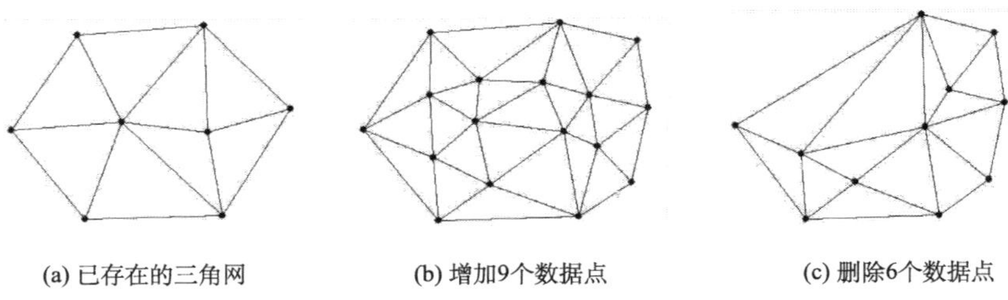

图 2.14　动态增点与删点的 Delaunay 三角剖分

2.3.6 带约束的平面点集 Delaunay 三角网构建算法

在许多情况下，平面离散点之间并不是相互独立的，而是存在着一定的约束关系，如地表模型中的断裂线、山谷线、山脊线等。对这些带有约束折线的平面点集构建 Delaunay 三角网时，在剖分结果中必须满足原有的约束关系，这无疑增加了对平面点集进行三角剖分的难度。对于该问题，已有不少学者作了相关的研究工作(梅承力等，2001；刘少华等，2004)。本节介绍一种新算法(王中辉和闫浩文，2011)，其基本思路是：首先将平面散点与约束折线上的特征点一起进行 Delaunay 三角剖分，形成初始 Delaunay 三角网；然后再将约束折线上的各条约束线段通过局部更新，依次嵌入已有的三角网中，从而得到带有约束折线的 Delaunay 三角剖分。

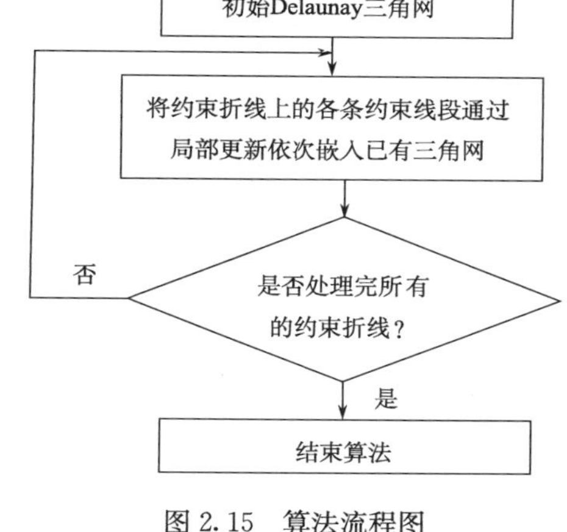

图 2.15 算法流程图

1. 算法流程

算法的主要流程如图 2.15 所示。

2. 算法描述

1) *初始 Delaunay 三角网的构建*

算法可采用渐次插入法构造特征点与离散点组成的初始 Delaunay 三角网，其具体算法步骤详见 2.3.4 节，此处不再赘述。

2) *约束线段的入网*

设当前待要入网的约束线段为 L_iL_j，特征点 L_i 和 L_j 与原始散点构成的初始三角网如图 2.16 中虚线部分所示，与 L_iL_j 相交的三角形组成的区域称为 L_iL_j 的影响三角形区域 $T=\{T_1,T_2,T_3,T_4,T_5\}$，而由 T 中不与 L_iL_j 相交的三角形的边(即三角形的外围边)组成的多边形称为 L_iL_j 的影响多边形 $P=\{L_i,A,B,C,L_j,D,E,L_i\}$，如图 2.17 所示。Florianil(1992)在他的研究中指出 P 是一简单多边形，约束线段 L_iL_j 为 P 的一条对角线，它把 P 分成 PL 和 PR 两部分，且 PL 和 PR 也为简单多边形。因此可以利用简单多边形的 Delaunay 三角剖分算法分别对 PL 和 PR 进行局部构网，如图 2.18 所示。下面详细论述该过程的具体实现方法。

3) *影响多边形的构建*

首先，查找与约束线段相交的所有三角形，并建立由这些三角形的外围边以及约束线段所组成的边数组。分两种情况：若该约束线段恰好是三角形的一条边，这种情况不做任何处理；否则，按照下述方法对边数组进行构建，在此结合图 2.16 说明这一过程的具体实现步骤：

第一步，从三角形数组中查找与约束线段 L_iL_j 相交并且其顶点为 L_i 的首三角形 T_1；

第二步，将当前三角形(如 T_1)的外围边 EL_i 与 L_iA 加入到边数组，同时查找与 T_1 相邻接且与 L_iL_j 相交的三角形 T_2，删除 T_1，并将 T_2 作为当前三角形，重复该过程，直到当前三角形为末三角形 T_5 时为止，将 T_5 的外围边 CL_j 与 L_jD 加入到边数组，并删除 T_5；

第三步，将 L_iL_j 加入到边数组。

接下来，利用边数组构建约束线段 L_iL_j 的影响多边形 PL 和 PR，并将它们的顶点按逆时针方向存储。由于这两个多边形的构建方法是类似的，因此，下面以 L_iL_j 右侧的多边形 PR 为例，结合图 2.17 说明这一过程的具体实现步骤：

第一步，将约束线段 L_iL_j 的起点 L_i 加入到多边形 PR 的顶点数组；

第二步，在边数组中查找以多边形顶点数组的末元素(假设当前末元素为 L_i)为起点且终点位于线段 L_iL_j 右侧的边 L_iA，并将该边的终点 A 加入到多边形的顶点数组，重复该过程，直到将所有符合此条件的顶点(依次为 A、B、C)加入为止；

第三步，将 L_iL_j 的终点 L_j 加入到多边形的顶点数组。

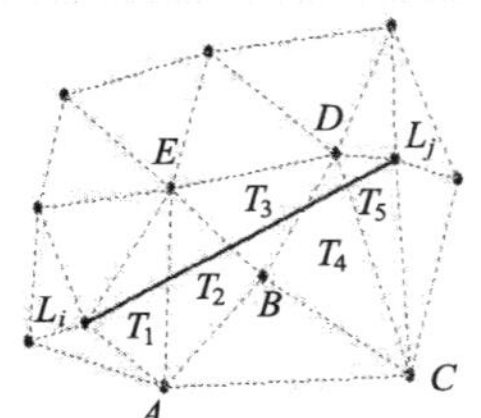

图 2.16　约束线段的影响三角形

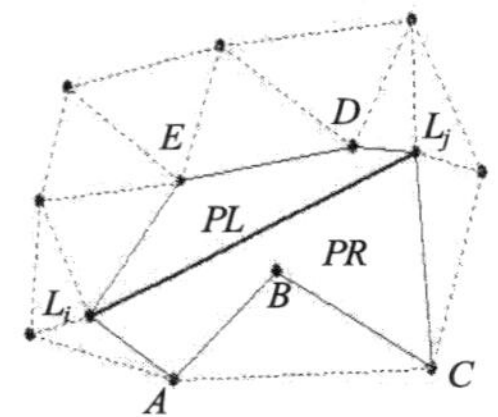

图 2.17　约束线段的影响多边形

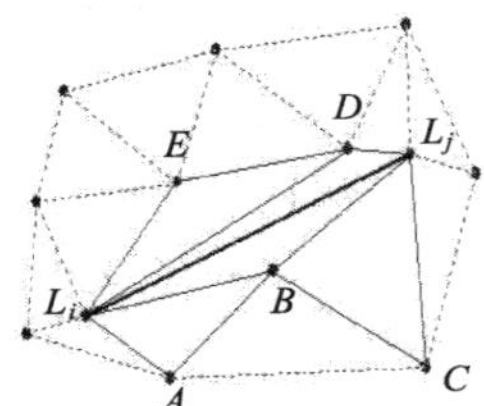

图 2.18　影响多边形的 Delaunay 三角剖分

4) 影响多边形的 Delaunay 三角剖分

此处使用基于凹凸顶点判定的简单多边形 Delaunay 三角剖分算法对影响多边形进行局部构网(图 2.18)，算法步骤详见 2.3.5 节。

本节算法的实验结果如图 2.19、图 2.20 所示，可以看出该算法生成的三角网形态优良，符合带约束折线的 Delaunay 三角剖分要求。

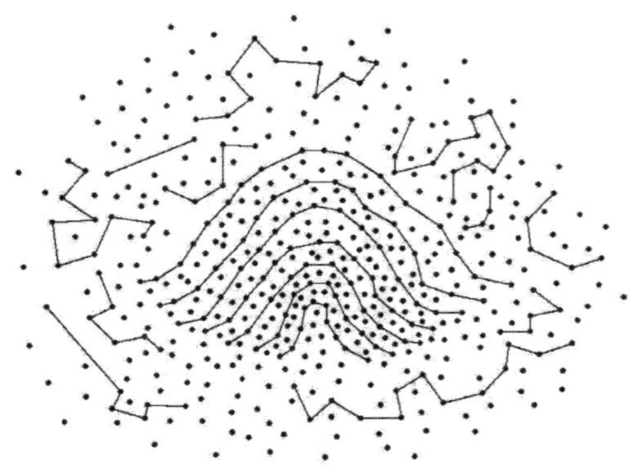
图 2.19　带约束折线的散点集

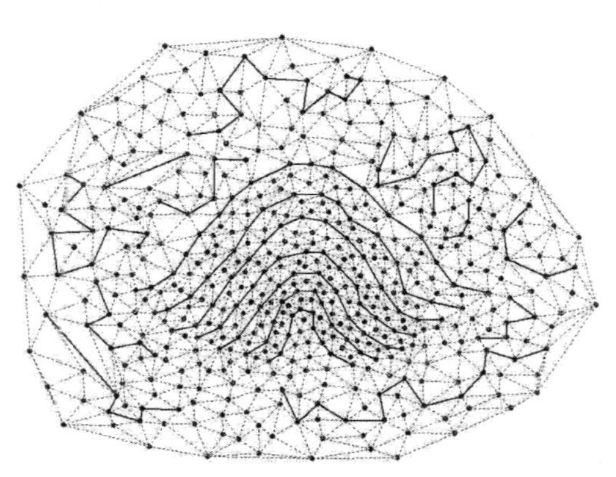
图 2.20　带约束折线的 Delaunay 三角网

3. 带内外边界约束的平面点集 Delaunay 三角剖分

带内外边界约束的平面点集(图 2.21)的 Delaunay 三角剖分在有限元分析、可见性计算、曲面重建等领域均有广泛的应用。解决该类问题的方法与前述类似,只是在当约束边界嵌入网格后,需要将内约束边界内部和外约束边界外部的多余三角形进行删除,如图 2.22、图 2.23 所示。删除内(外)约束边界内(外)部三角形的算法步骤如下:

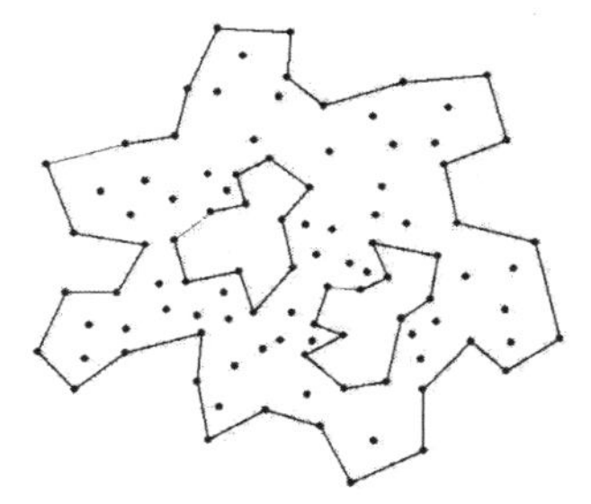

图 2.21　原始数据

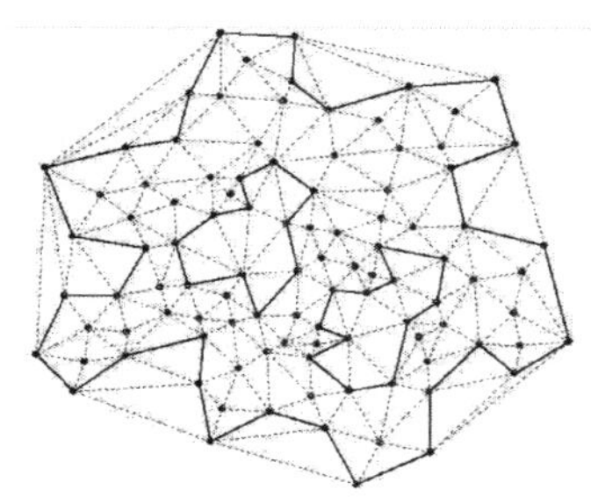
图 2.22　嵌入约束边界

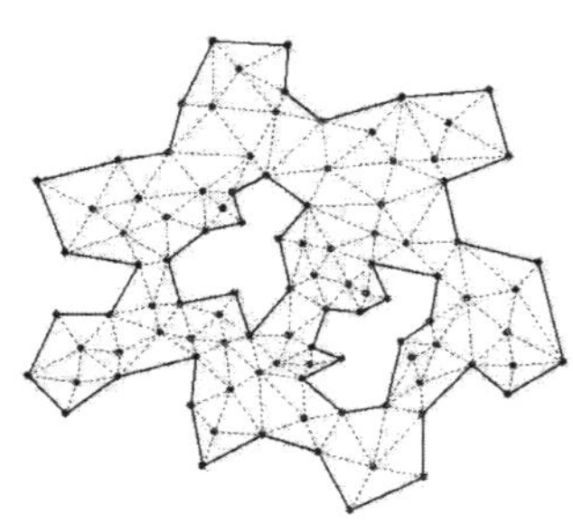
图 2.23　删除多余三角形

第一步,顺序取出内(外)约束边界上的约束线段,设其为 AB。

第二步,查找约束线段 AB 左(右)侧邻接的$\triangle ABC$,它是内(外)约束边界内(外)部的三角形,删除以$\triangle ABC$ 的非内(外)约束边界为边的所有三角形(包括$\triangle ABC$),然后转向第一步;若所有的约束边界都已遍历完,则结束算法。

带“洞”的复杂多边形可以看作带内外边界约束平面点集的特殊情形,如图 2.24 所示,用上述方法同样可以完成对它的 Delaunay 三角剖分,如图 2.25 所示。

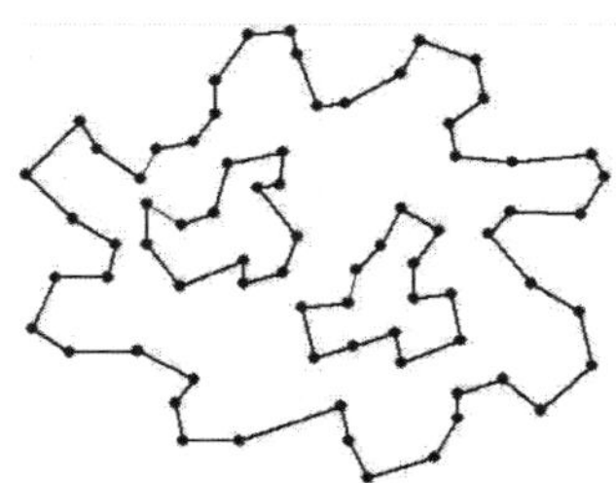
图 2.24　带“洞”的复杂多边形

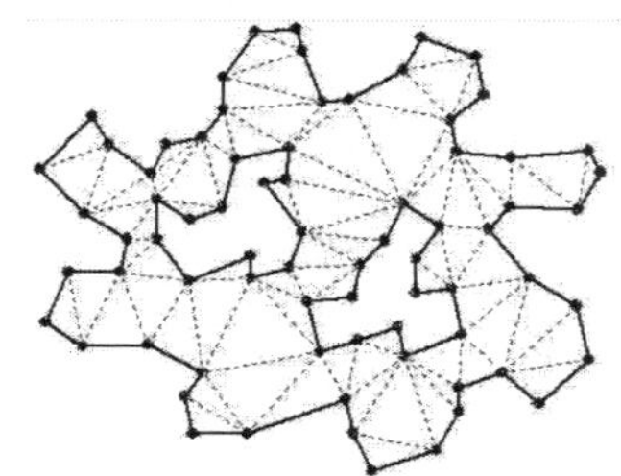
图 2.25　Delaunay 三角剖分结果

2.3.7　多边形的 Delaunay 三角剖分算法

多边形三角剖分在计算几何、三维图形学、科学计算可视化、地学等领域都有广泛的应用。如果要求三角剖分满足“外接圆准则”或“最大-最小角准则”,则称这种三角剖分为多边形的 Delaunay 三角剖分。

多边形三角剖分中,多边形的边必须是剖分三角形的一条边。对于多边形的 Delaunay 三角剖分，多边形的边实质上是以约束特征边的形式存在的，虽然约束特征边所在的四边形不一定满足“外接圆准则”或“最大-最小角准则”，但三角剖分的结果是唯一的、最优的。在前面介绍的多边形 Delaunay 三角剖分算法中，基于凹凸顶点判定的方法所生成的三角网网形虽然比较稳定，但只适用于简单多边形，对带“洞”的复杂多边形并不适用；带约束的 Delaunay 三角剖分算法虽然适用于复杂多边形，但该方法计算相对复杂，算法的执行效率也比较低。

下面介绍一种基于边优先的多边形 Delaunay 三角剖分算法(翟仁健等，2008)。该算法首先对多边形的边进行构网，然后再对生成的非约束边进行构网，最终完成整个多边形的 Delaunay 三角剖分。该算法解决了多边形(包括简单多边形和带“洞”的复杂多边形)的 Delaunay 三角剖分问题，算法简单且效率较高，剖分得到的三角网是最优的，可以满足各类应用的需要。

1. 算法的基本思想

算法研究的多边形是由一个或若干个简单多边形环组成，其中最外围的多边形环组成它的外边界，内部若干个多边形环共同组成它的内边界。图 2.26 中多边形 M 由外围边界多边形环 P_1 和内部边界多边形环 P_2 共同组成。三角剖分中，P_1 的“感兴趣区域”在多边形环的内部，P_2 的“感兴趣区域”在多边形环的外部。

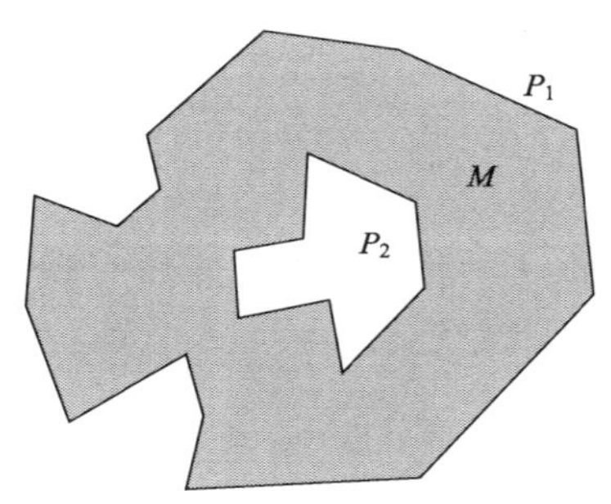

图 2.26　多边形的“感兴趣区域”

在多边形三角剖分中，必须保证剖分三角形的边不能穿越多边形的边界，多边形的边作为约束边成为剖分三角形的一条边。边是多边形的基本单元，同时也是剖分三角形的基本单元，以边来组织多边形以及剖分三角形，能够更加直观地反映它们的“方向”信息。算法设计了一种方便多边形三角剖分的边结构，将多边形环的“感兴趣区域”以边的剖分“方向”来体现。根据多边形环的坐标串，边的剖分“方向”统一为：TYPE＝{LEFT，RIGHT，BOTH}。

三角形边的数据结构设计如下：

```
class Edge
{
    int index;//边的索引
    int start,end;//边的起点、终点索引
    int leftTriangle,rightTriangle;//边的左、右三角形索引
    int beConstrainEdge;//是否为约束边，如果是则为 1，否则为 0
    int type;//边的扩展类型:0-剖分完成、1-左剖分、2-右剖分
}
```

算法的基本思想描述如下：

(1) 将多边形的边作为剖分三角形的一条边，按上述边结构进行初始化，并存储到边数组中；

(2) 依次对所有多边形的边，根据边的剖分方向，按照“外接圆准则”扩展三角形，记

录并更新相应边的信息；

(3) 依次对所有多边形内部没有完成三角剖分的新边，根据边的剖分方向，按照“外接圆准则”扩展三角形，记录并更新相应边的信息，最终完成整个多边形的三角剖分。

2. 基本定义

定义 2.7 设 p_1，p_2 分别为边 L 的起点和终点，在三角剖分中，如果需从边 L 的左(右)侧寻找一点构成三角形，这个过程称为边 L 的左(右)剖分；如果边 L 已经与其他点连接成三角形，且满足三角剖分的要求，则称边 L 剖分完成。

定义 2.8 若外边界多边形方向为逆时针，则外边界多边形边的待扩展区域在该边的左侧，反之在右侧；若岛屿多边形方向为逆时针，则岛屿多边形边的待扩展区域在该边的右侧，反之在左侧。

3. 算法描述

第一步，判定多边形的方向，并初始化待剖分边数组，其中边的扩展类型由多边形的方向确定。

第二步，取出待剖分边数组中的第一条边，设为$<Y_1, Y_2>$，在该边的剖分方向上寻找一点 P，构成三角形。分两种情况：

若该边为约束边，则搜索所有的多边形顶点，寻找一点使其满足下列条件：

(1) 边$<P, Y_1>$和$<P, Y_2>$不与任何约束边相交；

(2) 角$\angle Y_1PY_2$ 最大，即满足“外接圆准则”。

如果该边不是约束边，则只须在待剖分边数组中存在的边的点中寻找一点，使其满足条件(2)即可。

由获得的点 P 构成三角形$\triangle PY_1Y_2$，记录该三角形并更新边$<Y_1, Y_2>$的信息，该边剖分完成并在待剖分边数组中删除该边。对于新生成的边$<P, Y_1>$和$<P, Y_2>$，执行第三步。

第三步，检查边$<P, Y_1>$和$<P, Y_2>$是否为新生成的边，即判断该边是否与待剖分边数组中的边重合，若重合，则更新该边信息，该边剖分完成并去除待剖分边数组中的这个边；若不重合，则该边是新边，记录相应的信息，并加入到待剖分边数组中。

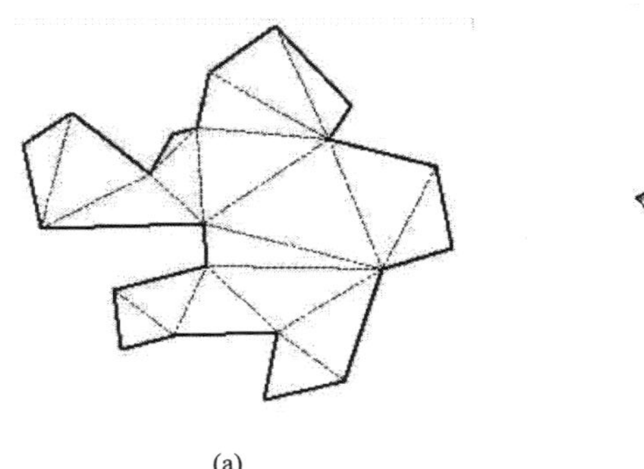

(a)

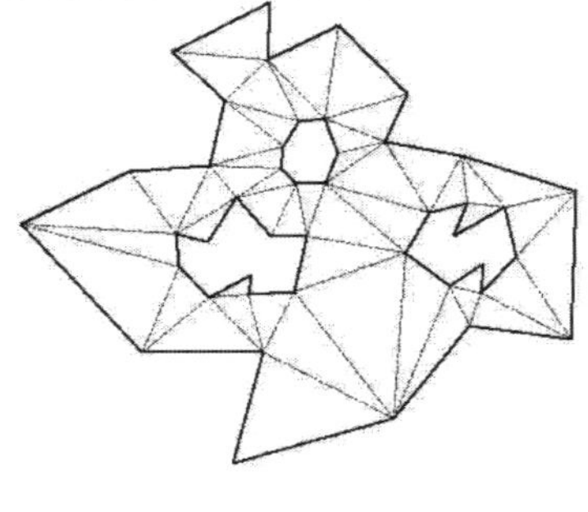

(b)

图 2.27 多边形的 Delaunay 三角剖分

第四步，重复第二步、第三步，直到待剖分边数组为空，即没有待剖分边为止，多边形的 Delaunay 三角剖分完成。

利用该算法对多边形进行三角剖分，其结果如图 2.27 所示，可以看出，该算法剖分得到的三角网形态优良，符合多边形 Delaunay 三角剖分的要求。

2.3.8 曲面点集的 Delaunay 三角网和 Voronoi 图

上面论述的 Delaunay 三角网和 Voronoi 图都是平面上的。如果把平面上构造 Delaunay 三角网和 Voronoi 图的原则(最大-最小角准则、外接圆准则等)推广到曲面上，就可以构造出曲面点集的 Delaunay 三角网和 Voronoi 图，如图 2.28 所示。

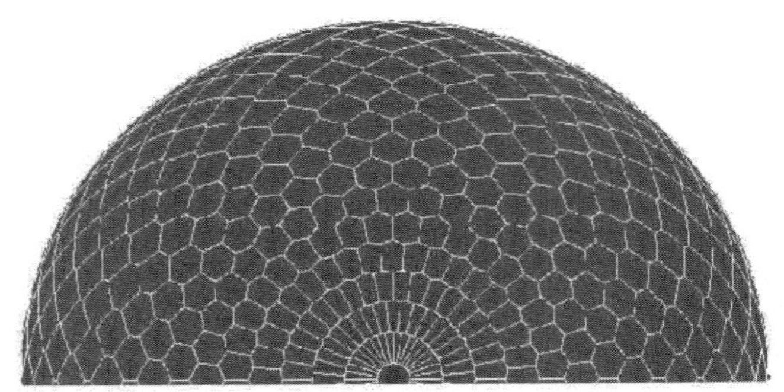

图 2.28 曲面点集的 Delaunay 三角网和 Voronoi 图

2.4 曲线拟合

对于计算机所处理的某些问题，将一条曲线表示成为一个像素序列可能是非常合适的，但对于另一些问题，则希望曲线能够有一个数学表达式。找出一条通过一组给定点的曲线是一个插值问题，而找出一条近似地通过一组给定点的曲线则是逼近问题，曲线拟合则是一个统称以上两类问题的术语。

下面介绍几种曲线拟合的常用方法。

2.4.1 分段多项式插值算法

先介绍分段线性插值。从数学的角度，分段线性插值的提法如下：

设函数 $f(x)$在 $n+1$ 个节点 $x_0,x_1,\cdots,x_n$ 处的函数值分别为 $y_0,y_1,\cdots,y_n$，要求分段(共 n 段)线性函数 $q(x)$满足：$q(x_i)=y_i,i=0,1,\cdots,n$。

根据直线的点斜式方程变形得到 $q(x)$在第 i 段(从 x_{i-1}到 x_i)上的表达式为

$$q(x)=\frac{x-x_i}{x_{i-1}-x_i}y_{i-1}+\frac{x-x_{i-1}}{x_i-x_{i-1}}y_i,x_{i-1}\leqslant x\leqslant x_i,i=1,2,\cdots,n \tag{2.2}$$

可以证明，分段线性插值具有良好的收敛性。分段线性插值的优点是，在计算插值时，只用到前后两个相邻节点的函数值，计算量小。

在以上插值问题中，如果除了要求在插值节点的函数值给定外，还要求在节点处的导数值为给定值，则插值问题变为：设函数 $f(x)$ 在节点 $x_0,x_1,\cdots,x_n$ 处的函数值为 $y_0,y_1,\cdots,y_n$，导数值为 $y_0',y_1',\cdots,y_n'$；求一个分段（共 n 段）多项式函数 $q(x)$，使其满足：

$$q(x_i)=y_i$$
$$q'(x_i)=y_i',i=0,1,\cdots,n \tag{2.3}$$

相当于在每一小段上应满足四个条件（方程），由此可以确定四个待定参数。三次多项式正好有四个系数，所以可以考虑用三次多项式函数作为插值函数，这与分段线性插值一起都称为分段多项式插值。

上面介绍的分段线性插值，其总体光滑程度不够。在数学上，光滑程度的定量描述是函数（曲线）的 k 阶导数存在且连续，则称该曲线具有 k 阶光滑性。函数的阶数越高，曲线的光滑程度就越好。分段线性插值具有零阶光滑性，也就是不光滑。分段插值曲线的光滑性关键在于段与段之间的衔接点（节点）处的光滑性。

2.4.2 样条曲线插值算法

对于样条这一概念可以通过绘图员所使用的一种工具加以理解。绘图员经常使用一把可以弯曲的木尺，通过适当控制，弯出一条通过指定数据点的曲线。从这一示例中可以看到，样条曲线可以描述设计对象的曲线特征。在工业领域，样条曲线很早就被应用到船体放样的工作之中。对于样条曲线的研究主要关注两个问题：间断点的数量和位置，以及曲线所采用的数学形式。

B 样条是一种广为使用的样条曲线，其突出优点是对局部的修改不会引起样条形状变化的远距离传播，也就是说修改样条的某些部分时，不会过多地影响曲线的其他部分。

设 m 为样条的次数，B 样条在 $m+1$ 个子区间以外的其他子区间上其值都为 0。在图 2.29 中显示了一次、二次和三次 B 样条基函数的曲线形态。

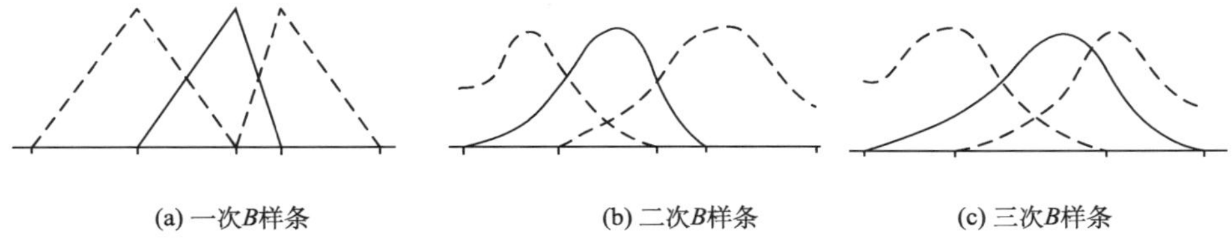

图 2.29 一、二、三次 B 样条基函数的曲线形态

对于 B 样条函数可以采用递归的方式加以定义。

定义 2.9 第 i 个子区间上的常数（0 次）B 样条函数为

$$N_{i,0}(x)=\begin{cases}1,x_i\leqslant x\leqslant x_{i+1}\\0,\text{其他}\end{cases} \tag{2.4}$$

定义 2.10 在区间 $[x_i,x_{i+m+1}]$ 上的第 m 次 B 样条函数定义为

$$N_{i,m}(x)=\frac{(x-x_i)}{(x_{i+m}-x_i)}N_{i,m-1}(x)+\frac{(x_{i+m+1}-x)}{(x_{i+m+1}-x_{i+1})}N_{i+1,m-1}(x) \tag{2.5}$$

根据式(2.4)及式(2.5),可以得到

一次 B 样条函数为

$$N_{i,1}(x)=\begin{cases}\dfrac{(x-x_i)}{(x_{i+m}-x_i)}, x_i\leqslant x<x_{i+1}\\ \dfrac{(x_{i+2}-x)}{(x_{i+2}-x_{i+1})}, x_{i+1}\leqslant x\leqslant x_{i+2}\end{cases} \tag{2.6}$$

二次 B 样条函数为

$$N_{i,2}(x)=\begin{cases}\dfrac{(x-x_i)^2}{(x_{i+2}-x_i)(x_{i+1}-x_i)}, x_i\leqslant x<x_{i+1}\\ \dfrac{(x-x_i)(x_{i+2}-x)}{(x_{i+2}-x_i)(x_{i+2}-x_{i+1})}+\dfrac{(x_{i+1}-x)(x-x_{i+1})}{(x_{i+3}-x_{i+1})(x_{i+2}-x_{i+1})}, x_{i+1}\leqslant x<x_{i+2}\\ \dfrac{(x-x_{i+3})^2}{(x_{i+3}-x_{i+1})(x_{i+3}-x_{i+2})}, x_{i+2}\leqslant x\leqslant x_{i+3}\end{cases} \tag{2.7}$$

采用 B 样条基函数作为基底,能够将任何样条表示为

$$f(x)=\sum_{i=-m}^{k-1}a_iN_{i,m}(x) \tag{2.8}$$

在上式中,包含了 $k+m$ 个参数:$a_{-m}, a_{-m+1}, \cdots, a_{k-1}$。在每一个子区间上,由最多 $m+1$个 B 样条基函数的加权和所确定。在进行曲线插值或拟合时,需要通过某种方法确定这 $k+m$ 个参数。

由式(2.5)可以确定计算给定 x 点 B 样条函数值的基本步骤。可以看出,在任何给定区间$[x_i, x_{i+1}]$上,仅有 $m+1$ 个 m 次 B 样条是非零的。在那个区间上,由于 $N_{i+1,m-1}(x)$为 0,因此,$N_{i,m}(x)$仅取决于 $N_{i,m-1}(x)$,而 $N_{i-k,m}(x)$($0<k\leqslant m$)取决于 $N_{i-k-1,m-1}(x)$和 $N_{i-k,m-1}(x)$两者,从而在 B 样条函数之间形成了如图 2.30 所示的关系。

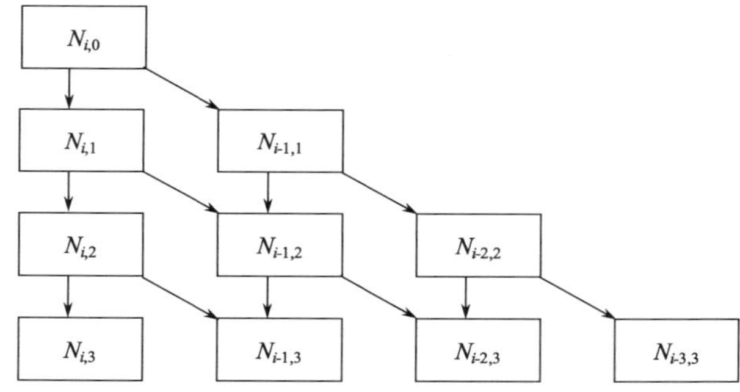

图 2.30 区间$[x_i, x_{i+1}]$$B$ 样条值的相互关系

为了求 m 次的 B 样条,必须求得图 2.29 中所示图解中前面的 $m-1$ 级的值。在每一级上,x 需要求得从 $N_{i,j}(x)$至 $N_{i-k,j}(x)$$B$ 样条的值。这里,i 是在那一级上的样条次数,而 k 的范围是从 $0\sim j$。

2.5 图　　论

2.5.1 图论的起源与发展

图论是离散数学的重要分支，孕育和诞生于民间游戏。哥尼斯堡七桥问题的提出，是图论创立的标志：欧洲普瑞格尔河流过古城哥尼斯堡，河中有岛屿 2 个，筑桥 7 座（图 2.31），因而成为人们游玩的胜地。某日，某游人提出如下问题："你能经过每座桥当且尽当一次再返回出发点吗？"人们反复实验，终不成功。1736 年，年方 29 岁的瑞士著名数学家欧拉发表论文，证明了哥尼斯堡七桥问题无解。该年遂被后世公认为图论元年。

此后又出现了哈密尔顿（Hamilton）回路问题、货郎担问题（Traveling Salesman Problem）、地图印刷的四色问题（Four Color Theories）、拉姆塞（Ramsey）问题等，逐步推动着图论理论和应用的发展。1930 年波兰数学家库拉托夫斯基证明了平面图（即可以画在平面上，任两条连线不交叉的图）的充分必要条件之后，图论犹如拨亮了的一盏明灯，在半个多世纪里，得到了长足的发展。图论因其在现代数学、计算机科学、工程技术、优化管理等领域和人类生产与社交活动中的独特作用而独树一帜，在数学营垒中异军突起、急剧发展。事实上，当今科学技术正在面临着新的突破，特别是计算机科学技术与网络化的崛起，要求其他领域的许多科学家必须接受足够深入的图论教育，以便有能力去解决大量的网络优化和信息化社会当中离散事物的结构与关系问题——这正是图论日益受宠的背景。

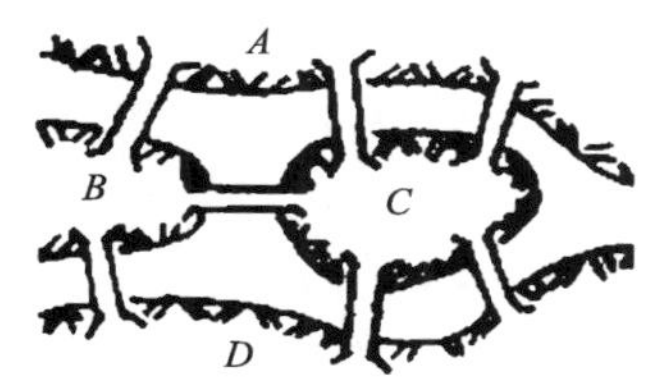

图 2.31　哥尼斯堡七桥问题图示

2.5.2 图的概念

定义 2.11　有序三重组 $G=(V(G),E(G),\Psi G)$ 称为一个有向图（Digraph）。其中，$V(G)\neq\Phi$ 称为顶点集，其中的元素叫做图 G 的顶点（Vertex）；$E(G)$ 称为边集，其中的元素叫做图 G 的边（Edge）；ΨG：$E(G)\rightarrow V(G)\times V(G)$ 叫做关联函数（Incidence Function）。本书记 $|V(G)|=v$，$|E(G)|=e$，且假设所有图均为有限图（顶点和边个数有限）。

例如，图 2.32 中的图 G 是一个有向图，也是一个有限图，其中：

$V(G)=\{v_1,v_2,v_3\}$；

$E(G)=\{e_1,e_2,e_3\}$；

$\Psi G(e_1)=v_2v_1$，$\Psi G(e_2)=v_2v_3$，$\Psi G(e_3)=v_1v_3$。

e_1 称为从 v_2 到 v_1 的有向边（Directed Edge），v_1 和 v_2 称为端点（End-vertices），v_2 称为起点（Origin），v_1 称为终点（Terminus）。

如果把图 2.32 中的箭头去掉，即顶点对 $uv\in V(G)\times V(G)$ 看成 $uv=vu$ 时，则把图 G 称为无向图（Undirected Graph），简称为图（Graph）。

定义 2.12　当 $\Psi G(e)=uv$ 时，称顶点 u、v 与边 e 相关联（Incident）；与同一条边相关联的两个顶点，或者与同一个顶点相关联的两条边称为相邻接（Adjacent）。

定义 2.13 有公共起点并有公共终点的两条边称为平行边(Parallel Edges)或者称为重边(Multi-edges);两端点相同但方向相反的两条有向边称为对称边(Symmetric Edges)。

定义 2.14 当 $\Psi G(e)=vv$ 时,e 叫做环(Loop)。$d(v)=d_1(v)+2l(v)$称为顶点 v 的度数(Degree)或次数,其中,$d_1(v)$是与顶 v 关联的非环边的条数,$l(v)$是与 v 关联的环数。度数为 n 的顶点称为 n 度顶点(n-Degree Vertex);当 n 为 0 时,该顶点称为孤立顶点(Isolated Vertex)。

定义 2.15 无环而且无平行边的图称为简单图。

图 2.32 是简单图;图 2.33 是非简单图。在图 2.33 中,e_6 是环,e_7、e_8 是平行边,e_2、e_3 是对称边,v_5 是孤立顶点。

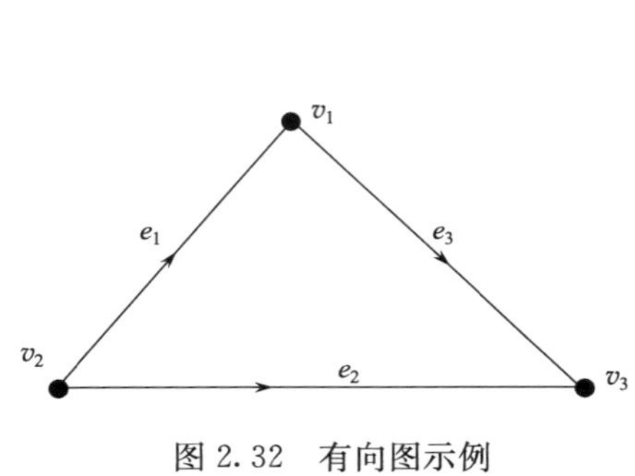

图 2.32 有向图示例

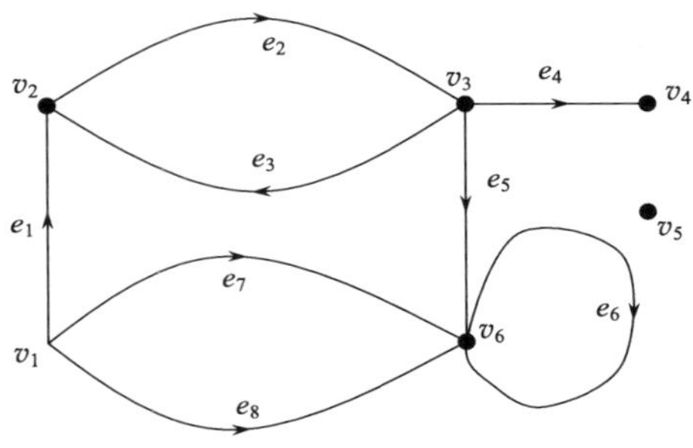

图 2.33 非简单有向图示例

定义 2.16 设图 $G=(V(G),E(G),\Psi G)$,则 $V(G)$中元素个数和 $E(G)$中元素个数分别称为图的顶点数或阶(Order)和边数(Size)。

定义 2.17 设 $W=v_0e_1v_1e_2v_2\cdots e_kv_k$,其中 $v_i\in V(G)$,$i=0,1,\cdots,k$;$e_i\in E(G)$,$i=1,\cdots,k$;$e_i=v_{i-1}v_i$,则称 W 为图 G 中的一条路。v_0 叫做路的起点,v_k 叫做路的终点,k 叫做路长,v_i 叫做 W 的内点($0<i<k$)。

各边相异的路称为行迹(Trail);

各顶点相异的路称为轨道(Path),记成 $P(v_0,v_k)$;

起点与终点重合的路称为回路;

起点与终点重合的轨道称为圈(Cycle);

长 l 的圈称为 l 阶圈,3 阶圈也叫做三角形;

最长圈之长称为图的周长;最短圈之长称为图的围长。

当 $u,v\in V(G)$时,u、v 分别为起点与终点的最短轨道之长称为 u、v 的距离,记成 $d(u,v)$。

当 $u,v\in V(G)$时,存在分别以 u、v 为起点与终点的轨道,则称 u、v 是连通的。每对顶点皆连通的图称为连通图。

图 G 的直径定义为 $d(G)=\max\{d(u,v),u,v\in(V(G)\}$。

定义 2.18 G、H 是两个图,$V(H)\subseteq V(G)$,且 $E(H)\subseteq E(G)$,则称 H 是 G 的子图。

定义 2.19 不含圈的图称为林(Forest);不含圈的连通图称为树(Tree)。

2.5.3 图的矩阵表示

设(V,E,Ψ)是一个有向图 D 或者一个无向图 G，其中，$V=\{v_1,v_2,\cdots,v_k\}$，$E=\{e_1,e_2,\cdots,e_k\}$，则 V 中元素与 E 中元素之间的关联关系、邻接关系能够体现在该图的关联矩阵与邻接矩阵中。

所谓图的邻接矩阵(Adjacent Matrix)，是指一个 $v\times v$ 阶矩阵 $A(v=|V|)$：

$$A=(a_{ij})$$

式中，$a_{ij}=\mu(v_i,v_j)$。

这里，$\mu(v_i,v_j)$表示有向图 D 中从 v_i 到 v_j 的边的数目或无向图 G 中连接 v_i 和 v_j 的边的数目。有向图 D 的邻接矩阵用 $A(D)$ 表示；无向图 G 的邻接矩阵用 $A(G)$ 表示。邻接矩阵是图的一种有效表示方法，图在计算机中经常用其对应邻接矩阵来保存。显然，$A(G)$是对称的，而一般来说 $A(D)$是非对称的。

所谓图的关联矩阵(Incident Matrix)，是指一个 $v\times e$ 阶矩阵 $M(v=|V|,e=|E|)$：

$$M=[m_x(e)]$$

其中，$x\in V$，$e\in E$，并且对无环有向图 D 有：

$$m_x(e)=\begin{cases}1,\text{当 } e \text{ 以 } x \text{ 为起点}\\-1,\text{当 } e \text{ 以 } x \text{ 为终点}\\0,\text{其他情况}\end{cases}$$

而对于无向图 G 有

$$m_x(e)=\begin{cases}1,\text{当 } e \text{ 以 } x \text{ 为端点}\\0,\text{其他情况}\end{cases}$$

有向图 D 和无向图 G 的关联矩阵分别记为 $M(D)$ 和 $M(G)$。

图的邻接矩阵和关联矩阵在分析图的某些性质时常常是很有用的。图的矩阵表示在矩阵论与图论之间架起了一座桥梁。利用这种表示，可以借助于矩阵的理论来分析、研究图论中的问题。

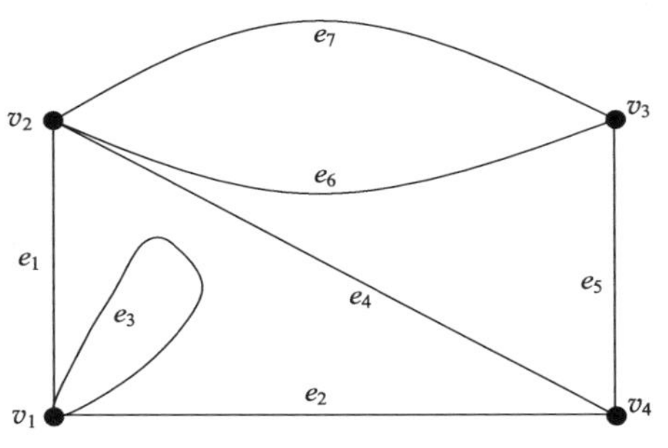

图 2.34　无向图

下面举例说明图的矩阵表示方法。

对于图 2.34 所示无向图 G，其邻接矩阵 $A(G)$ 和关联矩阵 $M(G)$ 如下：

	v_1	v_2	v_3	v_4
v_1	1	1	0	1
v_2	1	0	2	1
v_3	0	2	0	1
v_4	1	1	1	0

邻接矩阵 $A(G)$

	e_1	e_2	e_3	e_4	e_5	e_6	e_7
v_1	1	1	1	0	0	0	0
v_2	1	0	0	1	0	1	1
v_3	0	0	0	0	1	1	1
v_4	0	1	0	1	1	0	0

关联矩阵 $M(G)$

对于图 2.35 所示有向图 D，其邻接矩阵 $A(D)$ 和关联矩阵 $M(D)$ 如下：

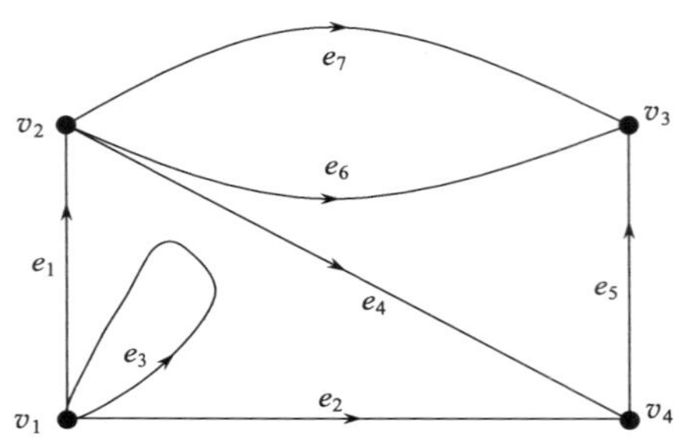

图 2.35　有向图

	v_1	v_2	v_3	v_4
v_1	1	1	0	1
v_2	0	0	2	1
v_3	0	0	0	0
v_4	0	0	1	0

邻接矩阵 $A(D)$

	e_1	e_2	e_3	e_4	e_5	e_6	e_7
v_1	1	1	1	0	0	0	0
v_2	−1	0	0	1	0	1	1
v_3	0	0	0	0	−1	−1	−1
v_4	0	−1	0	−1	1	0	0

关联矩阵 $M(D)$

在实际应用中，加权图(Weighted Graph)的分析中常常要用到邻接矩阵和关联矩阵。所谓加权图是指边值带权的图(图 2.36)。权通常以矩阵的形式给出，这样的矩阵称为加权矩阵。根据实际问题，权可以是距离、收入、费用或其他，权值可以为正，也可以为负。加权图可以是无向的[图 2.36(a)]，也可以是有向的[图 2.36(b)]。

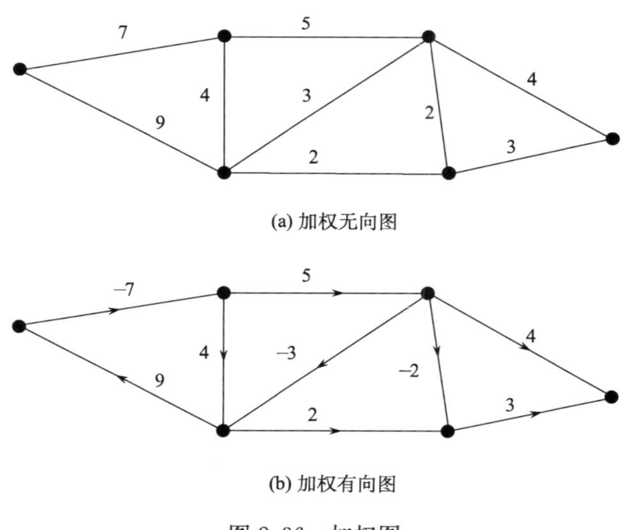

图 2.36　加权图

主要参考文献

刘少华,程朋根,赵宝贵. 2004. 约束数据域的 Delaunay 三角剖分算法研究及应用. 计算机应用研究,3:26～28

马小虎,潘志庚,石教英. 1999. 基于凹凸顶点判定的简单多边形 Delaunay 三角剖分. 计算机辅助设计与图形学学报,11(1):1～3

梅承力,肖高逾,周源华. 2001. 一种新的带特征约束的 Delaunay 三角剖分算法. 电子学报,29(7):895～898

王中辉,闫浩文. 2011. 带约束折线的平面散点集 Delaunay 三角剖分. 测绘与空间地理信息,34(1):46～48

王中辉. 2009. 多边形主骨架线提取算法的设计与实现. 兰州交通大学硕士学位论文

毋河海. 2000. 地理信息自动综合基本问题研究. 武汉测绘科技大学学报,25(5):377～386

闫浩文. 2002. 空间方向关系的概念、计算和形式化描述模型研究. 武汉大学博士学位论文

翟仁健,武芳,薛本新. 2008. 基于优先边的任意多边形最优三角剖分. 测绘科学,33(1):122～125

周培德. 2000. 计算几何——算法设计与分析. 北京:清华大学出版社

Chand D R,KaPur S S. 1970. An algorithm for convex polytopes. JACM,17(1):78～86

Edelsbrunner H. 1982. An algorithm in combinatorial geometry. PhD Thesis. Technische Universiteit Austria

Florianil D. 1992. An online algorithm for constrained Delaunay triangulation. CV GIP:Graphical Models and Image Processing,54(3):290～300.

Graham R L. 1972. An efficient algorithm for determining the convex hull of a finite planar set. Info Proc. Lett,1:132～133

PreParata F P,Hong S J. 1977. Convex hull of finite sets of points in two and three dimensions. Comm. ACM,2(20):87～93

PreParata F P,Shamos M I. 1988. Computational Geometry:an introduction. New York:Springer-verlag

PreParata F P. 1979. An optimal real time algorithm for planar convex hulls. Comm ACM,22:402～405

第 3 章　空间分析与空间查询算法

空间分析与查询是 GIS 的重要功能，也是 GIS 区别于一般信息系统的本质特征，人们常把 GIS 提供的空间分析与查询能力，作为评价系统性能的重要指标之一。

空间分析是基于地理对象位置和形态特征的空间数据分析技术，它借助计算机技术，利用特定的原理和算法，对空间数据进行处理、分析、模拟、决策等操作，是解决各类地学分析模型的基础，同时也为建立各种复杂的空间应用模型创造了条件(胡鹏等，2005)。

GIS 的成功与否取决于它回答人们辅助决策所提出问题的能力，而其中的大部分问题都可以用查询的方式解决。空间查询是 GIS 高层次空间分析的基础，也是 GIS 面向用户的直接窗口(陆守一，2004)。

本章主要介绍空间目标的捕捉、叠置分析、缓冲区分析、网络分析以及空间方向关系查询、空间拓扑关系查询、空间距离关系查询、空间关系连接查询等空间分析与查询算法。

3.1　空间目标捕捉算法

3.1.1　点目标捕捉算法

在 GIS 中，点的捕捉是为了捕捉点实体。假设图幅上有一点 $A(x,y)$，为捕捉该点，常设置一定的捕捉半径 D(通常为几个像素)，当选择点 $S(x,y)$ 离 A 点距离小于 D 时，认为捕捉 A 点成功。实际中为避免做平方运算，加快搜索速度，常把捕捉区域由圆改为矩形，如图 3.1 所示。因此，点捕捉的实质是判断选择点 $S(x,y)$ 是否在设定的矩形之内。捕捉点的逻辑表达式为

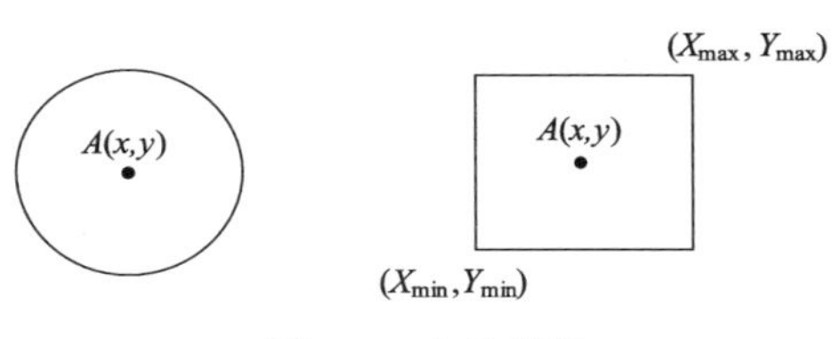

图 3.1　点的捕捉

$$(X_{min} \leqslant S_x \leqslant X_{max})\text{AND}(Y_{min} \leqslant S_y \leqslant Y_{max})$$

3.1.2　线目标捕捉算法

在 GIS 中，线的捕捉是为了捕捉线实体。假设图幅上有一线目标，其坐标点分别为 $(x_1,y_1)(x_2,y_2)(x_3,y_3)\cdots(x_n,y_n)$，为捕捉该线目标，设置捕捉半径为 D。

从理论上说，选择点 $S(x,y)$ 到线目标的各直线段之间的距离 $d_1,d_2,d_3\cdots d_{n-1}$ 中，若有一个距离 d_i 满足 $d_i<D$，则认为该线目标被捕捉到。如图 3.2(a)所示，当(d_1 ORd_2 ORd_3)$<D$，则表示选择点 $S(x,y)$ 能捕捉到线目标。

在实际的捕捉中，可每计算一个距离 d_i 就进行一次比较，若 $d_i<D$，则捕捉成功，不需要再计算其余直线段到点 S 的距离。为了进一步加快线捕捉的速度，可以把不可能被捕捉到的线以简单算法去除。具体捕捉过程如下：

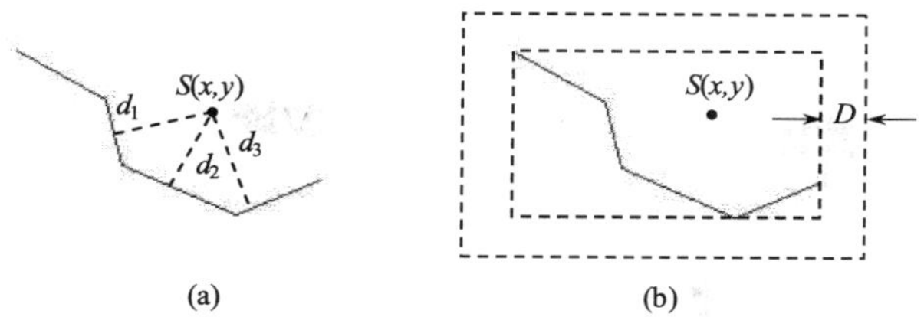

图 3.2　线的捕捉

第一步，线目标的初步捕捉。

如图 3.2(b)所示，对一条线可求出其最小投影矩形(Minimum Boundary Rectangle，MBR)，对该矩形再向外扩 D 的距离，构成新的矩形，若选择点 S 落在新矩形内，才可能捕捉到该线目标。显然，这里通过 MBR 的外扩矩形大大缩小了寻找线目标的范围。

第二步，线目标的进一步捕捉。

在对组成线目标的直线段进行捕捉时，先检查选择点 S 是否可能捕捉到该线段。即对线段的 MBR 再往外扩 D 的距离，构成新的矩形，若选择点 S 落在新矩形内，计算点 S 到该直线段的距离，否则放弃该直线段，取下一条直线段继续查找。

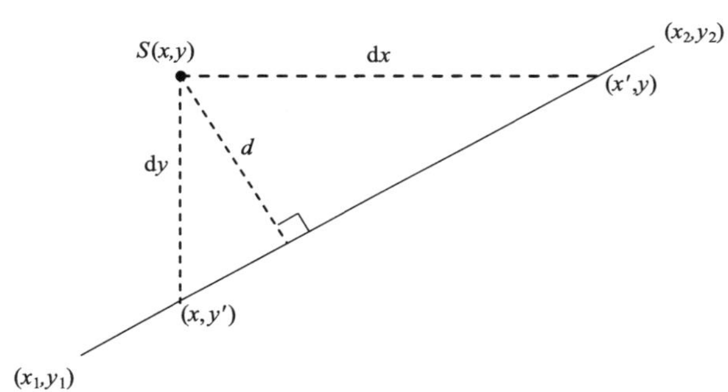

图 3.3　直线段的捕捉

如图 3.3 所示，点 $S(x,y)$到直线段(x_1,y_1)，(x_2,y_2)的距离 d 的计算公式为

$$d=\frac{|(x-x_1)(y_2-y_1)-(y-y_1)(x_2-x_1)|}{\sqrt{(x_2-x_1)^2+(y_2-y_1)^2}}$$

上式计算量较大、速度较慢，为提高效率，可按如下方法计算。

从 $S(x,y)$向直线段(x_1,y_1)，(x_2,y_2)作水平和垂直方向的射线，交点分别为(x',y)、(x,y')，取 $\mathrm{d}x$，$\mathrm{d}y$ 的最小值作为 S 点到该线段的近似距离。由此可大大减少运算量，提高搜索速度。计算公式如下：

$$x'=\frac{(x_2-x_1)(y-y_1)}{y_2-y_1}+x_1$$

$$y'=\frac{(y_2-y_1)(x-x_1)}{x_2-x_1}+y_1$$

$$\mathrm{d}x=|x'-x|$$

$$dy = |y' - y|$$
$$d = \min(dx, dy)$$

3.1.3 面目标捕捉算法

在 GIS 中,面的捕捉是为了捕捉面实体。假设图幅上有一面目标,其边界坐标点分别为$(x_1, y_1)(x_2, y_2)(x_3, y_3)\cdots(x_n, y_n)(x_1, y_1)$。面目标的捕捉实际上是判断选择点$S(x, y)$是否在面目标内。为提高捕捉面目标的速度,通常用如下方法实现。

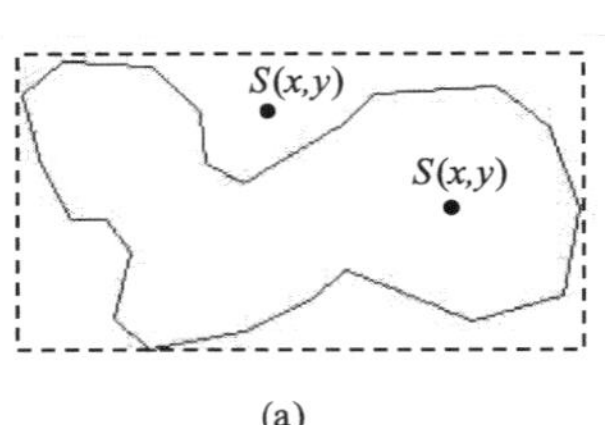

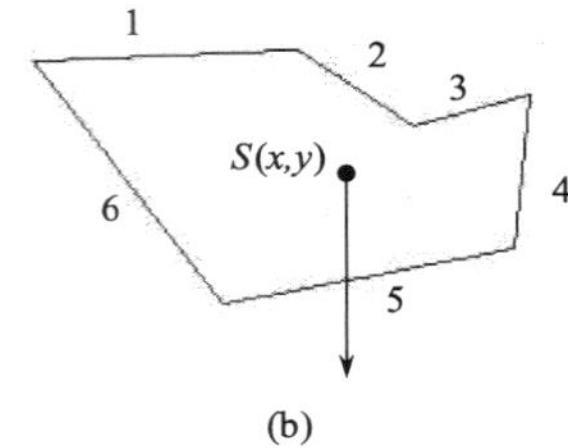

图 3.4　面目标的捕捉

第一步,面目标的初步捕捉。

如图 3.4(a)所示,面目标的初步捕捉是查找选择点 S 是否在面目标的 MBR 内,如在该矩形内,选择点 S 则有可能捕捉到面目标,做进一步捕捉,否则放弃该面目标。通过这一步骤,可去除大量不可能捕捉的情况,大大减少了运算量。

第二步,面目标的进一步捕捉。

进一步查找选择点 S 是否在面目标内。判断点是否在面目标内有很多算法,这里以射线法为例,如图 3.4(b)所示,从选择点 S 做垂线并计算它与面目标边界的交点数 N,当 N 为奇数时,点 S 在面目标内;当 N 为偶数时,点 S 在面目标外。

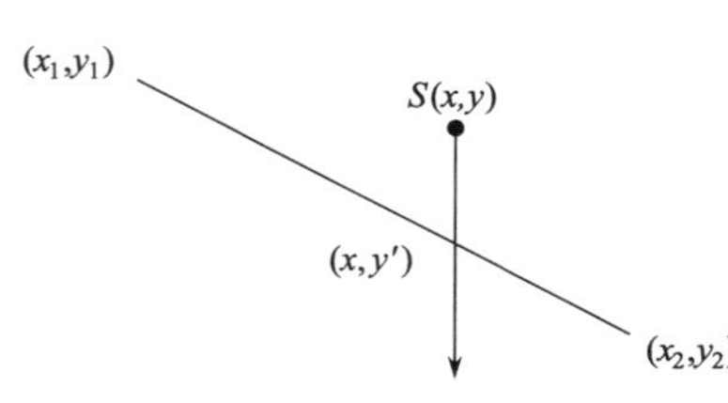

图 3.5　垂线与线段相交

在计算垂线与面目标边界的交点个数时,并不需要每次都对每一条线段进行交点坐标的具体计算。对不可能有交点的线段应通过简单的坐标比较迅速去除。对图 3.4(b)所示的情况,面目标的边分别为 1～6,而其中只有 2、5 边可能与从 $S(x, y)$所引的垂直方向的射线相交。即当直线段为$(x_1, y_1)(x_2, y_2)$,若 $x_1 \leqslant x \leqslant x_2$ 或 $x_2 \leqslant x \leqslant x_1$ 时才有可能与垂线相交,这样就可以不对 1,3,4,6 边继续进行交点判断。

对于 2、5 边的情况,若 $y > y_1$ 且 $y > y_2$,必然与从 S 点所引的垂线相交(如边 5);若 $y < y_1$ 且 $y < y_2$,必然不与从 S 点所引的垂线相交(如边 2)。这样就可不必进行交点坐标的计算就能判断出是否有交点。

对于 $y_1 \leqslant y \leqslant y_2$ 或 $y_2 \leqslant y \leqslant y_1$,且 $x_1 \leqslant x \leqslant x_2$ 或 $x_2 \leqslant x \leqslant x_1$,如图 3.5 所示,这时可求出铅垂线与直线段的交点(x, y')。若 $y' < y$,则是交点;若 $y' > y$,则不是交点;若 $y' = y$,则交点在线上,即选择点在面目标的边界上。

3.2 叠置分析算法

空间数据的叠置分析是 GIS 的重要功能，它以空间层次分析理论为基础，而空间层次分析理论的发展又同空间叠置分析的应用直接相关。

空间数据的叠置是将两幅或多幅图重叠在一起，以生成新图和对应的属性，如图 3.6 所示。叠置分析既能对存在的不同类型信息进行综合分析，又能通过图形叠置获取新信息。例如，将行政区图、降水量图、土壤类型图等进行叠置，可分析各行政区内土地质量等级分布。

根据叠置对象的不同，叠置分析可以分为点与多边形的叠置、线与多边形的叠置、多边形与多边形的叠置。

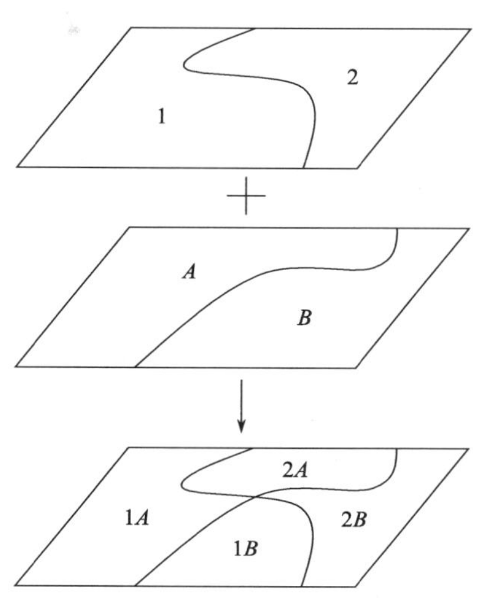

图 3.6 叠置分析示意图

3.2.1 点与多边形的叠置算法

点与多边形的叠置是确定一幅图（或数据层）上的点落在另一幅图（或数据层）的哪个多边形中。这样就可给相应的点增加新的属性内容。

例如，一幅图表示水井的位置，另一幅图表示城市功能分区。两幅图叠置后可得出每个城市功能区（如居住区）有多少水井，也可知道每口水井是位于城市的什么功能区。

点与多边形叠置的算法核心是判断点是否在多边形内，算法的具体实现可参阅第 5 章。

3.2.2 线与多边形的叠置算法

线与多边形的叠置是把一幅图（或数据层）中的多边形的特征加到另一幅图（或数据层）的线上。

例如，道路图与境界图叠置，可得到每个行政区中各种等级道路的里程。

线与多边形叠置的算法就是线的多边形裁剪。算法的具体实现可参阅第 4 章。

3.2.3 多边形与多边形的叠置算法

多边形与多边形的叠置是指不同图幅或不同图层多边形要素之间的叠置，通常分为合成叠置和统计叠置。

合成叠置是指通过叠置形成新的多边形，使新多边形具有多重属性，即需进行不同多边形的属性合并。属性合并的方法可以是简单的加、减、乘、除，也可以取平均值、最大值、最小值，获取逻辑运算的结果等。

统计叠置是指确定一个多边形中含有其他多边形的属性类型的面积等，即把其他图上的多边形的属性信息提取到本多边形中来。

例如，土壤类型图与城市功能分区图叠置，可得出商业区中具有不稳定土壤结构的地区有哪些。

多边形与多边形叠置算法的核心是多边形对多边形的裁剪。算法的具体实现可参阅第 4 章。

3.3 缓冲区分析算法

缓冲区分析是 GIS 中使用最频繁的一种空间分析，是对空间特征进行度量的一种重要方法。缓冲区是在点、线、面地理实体周围自动建立的一定宽度范围的多边形。从空间变换的角度看，缓冲区分析模型就是将点、线、面状地物分布图变换为这些地物的扩张距离图，图中每一点的值代表该点离开最近的某种地物的距离。实际上，缓冲区就是地理目标的一种影响范围，如水库淹没范围、城市规划中街道拓宽后的房屋拆迁范围、化工厂爆炸后有毒物质影响的范围等。

缓冲区分析是基于空间目标拓扑关系的距离分析，其基本思想是给定一个空间目标(集合)，确定它(们)的某个邻域，邻域的大小由半径决定。因此，空间目标 Q_i 的缓冲区为

$$B_i = \{x : d(x, Q_i) \leqslant R\}$$

式中，R 为邻域半径，称为缓冲距；d 一般是指最小欧氏距离；B_i 为空间目标 Q_i 的缓冲距为 R 的缓冲区，是全部距空间目标 Q_i 的距离 d 小于或等于 R 的点的集合。对于空间目标集合 $Q=\{Q_i : i=1,2,\cdots,n\}$，其缓冲距为 R 的缓冲区 B 是其中单个空间目标的缓冲区的并集，即

$$B = \bigcup_{i=1}^{n} B_i$$

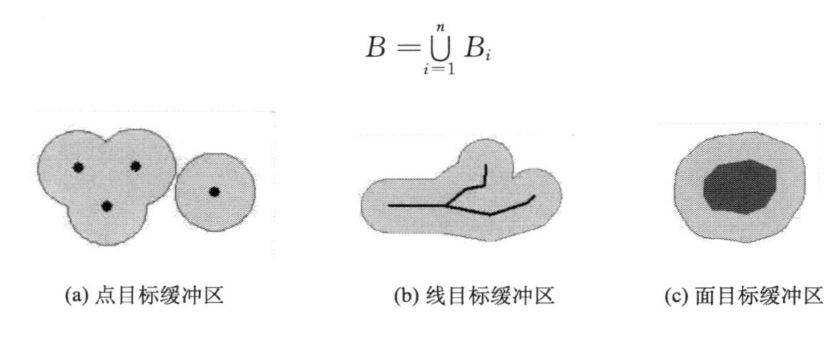

(a) 点目标缓冲区　(b) 线目标缓冲区　(c) 面目标缓冲区

图 3.7　点、线、面缓冲区

在地理空间中，空间目标分为点目标、线目标、面目标，相应的空间目标的缓冲区包括点目标缓冲区、线目标缓冲区、面目标缓冲区。如图 3.7 所示，点目标的缓冲区是围绕该目标的半径为缓冲距的圆周所包围的区域；线目标的缓冲区是沿线目标的两侧距离不超过缓冲距的点组成的区域；面目标的缓冲区是沿该目标边界线内侧或外侧距离不超过缓冲距的点组成的区域。下面结合相关文献(冯花平，2005)，对此三类缓冲区的构建算法进行介绍。

3.3.1 点缓冲区的构建算法

点缓冲区的建立是以点状目标为圆心,以缓冲距离为半径所绘的圆形区域。点缓冲区的生成算法主要采用圆弧拟合法,它是将圆心角等分为若干等份,用等长的弦来代替圆弧。即用均匀步长的直线段逼近圆弧段,如图 3.8 所示。

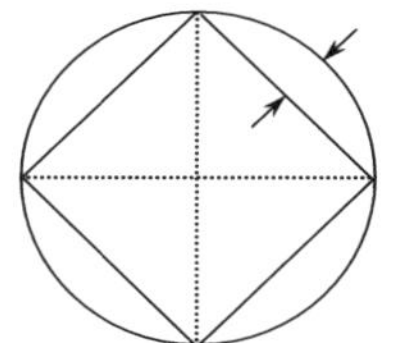
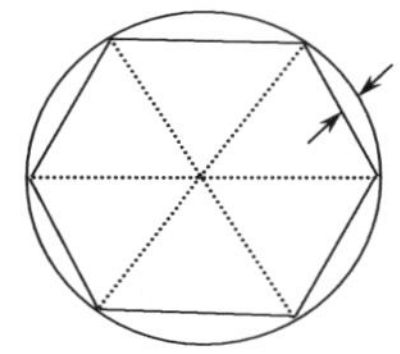
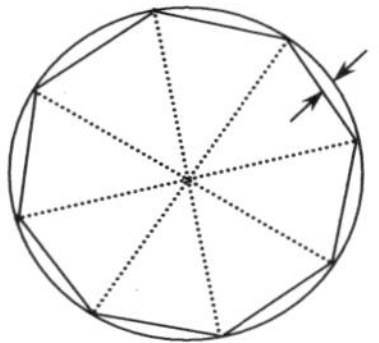

图 3.8 直线段逼近圆弧

显然,等分的圆心角越小,步长越小,误差越小;等分的圆心角越大,步长越大,误差越大。所以,点的缓冲区实际上就是由具有一定拟合精度的正 n 边形生成的。其中正 n 边形的边长取决于缓冲距 r 和正 n 边形对圆的拟合精度 δ,n 边形的边数 n 的计算公式如下:

$$\Delta\alpha = 2\arccos(1-\delta/r), n = \left[\frac{2\pi}{\Delta\alpha}\right]$$

式中,[ ]指对括号内数据取整。按逆时针连续旋转计算出各点坐标并顺次连接便生成了正 n 边形。各点坐标按下式计算:

$$x_i = r\cos(i \cdot \Delta\alpha) + x_c$$

$$y_i = r\sin(i \cdot \Delta\alpha) + y_c$$

$$(i = 0,1,2,\cdots,n-1)$$

式中,(x_c, y_c)为圆心坐标。画圆时从(x_0, y_0)开始,顺序连至(x_{n-1}, y_{n-1}),继续连至(x_0, y_0),使正 n 边形准确闭合。

3.3.2 线缓冲区的构建算法

线的缓冲区是以线状目标为参考轴线,离开轴线向两侧沿法线方向平移一定距离,并在线端点处以光滑曲线(如半圆弧)连接,所得到的点组成的封闭区域即为线状目标的缓冲区。其构建算法描述如下:

第一步,沿轴线方向(起点到终点),在轴线的左侧按缓冲距作轴线的平行线段。若遇到轴线的转折点,首先判断该点的凹凸性,若在凸侧,用半径为缓冲距的圆弧拟合,若在凹侧,用与该点关联的前后两相邻线段的偏移量为缓冲距的两平行线的交点作为对应顶点。重复此过程,直至遇到轴线的终点,用半径为缓冲距的半圆弧拟合终点的缓冲区,然后沿轴线逆方向(终点到起点)再次重复上述过程,直至遇到轴线的起点,并用半径为缓冲距的半圆弧拟合起点的缓冲区。

第二步，判断上述生成的缓冲区边界是否自相交，若自相交，转入第三步，否则，算法结束。

第三步，自相交形成的多边形分为两种情况，即岛屿多边形和非岛屿多边形。若是岛屿多边形就保留，将其做为缓冲区的内边界；否则保留面积最大的非岛屿多边形做为缓冲区的外边界，算法结束。

在上述算法步骤中还有几个关键问题须进一步详细阐述。

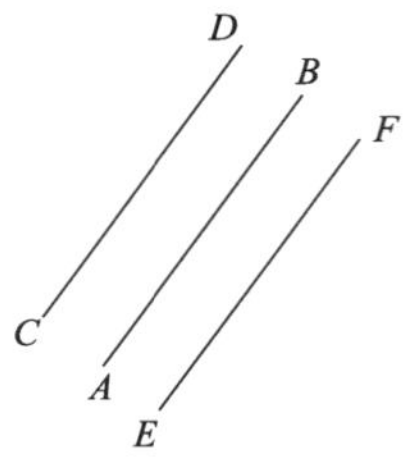

1. 线段缓冲区的生成

图 3.9　线段的缓冲区

如图 3.9 所示，CD 和 EF 两条线段代表原线段 AB 前进方向(起点到终点)的左右两条缓冲区线段。设原线段的起点 A 和终点 B 的坐标分别为(X_a, Y_a)和(X_b, Y_b)，缓冲距为 r，则线段 AB 的左缓冲区线段 CD 的端点坐标(X_c, Y_c)和(X_d, Y_d)的计算公式如下：

(1) 当 $X_b - X_a \neq 0$ 时，设 k 为线段 AB 的斜率，$k = (Y_b - Y_a)/(X_b - X_a)$

① 当 $Y_b - Y_a < 0, K > 0$ 时

$$X_c = X_a + r \times k/\sqrt{1+k^2}, Y_c = Y_a - r/\sqrt{1+k^2}$$

$$X_d = X_b + r \times k/\sqrt{1+k^2}, Y_d = Y_b - r/\sqrt{1+k^2}$$

② 当 $Y_b - Y_a < 0, K < 0$ 时

$$X_c = X_a + r \times k/\sqrt{1+k^2}, Y_c = Y_a + r/\sqrt{1+k^2}$$

$$X_d = X_b + r \times k/\sqrt{1+k^2}, Y_d = Y_b + r/\sqrt{1+k^2}$$

③ 当 $Y_b - Y_a > 0, K > 0$ 时

$$X_c = X_a - r \times k/\sqrt{1+k^2}, Y_c = Y_a + r/\sqrt{1+k^2}$$

$$X_d = X_b - r \times k/\sqrt{1+k^2}, Y_d = Y_b + r/\sqrt{1+k^2}$$

④ 当 $Y_b - Y_a > 0, K < 0$ 时

$$X_c = X_a - r \times k/\sqrt{1+k^2}, Y_c = Y_a - r/\sqrt{1+k^2}$$

$$X_d = X_b - r \times k/\sqrt{1+k^2}, Y_d = Y_b - r/\sqrt{1+k^2}$$

⑤ 当 $Y_b - Y_a = 0$ 时

$$X_b - X_a < 0: X_c = X_a, Y_c = Y_a - r; X_d = X_b, Y_d = Y_b - r$$

$$X_b - X_a > 0: X_c = X_a, Y_c = Y_a + r; X_d = X_b, Y_d = Y_b + r$$

(2) 当 $X_b - X_a = 0$ 时

$$Y_b - Y_a < 0: Y_c = Y_a, X_c = X_a + r; Y_d = Y_b, X_d = X_b + r$$

$$Y_b - Y_a > 0: Y_c = Y_a, X_c = X_a - r; Y_d = Y_b, X_d = X_b - r$$

线段 AB 的右缓冲区线段 EF 的端点坐标计算公式与上述类似，此处不再列出。

2. 折线端点缓冲区的生成

折线端点处的缓冲区是一个半圆，使用圆弧拟合法，用等长的弦来代替圆弧。弦的长度取决于缓冲距 r 和拟合精度 δ，因此弦的个数 n 的计算公式为

$$\Delta\alpha = 2\arccos(1-\delta/r), n = \left[\frac{\pi}{\Delta\alpha}\right]$$

式中，[ ]指对括号内数据取整。

如图 3.10 所示，设待生成缓冲区的折线端点 $A(X_a, Y_a)$ 其右侧缓冲区线段端点为 $E(X_e, Y_e)$，以 A 为圆心，r 为半径顺时针旋转 180°得到半圆弧 EC。则拟合后的弧段各节点坐标的计算公式如下：

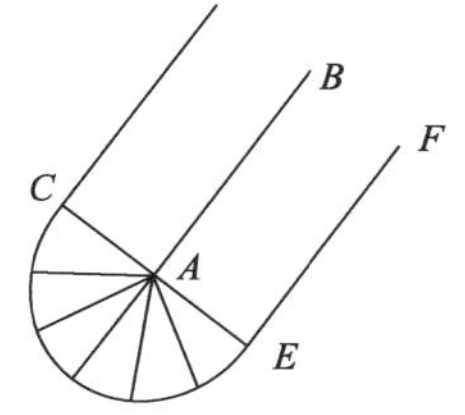

图 3.10 端点的缓冲区

① 有向线段 AE 与 X 轴正向夹角 α 的计算：

$$\triangle X = X_e - X_a \quad \triangle Y = Y_e - Y_a$$

当 $\triangle X<0$ 时，$\alpha=\arctan(\triangle Y/\triangle X)+\pi$；

当 $\triangle X=0$ 时，若 $Y_e>Y_a$ 时，$\alpha=\pi/2$；若 $Y_e<Y_a$ 时，$\alpha=3\times\pi/2$；

当 $\triangle X>0$ 时，$\alpha=\arctan(\triangle Y/\triangle X)$。

② 第 i 个节点坐标（$i=1,2,3,\cdots,n-1$）

$$X_i = X_a + r\times\cos(\alpha - i\times\triangle\alpha)$$

$$Y_i = Y_a + r\times\sin(\alpha - i\times\triangle\alpha)$$

在轴线转折点凸侧的圆弧拟合方法与上述类似，此处不再赘述。

3. 缓冲线自相交处理

当轴线的弯曲空间不能容许缓冲区的边界自身无压盖的通过时，会产生边界的自相交问题，形成多个自相交多边形。自相交形成的多边形分为两种情况，即岛屿多边形和非岛屿多边形。缓冲区边界自相交处理的关键就是识别岛屿多边形和非岛屿多边形。所以算法的基本思想就是：首先计算缓冲区边界线的自交点个数 nodenum，根据自交点的个数，将缓冲区多边形分为 nodenum+1 个多边形，接着判断自交点之间确定的自相交多边形的性质，若是岛屿多边形就保留，将其作为缓冲区的内边界；否则保留面积最大的非岛屿多边形作为缓冲区的外边界。

1）自交点的数据结构

```
class InterSectPoint
{
    float x,y;//自交点的坐标
    int i;//第 i 条直线段的段号
    int j;//第 j 条直线段的段号,i<j
}
```

其中，段号是沿着多边形的方向按由小到大的顺序编排的。

2）根据自交点数划分区域

首先求出缓冲区边界的自交点个数 nodenum，定义一数组 node 存放自交点，如果自交点个数大于 1，那么对自交点按 i 的递增顺序排序，如果有多个 i 相等，则按 j 的递减顺序排序。

接着求每个区域的顶点。对于第一个区域：从多边形的第一个顶点出发，沿着多边形的方向，当遇到交点时，交点为该区域的一个顶点，沿着多边形的方向继续前进，直到回到出发点；对于后面的第 i 个区域的生成方法是：从第 $i-1$ 个交点出发，沿着多边形的方向前进，直到回到出发点。

如图 3.11 所示，排序后的自交点为 k_1,k_2,k_3,k_4,k_5，共生成 6 个多边形区域，每个区域的点串为：

区域 1：$1\to2\to k_1\to1$　　区域 2：$k_1\to k_2\to10\to11\to k_1$

区域 3：$k_2\to3\to k_3\to9\to k_2$　　区域 4：$k_3\to k_4\to8\to k_3$

区域 5：$k_4\to k_5\to7\to k_4$　　区域 6：$k_5\to4\to5\to6\to k_5$

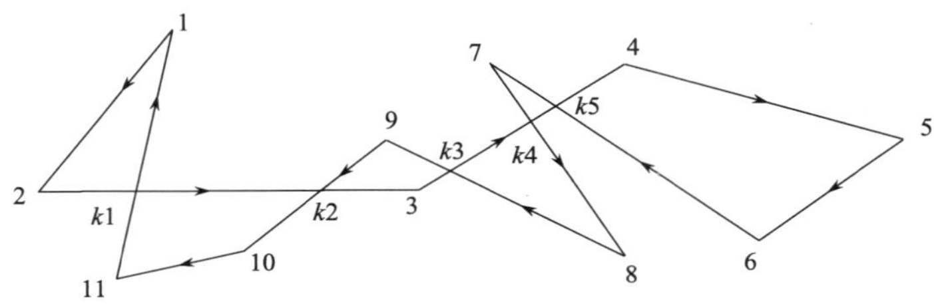

图 3.11　自相交多边形

3）判断自相交多边形是否为岛屿

由边界自相交所形成的多边形中，若多边形方向与缓冲区边界方向相反，则该多边形即是岛屿，将它保存并作为缓冲区的内边界；若多边形方向与缓冲区边界方向相同，计算其中面积最大者，将其保存并作为缓冲区的外边界，其他则予以删除。

4. 计算任意多边形的面积

多边形面积的计算是一个复杂的问题，通常将多边形作三角形分割，然后再将各个三角形面积累加起来，计算过程烦琐。下面介绍一种新的任意多边形的面积计算公式。

设 m 边形的顶点是 $p_k(x_k,y_k)$，$k=1,2,3,\cdots,m$，$p_{m+1}=p_1$（顶点按逆时针方向排列），则多边形的面积 S 可以按下式计算：

$$S=\frac{1}{2}\sum_{k=1}^{m}(x_k y_{k+1}-x_{k+1}y_k)$$

3.3.3　面缓冲区的构建算法

面目标缓冲区生成算法与线目标是类似的，不同之处是它只沿着边界线的一侧建立缓冲区。即首先判断边界上每个转折点的凹凸性，凸的转折点用半径为缓冲距的圆弧拟合，在凹的转折点处用平行线求交；接下来是对生成的缓冲区边界进行自相交处理。具体方法也与线目标缓冲区类似。所不同的是，面目标缓冲区生成算法是单侧问题，即仅对非岛多边形的外侧形成缓冲区，对岛多边形的内侧形成缓冲区。

由点目标、线目标、面目标组合而成的多个目标的缓冲区，是在单目标缓冲区的基础上，通过多个单目标缓冲区的合并产生而来。多个单目标缓冲区的合并一般采用两两合并的方法，即先进行两个缓冲区的合并，得到的新的缓冲区再与第三个缓冲区进行合并，直到所有的缓冲区合并完毕。显然缓冲区合并的关键是如何进行两两缓冲区的合并，可按照第 5 章介绍的多边形的交、并、差算法来求解。

3.4 空间网络分析算法

空间网络是由一组线状要素相互连接形成的地理网络结构。空间网络分析是对地理网络进行地理分析和模型化，其实质是通过研究网络的状态，模拟和分析资源在网络上的流动和分配，以解决网络资源的优化问题。空间网络分析在城市交通规划、城市管线设计、救援行动路线的选择等方面有着广泛的应用。

空间网络分析包含内容很丰富，本节主要介绍如下三种。

1. 路径分析

路径分析指网络中最短路径的求解问题。

2. 连通分析

连通分析指网络中从一个顶点出发，可到达全部顶点且费用最少的最小生成树求解问题。

3. 流分析

流分析用来寻求资源从一个地点出发，到另一个地点的最优化方案。优化标准包括时间最少、费用最低、路程最短、资源流量最大等。

3.4.1 路径分析算法

路径分析在空间网络分析中占有十分重要的地位，路径分析的典型应用是求最短路径问题。最短路径分析是根据网络的拓扑性质，在网络图中求顶点之间有无路径；求从一个顶点出发到其他各顶点之间的最短路径；或求每对顶点之间的最短路径。

以有向图为例，图中每个顶点 V_i 表示一个地点，边表示两点之间的距离，路径长度指路径上各边的加权和。路径的起始点称为源点，路径的结束点称为终点。图 3.12 中有 5 个顶点 V_1、V_2、V_3、V_4、V_5，分别表示 5 个地点，图中标注的数字分别表示边加权后的距离。

这里主要讨论从一点出发到其余各点的最短路径问题。以顶点 V_1 为源点，顶点 V_5 为终点说明之。图中 V_1 到 V_5 的可能路径有 4 条：

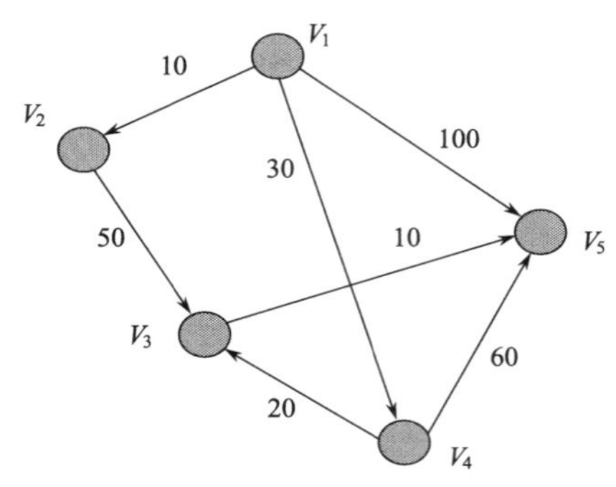

图 3.12　求最短路径有向图

$<V_1,V_5>$长度为 100；

$<V_1,V_4,V_5>$长度为 30+60=90；

$<V_1,V_4,V_3,V_5>$长度为 30+20+10=60；

$<V_1,V_2,V_3,V_5>$长度为 10+50+10=70。

显然，路径$<V_1,V_4,V_3,V_5>$的有效距离最短。荷兰人 Dijkstra 在 1959 年提出了一种求最短路径的算法，被广泛采用，称之为 Dijkstra 算法。这种算法实质上是一种按路径长度递增的次序求最短路径。该算法认为，从源点出发求到达其他顶点的最短路径时，当前正在生成的最短路径上除终点之外，其余顶点的最短路径均已生成。例如，生成 V_1 到 V_5 的最短路径$<V_1,V_4,V_3,V_5>$时，$<V_1,V_4,V_3>$的最短路径已经生成。下面介绍该算法的基本过程。

第一步，假设用带权的邻接矩阵 cost 来表示具有 n 个顶点的赋权有向图，cost$[i,j]$表示弧$<V_i,V_j>$上的权值。若$<V_i,V_j>$不存在，则置 cost$[i,j]$为∞(在计算机上可用允许的最大值代替)；若 $i=j$，则置 cost$[i,j]$为 0。设 V 为该有向图的顶点集合，S 为已找到从源点 V_s 出发的最短路径的终点的集合，它的初始状态为空集。向量 dist 的每个分量 dist$[i]$表示当前所找到的从源点 V_s 到终点 V_i 的最短路径的长度。那么，从源点 V_s 出发到图上其余各顶点(终点)V_i 可能达到的最短路径长度的初值为：

$$\text{dist}[i]=\text{cost}[i_s,i]\quad V_i\in V,i_s \text{ 表示源点 } V_s \text{ 在有向图中的顶点序号}$$

第二步，选择 V_j，使得

$$\text{dist}[j]=\min\{\text{dist}[i]\mid V_i\in V-S\}$$

V_j 就是当前求得的一条从 V_s 出发的最短路径的终点。令

$$S=S\cup\{V_j\}$$

第三步，修改从 V_s 出发到集合 $V-S$ 上任一顶点 V_k 的最短路径长度。如果

$$\text{dist}[j]+\text{cost}[j,k]<\text{dist}[k]$$

则修改

$$\text{dist}[k]=\text{dist}[j]+\text{cost}[j,k]$$

第四步，重复操作第二、三步共 $n-1$ 次。由此求得从源点 V_s 到图上其余各顶点的最短路径是依路径长度递增的序列。

例如，图 3.12 中有向图的赋权邻接矩阵为

$$\text{cost}=\begin{bmatrix}0 & 10 & \infty & 30 & 100\\ \infty & 0 & 50 & \infty & \infty\\ \infty & \infty & 0 & \infty & 10\\ \infty & \infty & 20 & 0 & 60\\ \infty & \infty & \infty & \infty & 0\end{bmatrix}$$

下面结合图 3.13 和表 3.1，对从源点 V_1 出发到其他各顶点的最短路径的计算过程进行描述：

(1) 从原始邻接矩阵求 V_1 到各点的距离，找出 V_1 到 V_2 的最短路径 $V_1 \rightarrow V_2 = 10$，见图 3.13(a)。

(2) 根据上面求得的 $V_1 \rightarrow V_2 = 10$，修正原始邻接矩阵，将 $V_1 \rightarrow V_3 = \infty$，修正为 $V_1 \rightarrow V_2 \rightarrow V_3 = 60$，同时找出 V_1 到 V_4 的最短路径 $V_1 \rightarrow V_4 = 30$，见图 3.13(b)。

(3) 根据上面求得的 $V_1 \rightarrow V_4 = 30$，修正原始邻接矩阵，将 $V_1 \rightarrow V_5 = 100$ 修正为 $V_1 \rightarrow V_4 \rightarrow V_5 = 90$；将 $V_1 \rightarrow V_2 \rightarrow V_3 = 60$ 修正为 $V_1 \rightarrow V_4 \rightarrow V_3 = 50$；找出 V_1 到 V_3 的最短路径 $V_1 \rightarrow V_4 \rightarrow V_3 = 50$，见图 3.13(c)。

(4) 根据上面求得的 $V_1 \rightarrow V_4 \rightarrow V_3 = 50$，修正原始邻接矩阵，将 $V_1 \rightarrow V_4 \rightarrow V_5 = 90$ 修正为 $V_1 \rightarrow V_4 \rightarrow V_3 \rightarrow V_5 = 60$，找出 V_1 到 V_5 的最短路径 $V_1 \rightarrow V_4 \rightarrow V_3 \rightarrow V_5 = 60$，见图 3.13(d)。

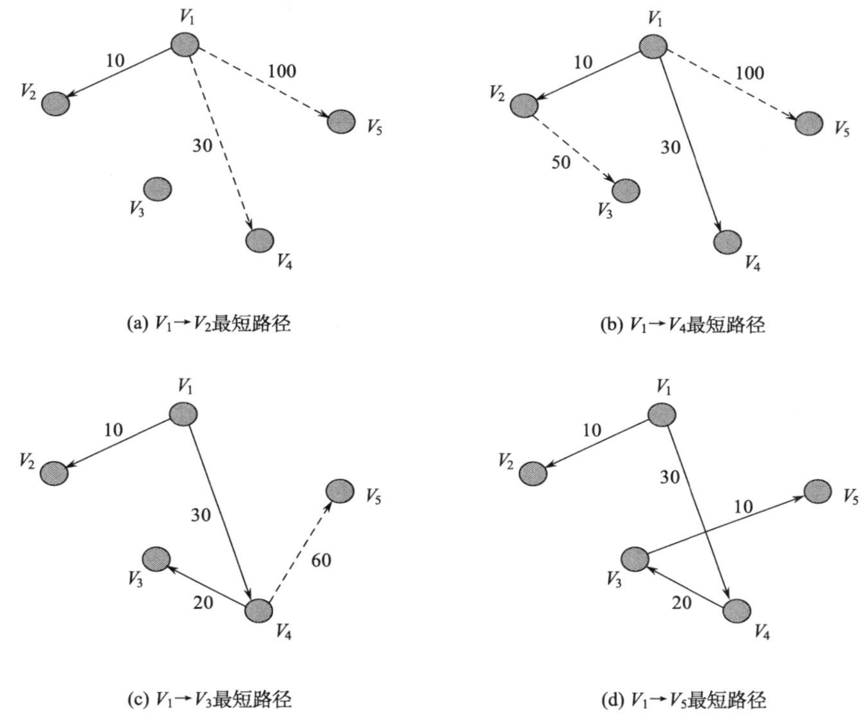

图 3.13　Dijkstra 求最短路径示意图

表 3.1　Dijkstra 求最短路径的执行过程

终点	V_1 点到各终点的值及最短路径			
V_1	0			
V_2	(V_1, V_2)，10			
V_3		(V_1, V_2, V_3)，60	(V_1, V_4, V_3)，50	
V_4	(V_1, V_4)，30	(V_1, V_4)，30		
V_5	(V_1, V_5)，100	(V_1, V_5)，100	(V_1, V_4, V_5)，90	(V_1, V_4, V_3, V_5)，60
V_j	V_2	V_4	V_3	V_5

上述最短路径分析是从某源点出发求到其余各顶点的最短路径。若要求每对顶点之间的最短路径，实际上是每次以一个顶点为源点，重复执行上述算法。

在实际使用中最短路径分析不一定是距离，也可以定义为两点之间所花费的时间、所付的运费等。

3.4.2 最小生成树算法

生成树是图的极小连通子图。一个连通的赋权图 G 可能有很多的生成树。设 T 为图 G 的一个生成树，若把 T 中各边的权数相加，则这个和数称为生成树 T 的权数。在 G 的所有生成树中，权数最小的生成树称为 G 的最小生成树。

在实际应用中，常有类似在 n 个城市间建立通信线路这样的问题。这可用图来表示：图的顶点表示城市，边表示两城市间的线路，边上所赋的权值表示代价。对 n 个顶点的图可以建立许多生成树，每一棵树可以是一个通信网。若要使通信网的造价最低，就需要构造图的最小生成树。

构造最小生成树的依据有两条：

(1) 在图中选择用于连接 n 个顶点的 $n-1$ 条边；

(2) 尽可能选取权值为最小的边。

下面介绍构造最小生成树的 Kruskal 算法。该算法是 1956 年提出的，又称之为避圈法。设图 G 是由 n 个顶点构成的连通赋权图，则构造最小生成树的步骤如下：

第一步，先把图 G 中的各边按权数从小到大重新排列，并取权数最小的一条边为 T 中的边。

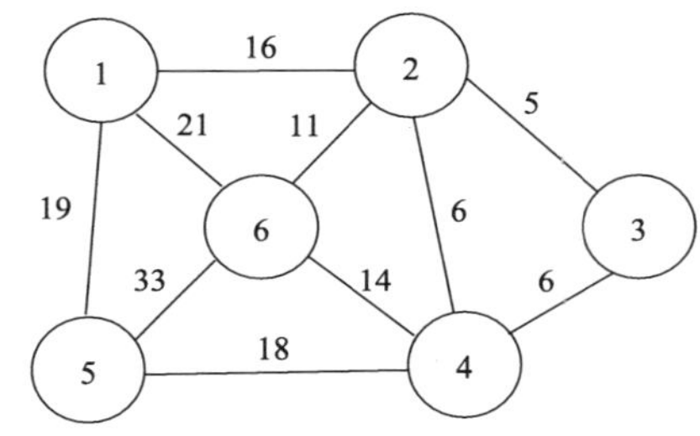

(a) 赋权图

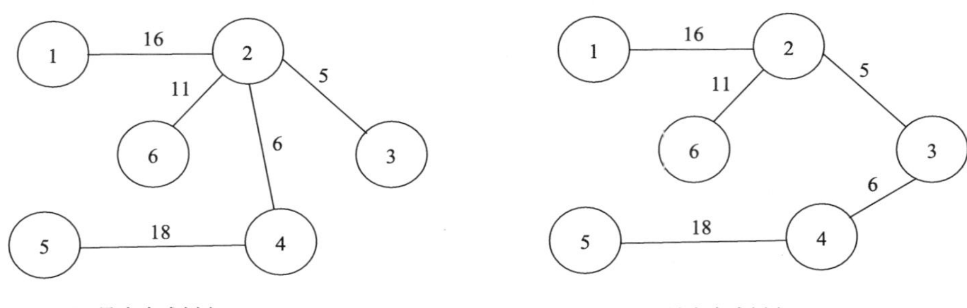

(b) 最小生成树之一　　(c)最小生成树之二

图 3.14　最小生成树

第二步，在剩下的边中，按顺序取下一条边。若该边与 T 中已有的边构成回路，则舍去该边，否则选进 T 中。

第三步，重复第二步，直到有 $n-1$ 条边被选进 T 中，这 $n-1$ 条边就是 G 的最小生成树。

设有如图 3.14(a)所示的赋权图，图的每条边上标有权数。为了使权数的总和为最小，应该从权数最小的边选起。在此，选边(2,3)；去掉该边后，在图中取权数最小的边，此时，可选边(2,4)或边(3,4)，设取边(2,4)；去掉边(2,4)，下一条权数最小的边为(3,4)，但使用边(3,4)后会出现回路，故不可取；去掉边(3,4)，下一条权数最小的边为(2,6)；依上述方法重复，可形成图 3.14(b)所示的最小生成树。如果前面不取边(2,4)，而取边(3,4)，则形成图 3.14(c)所示的最小生成树。

3.4.3 最小费用最大流算法

在地理网络中经常会进行物质和能量的流动，从而形成了各种各样的流。

假设有一个水管网络，只有一个进水口和一个出水口。每个管道用其截面积作为权数，用于反映单位时间内可能通过的最大流量(称为容量)。有稳定水流注入进水口，经过网络从出水口流出。这样的一个稳定的流动称为"流"。它具有如下性质：

(1) 流是有向的。

(2) 管道的流量不可能超过最大流量。

(3) 每个内部节点处流入和流出节点的流量相等。

(4) 进水口的流量等于出水口的流量。

网络流的基本问题为：设一个有向赋权图 $G(V,E)$，$V=\{s,a,b,c,\cdots,s'\}$，其中有两个特殊的节点 s 和 s'。s 称为发点，s' 称为收点。图中各边的方向和权数表示允许的流向和最大可能的流量(容量)。问在这个网络图中从发点流出到收点汇集，最大可通过的实际流量为多少？流向的分布情况为怎样？

最大流问题讨论的是，在一个地理网络中怎样安排网上的流，使从发点到收点的流量最大。在实际应用中，不仅要考虑使网络上的流量最大，而且要使运送流的费用或代价最小，这就是最小费用最大流问题。

设有一个网络图 $G(V,E)$，$V=\{s,a,b,c,\cdots,s'\}$，E 中的每条边 (i,j) 对应一个容量 $c(i,j)$ 与输送单位流量所需费用 $a(i,j)$。如有一个运输方案(可行流)，流量为 $f(i,j)$，则最小费用最大流问题就是这样一个求极值问题：

$$\min_{f\in F} a(f) = \min_{f\in F} \sum_{(i,j)\in E} a(i,j)f(i,j)$$

式中，F 为 G 的最大流的集合，即在最大流中寻找一个费用最小的最大流。

确定最小费用最大流的过程实际上是一个多次迭代的过程，基本思想是：从零流为初始可行流开始，在每次迭代过程中对每条边赋予与 $c(i,j)$(容量)、$a(i,j)$(单位流量运输费用)、$f(i,j)$(现有流的流量)有关的权数 $w(i,j)$，形成一个有向赋权图。再用求最短路径的方法确定由发点 s 至收点 s' 的费用最小的非饱和路，沿着该路增加流量，得到相应的新流。经过多次迭代，直至达到最大流为止。

构造权数的方法如下：

对任意边(i,j)，根据现有的流 f，该边上的流量可能增加，也可能减少。因此，每条边赋予向前费用权 $w^+(i,j)$与向后费用权 $w^-(i,j)$：

$$w^+(i,j)=\begin{cases}a(i,j) & f(i,j)<c(i,j)\\ +\infty & f(i,j)=c(i,j)\end{cases}$$

$$w^-(i,j)=\begin{cases}-a(i,j) & f(i,j)>0\\ -\infty & f(i,j)=0\end{cases}$$

对于赋权后的有向图，如果把权 $w(i,j)$看作长度，即可确定 s 到 s'的费用最小的非饱和路，等价于从 s 到 s'的最短路径。确定了非饱和路后，就可确定该路的最大可增流量。因此需对每一条边确定一个向前可增流量$\triangle^+(i,j)$与向后可增流量$\triangle^-(i,j)$：

$$\Delta^+(i,j)=\begin{cases}c(i,j)-f(i,j) & f(i,j)<c(i,j)\\ 0 & f(i,j)=c(i,j)\end{cases}$$

$$\Delta^-(i,j)=\begin{cases}f(i,j) & f(i,j)>0\\ 0 & f(i,j)=0\end{cases}$$

因此，确定最小费用最大流的具体算法如下：

第一步，从零流开始，令 $f=0$；

第二步，赋权：

$$当\ f(i,j)<c(i,j),\begin{cases}w^+(i,j)=a(i,j)\\ \Delta^+(i,j)=c(i,j)-f(i,j)\end{cases}$$

$$当\ f(i,j)=c(i,j),\begin{cases}w^+(i,j)=+\infty\\ \Delta^+(i,j)=0\end{cases}$$

$$当\ f(i,j)>0,\begin{cases}w^-(i,j)=-a(i,j)\\ \Delta^-(i,j)=f(i,j)\end{cases}$$

$$当\ f(i,j)=0,\begin{cases}w^-(i,j)=-\infty\\ \Delta^-(i,j)=0\end{cases}$$

第三步，确定一条从 s 到 s'的最短路径：

$$R(s,s')=\{(s,i_1),(i_1,i_2),\cdots,(i_k,s')\}$$

若 $R(s,s')$的长度为$+\infty$，表明已得到最小费用最大流，则停止；否则转向第四步；

第四步，确定沿着该路 $R(s,s')$的最大可增流量：

$$\alpha=\min\{\triangle(s,i_1),\triangle(i_1,i_2),\cdots,\triangle(i_k,s')\}$$

其中，根据边的取向决定取$\triangle^+$或$\triangle^-$。

第五步，生成新的流：

$$f(i,j)=\begin{cases}f(i,j)+\alpha & (i,j)\ 为向前边\\ f(i,j)-\alpha & (i,j)\ 为向后边\end{cases}$$

$f(i,j)$已为最小费用最大流，则停止；否则转向第二步。

3.5 空间查询算法

空间查询(Spatial Queries)是指利用空间索引技术,从海量的空间数据库中找出满足给定空间条件的空间实体。它是GIS的核心功能,也是GIS区别于其他信息系统的本质特征(毋河海,1991;陈述彭等,1999),并在国防、军事、渔业、航海、气象预报、环境监测等领域有着广泛的应用。

随着GIS的迅猛发展,简单的图文互查已远远不能满足GIS用户的实际需求,用户往往希望空间数据库能够提供更为复杂的空间查询功能,如查询满足下列条件的空间对象:

(1) 在某条河流的西面;

(2) 距离该河流不超过60km;

(3) 远离居民区。

整个查询过程涉及了方向(河流西面)、距离(不超过60km)、拓扑(远离居民区)等多种空间关系。

空间关系,包括方向关系、拓扑关系、距离关系等,是人们表达、描述客观世界的重要工具。空间关系作为空间查询的选取条件,在空间数据挖掘和地理信息系统等许多数据库应用领域起着关键的作用。

目前,国内外学者对基于拓扑、距离关系的空间查询研究较为成熟,如Brinkhoff等(1993)利用R树讨论了“相交”空间拓扑查询;Gunther(1993)利用Generalization-Trees实现了空间拓扑、距离关系的查询;Becker等(1993)利用grid file进行了空间拓扑、距离关系的查询;Hjaltason和Samet(1998)和Shin等(2000)采用R^*树和优先队列讨论了具有一定范围约束的空间距离查询;还有一些研究者提出了不利用空间索引结构处理“相交”空间拓扑查询的算法,如基于划分的方法(Patel et al.,1996)以及分布扫描方法(Arge et al.,1998)。

与拓扑、距离关系相比,基于方向关系的空间查询研究却相对较少。Papadias等(1994)对基于R树的空间方向关系查询进行了研究;肖予钦等(2004)、张泽宝等(2010)利用方向关系矩阵模型与R树索引对空间方向查询进行了研究;石静和刘永山(2007)利用锥形模型的基本思想,并结合R^*树提出了一种对空间目标定量查询的方法;闫计云等(2009)基于方向关系矩阵模型建立了空间方向查询的R^*树索引;不利用空间索引,Zhu等(2001)采用平面扫描技术和外优先搜索树提出了一种处理空间方向查询的算法。

根据上述研究现状,本章将重点讨论基于方向关系的空间查询理论,并在其基础上介绍基于拓扑、距离关系的空间查询方法以及这三种关系间的空间连接查询技术。

3.5.1 空间索引

空间索引是指依据空间对象的位置和形状或空间对象之间的某种空间关系,按一定顺序排列的一种数据结构,其中包含空间对象的概要信息如对象的标识、最小投影矩形(MBR)以及指向空间对象实体的指针。

作为一种辅助性的多维数据结构，空间索引介于空间操作和空间对象之间，通过它的筛选，大量与特定空间操作无关的空间对象被排除，使空间操作能够快速访问操作对象，从而提高空间查询的效率。目前的空间索引技术主要包括最小投影矩形索引、格网索引、四叉树索引、R 树索引等，这些索引技术各有特点，被广泛应用于不同的场合（刘恒飞，2011）。

1. 最小投影矩形(MBR)索引

最小投影矩形索引是无索引文件的一种图形检索方法。为加快图形的检索，在存储空间对象时，同时存储它的最小投影矩形。由于查找一个矩形要比查找一个复杂的多边形快得多，因此在检索空间对象时，可通过查找其最小投影矩形，粗略地决定其可能位置，达到实现快速检索的目的。如图 3.15(a)所示，查找面状目标 A 时，只要找它的最小投影矩形即可；图 3.15(b)中，查找面状目标 A 时，先找它的最小投影矩形，得到 A、B 两个可能目标，然后再进一步判定。

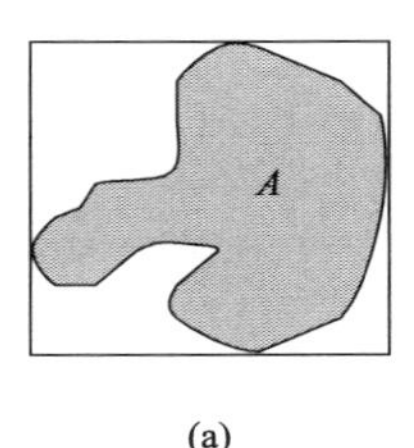

(a)

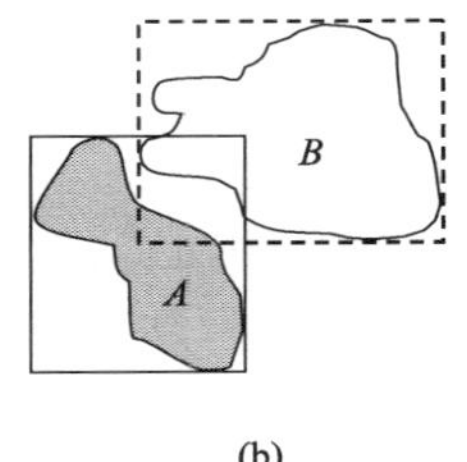

(b)

图 3.15　最小投影矩形索引

2. 格网索引

格网索引就是将一定地理范围划分成 M 行 N 列，得到 $M \times N$ 个格网。每个格网代表一定的地理范围，其中存储落在该区域内的空间对象的索引信息，并对每个格网赋予唯一的索引值（一般为格网的行列号），从而建立起地理区域与格网索引的对应关系，如图 3.16 所示。利用式(3.1)和式(3.2)可以计算格网索引与地理区域的对应关系。

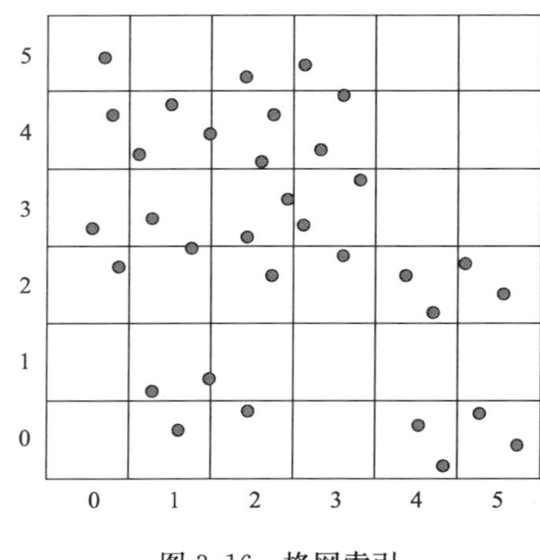

图 3.16　格网索引

$$\left.\begin{aligned} row \times \Delta lat + lat_0 &= lat \\ col \times \Delta lon + lon_0 &= lon \end{aligned}\right\} \tag{3.1}$$

$$\left.\begin{aligned} (lat - lat_0) \div \Delta lat &= row \\ (lon - lon_0) \div \Delta lon &= col \end{aligned}\right\} \tag{3.2}$$

式中，(row,col)为格网行列号；(lat,lon)为空间对象的地理坐标；(lat_0，lon_0)为格网原点的地理坐标；△lat 和△lon 表示格网间隔，一般情况下△lat 和△lon 是相等的。

建立格网索引，就是根据空间对象的地理坐

标，计算出对象落在哪个格网范围内，并将其索引信息存储在该格网内。因此，通过格网上记录的索引信息便可搜索出相应的空间对象。格网划分的精度取决于空间对象的大小和数量。

查询对象时（以开窗查询为例），首先计算开窗矩形左下角点和右上角点所在格网的行列号，并根据行列号得到开窗矩形覆盖的格网集合；然后遍历这个格网集合，查找出每个格网中包含的对象。

格网索引的优点是思路简单、易于实现。但由于它是多对多的索引，即一个空间对象可跨越多个格网，同样，一个格网可包含多个对象。因此会导致数据的冗余，格网分得越精细，数据冗余越大。另外，在建立索引前需要预先计算空间对象的分布范围，可调节性较差。

3. 四叉树索引

四叉树作为一种重要的空间索引，由于其简单性，通常被用来加速对二维平面中的空间对象的存取访问。目前主流的商用空间数据库引擎和空间数据库产品中，都采用四叉树作为其空间索引技术之一，如 ESRI 的 SDE，Oracle Spatial 等。四叉树索引是一种面向主存的空间索引技术。其方法是对一个大地图逐步四等分，细分层次由用户视情况而定。细分的结果可生成四叉树结构，如图 3.17 所示。

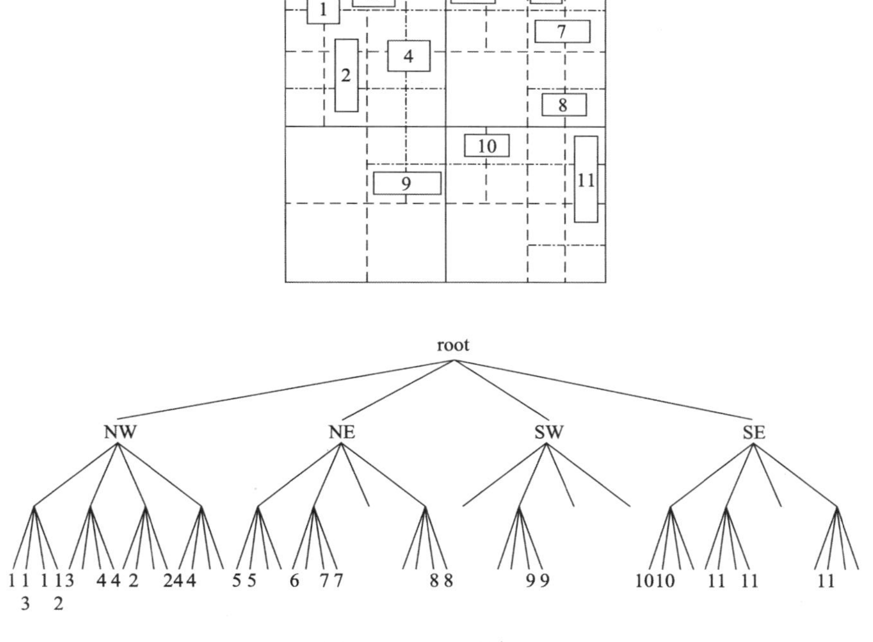

图 3.17　四叉树索引

四叉树是一个递归的数据结构，其中每个节点表示空间的一个区域。一个节点可以有最多四个孩子节点，每一个代表父节点所表示的区域的四分之一子象限，整个地理区域为四叉树的根节点。插入对象时，从四叉树根节点开始，判断待插入对象的 MBR 属于节点的四个子节点中的哪一个，递归该过程直至叶子节点，并将待插入对象的索引信息，存入该叶子节点。

查询对象时(以开窗查询为例)，从根节点开始，判断当前节点与开窗矩形的关系，若当前节点包含在开窗矩形内，则将该节点范围内的所有对象返回；若当前节点与开窗矩形相离，则直接返回上一层；若当前节点与开窗矩形相交或开窗矩形包含在当前节点内，则对该节点的四个子节点递归执行上述过程直至叶子节点。

四叉树索引的优点是结构简单、易于实现。但是在创建索引时需要预先计算空间对象的分布范围，可调节性较差，而且对于跨越节点边界的数据需要重复存储，会产生一定的数据冗余。

4. R 树索引

R 树是目前应用较为广泛的一种空间索引结构。它采用一些虚拟的矩形目标，将一些空间位置相近的目标包含在相关的矩形内作为空间索引，如图 3.18 所示。

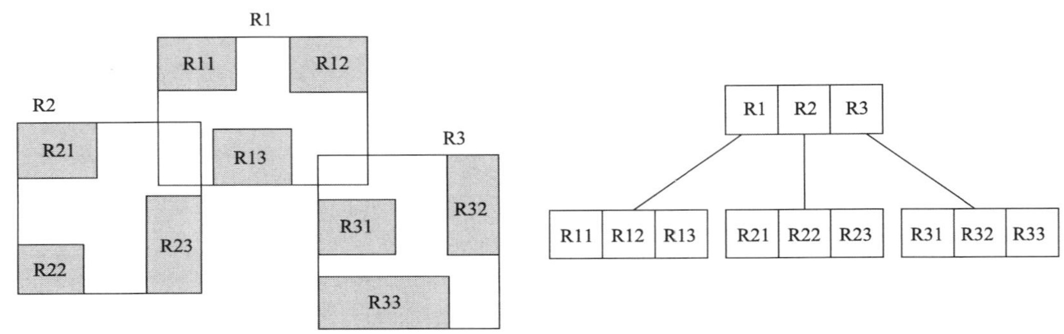

图 3.18　R 树索引

R 树是一棵平衡、多路查找树。树中有两类节点：叶子节点和非叶子节点。其中叶子节点存储地理对象的 MBR 及索引项，形如(Obj_ID，MBR)；中间节点代表数据集空间中的一个矩形，该矩形包含了该节点空间内所有叶子节点的 MBR。R 树的构建从空树开始，利用插入算法逐个插入记录，直至生成整棵 R 树。其基本操作有如下 3 类：

(1) 插入操作：首先，从根节点开始一直到叶节点，查找当新对象插入后节点范围变化最小的叶子节点；然后，将新的对象插入该叶子节点中；最后，对插入路径进行调整，如插入操作所在的节点已满，则需要将该节点进行分裂。

(2) 删除操作：首先，从根节点出发找到待删除对象所在的叶子节点，由于 R 树的非叶子节点可能相互重叠，因此可能需要检索多个分支才能找到所要删除的对象；然后，删除该对象的索引项；最后，进行树的调整，当在叶子节点上删除对象的索引项时，可能造成叶子节点上的索引项数目小于阈值，那么该叶子节点将被删除，该叶子节点中剩余的索引项将被重新插入到树中。

(3) 分裂操作：当向一个容量饱和的节点中插入数据时，需要将这个节点均等地分裂成两个节点。节点分裂后仍要保证两个节点覆盖区域的面积最小，这样才可以尽量减少节点区域之间的重叠，从而提高查询效率。节点分裂常用的方法是平方分裂法，该方法以满足最小面积分裂为前提。

R 树索引的优点是具有很强的灵活性和可调节性;在索引建立前,无需预知空间对象的分布范围。而且在索引多边形时不会产生数据冗余,适用于频繁更新,高度动态的数据索引,如 GPS 接收数据等。但在进行空间查询时,随着索引数据量的不断加大,R 树的深度和索引空间的重叠都会增大,查找所需访问的分枝数、节点数也会相应增加,从而导致 R 树的整体查询性能急剧下降。另外,R 树的实现较四叉树等空间索引要复杂得多。

3.5.2 空间方向关系查询算法

在地理空间中,与拓扑和距离关系相比,空间方向关系无疑是用途更广泛、更贴近人们生活的一种空间关系,是 GIS 空间关系中不可或缺的重要组成部分(Egenhofer and Mark,1995;李德仁,1997;陈军和赵仁亮,1999;Goodchild,2006)。在空间查询中引入空间方向关系,不但符合人们空间定性思考的习惯,有助于空间实体的准确查询,而且在很多情况下有利于提高空间查询的效率。图 3.19 中查询距离居民地 B 北面 50m 的地块 A_1 时,如用拓扑关系和距离关系描述为“查询与居民地 B 相离,距离为 50m 的地块”,其查询结果为 A_1、A_2、A_3 三个地块[图 3.19(a)],如果再加入方向的描述“位于居民地 B 的北面”,则地块 A_1 将会被准确无误地查询出来[图 3.19(b)]。由此可见,要准确、高效地查询空间目标,就必须对空间方向关系查询进行深入的研究,并在其基础上实现方向、拓扑、距离三者间的连接查询。本节首先介绍一种基于锥形模型和改进四叉树索引的空间方向关系查询算法。

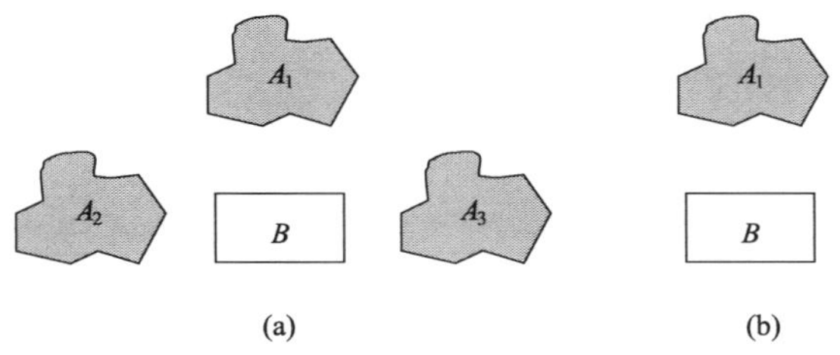

图 3.19 方向、拓扑与距离关系共同作用才能对空间目标进行准确的查询

1. 锥形模型

锥形模型的显著优点是应用简单方便,空间方向查询效率高,符合人们的空间认知习惯。其主要思想是将地理空间分成带有方向性的几个区域,通过判断各目标本身与方向区域之间的“交”来描述空间方向(夏宇等,2007;付迎春等,2008)。依据不同的方向计算精度,可以将该模型分为四方向、八方向、十六方向等锥形模型,下面以八方向锥形模型为例进行说明。

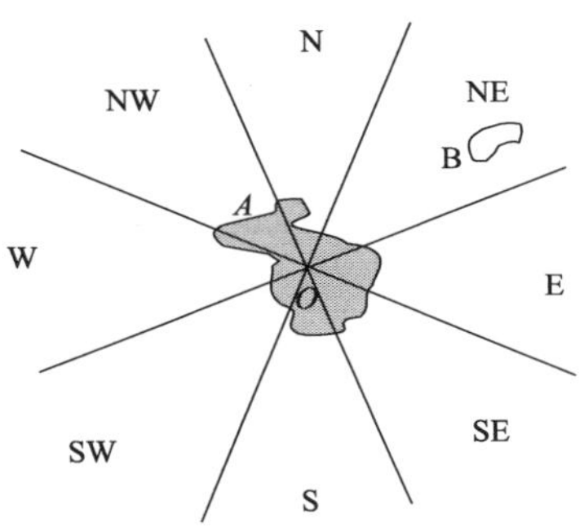

图 3.20 八方向锥形模型

八方向锥形模型以参考目标的几何中心为起点,

将地理空间划分为 E、SE、S、SW、W、NW、N、NE 八个锥形方向区域。如图 3.20 所示，图中源目标 B 相对于参考目标 A 的方向关系为：Dir(A,B)＝NE，即 B 在 A 的东北方向。

2. 改进四叉树索引

传统四叉树中只有叶节点才能被分配对象，并且同一个对象可能被分配给多个叶节点［即一个几何对象可能跨越/穿越多个叶节点的范围矩形，如图 3.21(a)中标识为“11”的对象］，这样不但增加了信息冗余，也会降低索引树的搜索效率。因此，需要对传统的四叉树索引进行改进。

在改进的四叉树中，如果一个节点（根节点或中间节点）的范围矩形包含索引对象的 MBR，而其四个子节点的范围矩形均不包含该索引对象的 MBR（而是相交或相离），则将该对象分配给这个节点。这样使得根节点或中间节点都能够被分配索引对象，并且各节点所分配的对象不重复（董鹏等，2003）。下面详细介绍改进四叉树的创建过程。

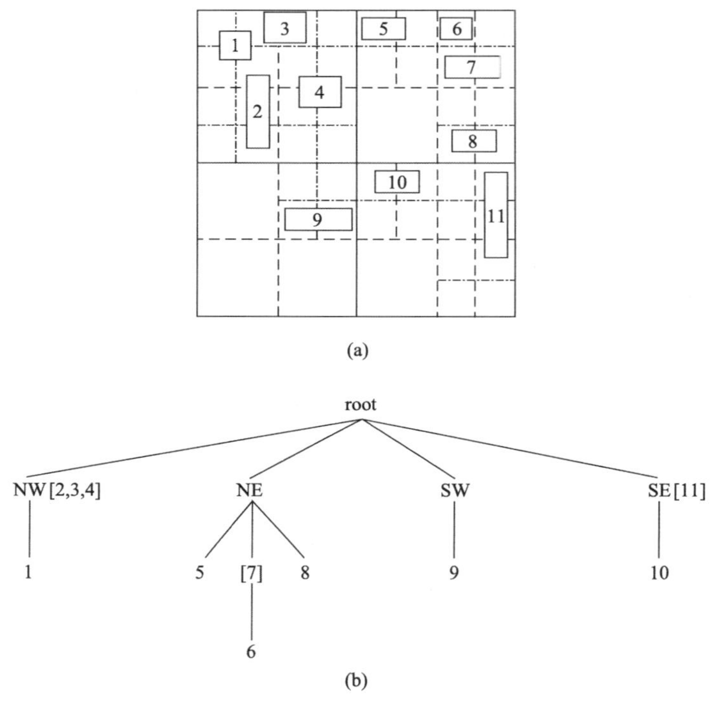

图 3.21 改进四叉树索引

1）确定树的最大深度（层次）

对于最大深度的确定，可由用户视情况而定，树的层次不宜过深，否则会占用大量的主存空间，影响系统的整体性能。

2）创建空四叉树

首先，计算对象分布区域的矩形边界范围从而确定树的根节点范围。然后，从根节点开始，将节点的矩形范围平均分裂为 4 个小矩形，创建出 4 个子节点，并对这 4 个子节点递归执行此过程，直至树的深度达到指定的值。此时所创建的四叉树是一个空的满四叉树。

3）插入对象

从根节点开始执行，如果当前节点的范围矩形包含指定空间对象的 MBR，分两种情况执行对象的插入过程：

(1) 若当前节点为叶子节点，则将对象插入到该叶子节点中，执行结束；

(2) 若当前节点为根节点或中间节点，则判断其子节点的矩形范围是否包含对象的 MBR，如果其中有一个子节点包含，则以该子节点为当前节点，递归执行过程(1)～(2)；如果都不包含（相交或相离），则将对象插入到当前节点中，执行结束。

4）优化四叉树

由上述过程创建的四叉树中可能存在多余的无用（空）节点，为节省存储空间，需要对它们进行删除。具体过程为：

从根节点开始，逐节点进行查找。如果当前节点没有子节点并且不含有索引对象，则删除该节点；如果当前节点包含子节点，则以该节点的子节点为当前节点递归执行该过程，直至索引树中的所有节点都遍历完毕。

如图 3.21(b)所示为改进四叉树索引，与传统四叉树索引（图 3.17）以及格网索引相比，它有效地避免了数据的冗余；与 R 树相比，对于不需要实时更新的海量空间数据库而言，其空间查询效率更高，创建索引更为简捷。

3. 算法描述

由于空间数据具有多样性和复杂性等特点，算法将空间方向查询分为两个步骤：

(1) 过滤（Filter）：基于对象的 MBR 快速地查找出符合查询条件的候选集合；

(2) 提炼（Refinement）：确切检查候选集合中的对象是否符合查询条件。

下面结合图 3.22 详细介绍算法的具体过程。

第一步，建立对象的改进四叉树空间索引。

第二步，以参考目标的几何中心为起点，做指定方向区域的两条边界射线（如图 3.22 中的 OA、OB）。

第三步，递归查找符合下列 2 个约束条件之一的目标对象，构成候选集合 S_1。

(1) 对象的 MBR 被方向区域包含；

(2) 对象的 MBR 与方向区域相交。

递归过程描述如下：

从改进四叉树的根节点开始，判断当前节点与方向区域的关系：

(1) 当前节点包含在方向区域内：将该节点范围内的所有对象返回。

(2) 当前节点与方向区域相离：直接返回上一层。

(3) 当前节点与方向区域相交：如果该节点被分配了对象，判断每个对象的 MBR 与方向区域的关系，若相交或被方向区域包含，则返回该对象；如果该节点包含有子节点，对

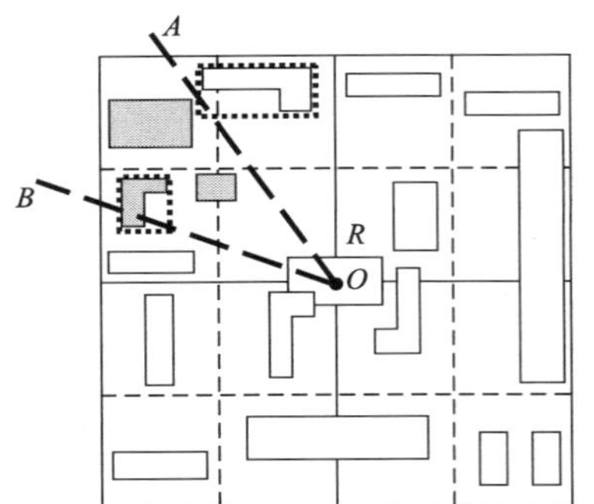

图 3.22 空间方向关系查询

子节点递归执行过程(1)～(3)，否则，返回上一层。

第四步，查找候选集合 S_1 中 MBR 与方向区域相交的对象，并进一步判断该对象自身与方向区域的关系，若与方向区域相交或被方向区域包含，则保留；否则，删除该对象。

如图 3.22 所示，阴影部分为位于参考目标 R 的"NW"方向上的空间对象。

3.5.3 空间拓扑关系查询算法

两个空间对象间的拓扑关系主要有相离、相交、相邻等关系。同方向查询一样，空间拓扑查询也分为"过滤"与"提炼"2 个步骤。下面以"相交"拓扑关系为查询条件，介绍一种基于改进四叉树空间索引的空间拓扑查询算法，其他拓扑关系的查询过程与之类似。

第一步，建立对象的改进四叉树空间索引。

第二步，递归查找符合下列 3 个约束条件之一的目标对象，构成候选集合 S_1。

(1) 对象的 MBR 被参考目标的 MBR 包含；

(2) 对象的 MBR 与参考目标的 MBR 相交；

(3) 参考目标的 MBR 被对象的 MBR 包含。

递归过程描述如下：

从改进四叉树的根节点开始，判断当前节点与参考目标 MBR 的关系：

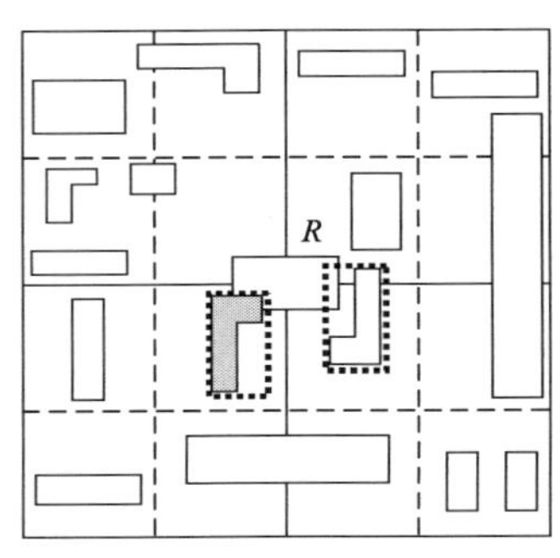

图 3.23 空间拓扑关系查询

(1) 当前节点包含在参考目标 MBR 内：将该节点范围内的所有对象返回；

(2) 当前节点与参考目标 MBR 相离：直接返回上一层；

(3) 当前节点与参考目标 MBR 相交或参考目标 MBR 包含在当前节点范围内：如果该节点被分配了对象，判断每个对象的 MBR 与参考目标的 MBR 的关系，若相交或被参考目标的 MBR 包含，或参考目标的 MBR 被对象的 MBR 包含，则返回该对象；如果该节点包含有子节点，对子节点递归执行过程(1)～(3)，否则，返回上一层。

第三步，进一步判断候选集合 S_1 中所有对象自身与参考目标之间的拓扑关系，若相交，则保留；否则，删除该对象。

如图 3.23 所示，阴影部分为与参考目标 R"相交"的空间对象。

3.5.4 空间距离关系查询算法

空间距离查询是指查找落在某个空间参考目标周围给定距离的所有目标对象。空间距离查询也分为"过滤"与"提炼"两个步骤。下面以"小于"距离关系为查询条件，介绍一种基于改进四叉树空间索引的空间距离查询算法，其他距离关系的查询过程与之类似。

第一步，建立对象的改进四叉树空间索引。

第二步，计算以参考目标的几何中心为圆心，指定距离为半径的圆，如图 3.24 中的虚线圆。

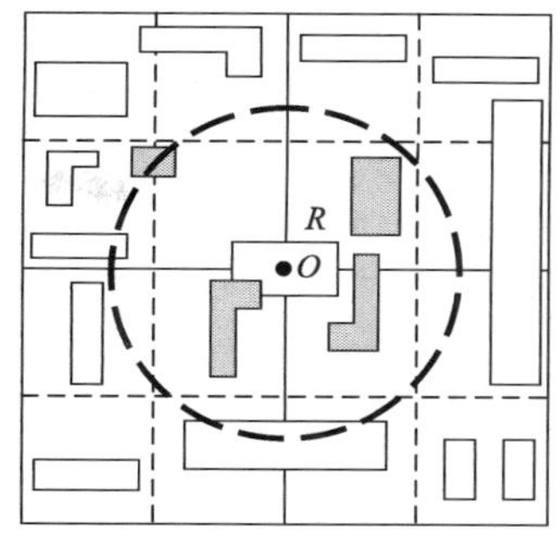

图 3.24 空间距离关系查询

第三步，递归查找符合下列 3 个约束条件之一的目标对象，构成候选集合 S_1。

(1) 对象的 MBR 被圆包含；

(2) 对象的 MBR 与圆相交；

(3) 圆被对象的 MBR 包含。

递归过程描述如下：

从改进四叉树的根节点开始，判断当前节点与圆的关系：

(1) 当前节点包含在圆内：将该节点范围内的所有对象返回；

(2) 当前节点与圆相离：直接返回上一层；

(3) 当前节点与圆相交或圆包含在当前节点范围内：如果该节点被分配了对象，判断每个对象的 MBR 与圆的关系，若相交或被圆包含，或圆被对象的 MBR 包含，则返回该对象；如果该节点包含有子节点，对子节点递归执行过程(1)～(3)，否则，返回上一层。

第四步，查找候选集合 S_1 中 MBR 与圆相交的对象或圆被 MBR 包含的对象，并进一步判断该对象与参考目标之间的距离关系，若小于指定的距离，则保留；否则，删除该对象。

如图 3.24 所示，阴影部分为距参考目标 R“小于”指定距离的空间对象。

3.5.5 空间关系连接查询算法

为了快速、准确地查询空间对象，往往需要将多种空间关系接合起来进行空间关系连接查询。本节介绍一种基于改进四叉树索引的空间方向、拓扑、距离关系的连接查询算法。与前述算法类似，查询过程也分为“过滤”与“提炼”两个步骤。首先，在“过滤”步骤通过计算方向关系与距离关系的“交”，得到目标对象的候选集；然后，在“提炼”步骤通过判断对象间的拓扑关系确定最终的查询结果。

下面以“查询位于参考目标 R 西北方向，与参考目标相离，且小于指定距离的目标对象”为例对算法进行描述。

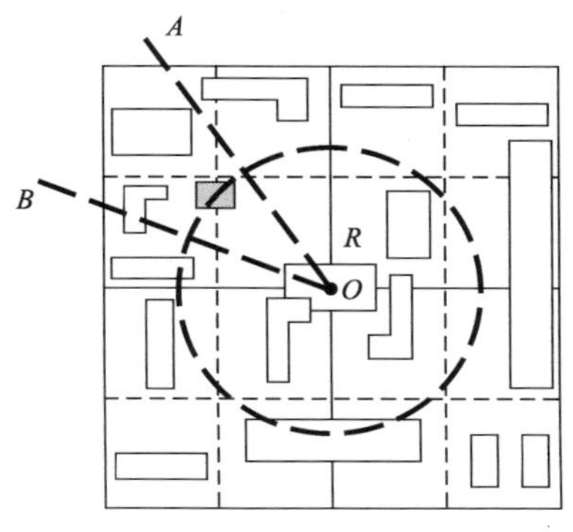

图 3.25 空间关系连接查询

第一步，建立对象的改进四叉树空间索引。

第二步，以参考目标 R 的几何中心 O 为起点，做指定方向区域的两条边界线 OA、OB 同时计算以参考目标的几何中心 O 为圆心，指定距离为半径的圆，如图 3.25 所示。

第三步，递归查找符合下列 5 个约束条件之一的目标对象，构成候选集合 S_1。

(1) 对象的 MBR 被方向区域包含并且被圆包含；

(2) 对象的 MBR 被方向区域包含并且与圆相交；

(3) 对象的 MBR 与方向区域相交并且被圆包含；

(4) 对象的 MBR 与方向区域相交并且与圆相交；

(5) 对象的 MBR 与方向区域相交并且圆被对象的 MBR 包含。

递归过程描述如下：

从改进四叉树的根节点开始，判断当前节点与方向区域的关系：

(1) 当前节点包含在方向区域内：若当前节点包含在圆内，将该节点范围内的所有对象返回；若当前节点与圆相交，如果该节点被分配了对象，判断每个对象的 MBR 与圆的关系，若相交或被圆包含，则返回该对象，如果该节点包含有子节点，对子节点递归执行过程(1)，否则，返回上一层。

(2) 当前节点与方向区域相离：直接返回上一层。

(3) 当前节点与方向区域相交：若当前节点包含在圆内，如果该节点被分配了对象，判断每个对象的 MBR 与方向区域的关系，若相交或被方向区域包含，则返回该对象；若当前节点与圆相交或圆包含在当前节点范围内，如果该节点被分配了对象，判断每个对象的 MBR 与方向区域的关系，若相交或被方向区域包含，转向(4)；如果该节点包含有子节点，对子节点递归执行过程(1)～(3)，否则，返回上一层。

(4) 如果对象的 MBR 与圆相交或被圆包含，或圆被对象的 MBR 包含，则返回该对象。

第四步，查找候选集合 S_1 中 MBR 与方向区域相交的对象，并进一步判断该对象自身与方向区域的关系，若与方向区域相交或被方向区域包含，则保留；否则，删除该对象。构成候选集合 S_2。

第五步，查找候选集合 S_2 中 MBR 与圆相交的对象或圆被 MBR 包含的对象，并进一步判断该对象与参考目标之间的距离关系，若小于指定的距离，则保留；否则，删除该对象。构成候选集合 S_3。

第六步，查找候选集合 S_3 中符合下列 3 个约束条件之一的目标对象，并进一步判定该对象自身与参考目标之间的拓扑关系，若相离，则保留；否则，删除该对象。

(1) 对象的 MBR 被参考目标的 MBR 包含；

(2) 对象的 MBR 与参考目标的 MBR 相交；

(3) 参考目标的 MBR 被对象的 MBR 包含。

如图 3.25 所示，阴影部分为符合上述指定空间关系连接查询条件的空间对象。

主要参考文献

陈军，赵仁亮. 1999. GIS 空间关系的基本问题与研究进展. 测绘学报，28(2)：95～102

陈述彭，鲁学军，周成虎. 1999. 地理信息系统导论. 北京：科学出版社

董鹏等. 2003. 一种基于改进四叉树的 GIS 空间选择查询算法——以 ESRI SHAPE 格式文件为例. 计算机工程与应用，13：58～61

冯花平. 2005. GIS 中基于空间物体的缓冲区构建技术研究. 山东科技大学硕士学位论文

付迎春等. 2008. 扩展的锥形方向关系查询处理方法. 计算机工程，34(15)：36～38

胡鹏，黄杏元，华一新. 2005. 地理信息系统教程. 武汉：武汉大学出版社

李德仁. 1997. 关于地理信息理论的若干思考. 武汉测绘科技大学学报，22(2)：93～95

刘恒飞. 2011. 海量 CityGML 三维模型的高效组织与调度研究. 兰州交通大学硕士学位论文

陆守一. 2004. 地理信息系统. 北京：高等教育出版社

石静，刘永山. 2007. 基于开放区域的定量方向关系查询技术. 计算机工程，33(22)：88～91

毋河海. 1991. 地图数据库系统. 北京：测绘出版社

夏宇等. 2007. 基于锥形模型的空间方向查询研究. 地理空间信息,5(3):65～67

肖予钦等. 2004. 基于R树的方向关系查询处理. 软件学报,15(1):103～111

闫计云等. 2009. 基于观察者方位的方向关系及其查询处理. 微计算机应用,30(11):55～59

张泽宝等. 2010. R树的方向查询精过滤方法. 哈尔滨工程大学学报,31(11):1490～1495

Arge L,Procopiuc O,Ramaswamy S et al. 1998. Scalable sweeping-based spatial join. *In*:Gupta A,et al. ,eds. Proc. of the VLDB'98. San Francisco:Morgan Kaufmann Publishers,570～581

Becker L,Hinriche K,Finke U. 1993. A new algorithm for computing joins with grid files. *In*:Proc. of the ICDE'93. Los Alamitos:IEEE Computer Society Press,190～197

Brinkhoff T,Kriegel H P,Seeger B. 1993. Efficient processing of spatial joins using R-trees. SIGMOD Record,22(2):237～246

Egenhofer M,Mark D. 1995. Naive Geography. Spatial Information Theory—A Theoretical Basis for GIS. International Conference COSIT'95. Semmering,Austria. FRANK A. & KUHN W. Eds. Lecture Notes in Computer Science,988:1～15

Goodchild M F. 2006. The law in geography,Technical report in GIS. the GIS Institute,University of Zurich

Gunther O. 1993. Efficient computation of spatial joins. *In*:Proc. of the ICDE'93. Los Alamitos:IEEE Computer Society Press,50～59

Hjaltason G R,Samet H. 1998. Incremental distance join algorithms for spatial databases. *In*:Haas LM,Tiwary A,eds. Proc. of the SIGMOD'98. New York:ACM Press,237～248

Papadias D,Theodoridis Y,Sellis T. 1994. The retrieval of direction relations using R-trees. *In*:Database and Expert Systems Applications—5th International Conference,DEXA'94. Athens,Greece. D. Karagiannis. Ed. Lecture Notes in Computer Science. New York:Springer-verlag,856:173～182

Patel J M,DeWitt D J. 1996. Partition based spatial-merge join. SIGMOD Record,25(2):259～270

Shin H,Moon B,Lee S. 2000. Adaptive multi-stage distance join processing. SIGMOD Record,29(2):343～354

Zhu H,Su J,Ibarra O H. 2001. On multi-way spatial joins with direction predicates. *In*:Jensen CS,et al. Proc. of the SSTD 2001. Lecture Notes in Computer Science,Berlin:Springer-verlag,217～235

第 4 章　空间数据可视化算法

空间数据可视化是指运用地图学、计算机图形学和图像处理技术，将地学信息输入、处理、查询、分析以及预测的数据及结果采用图形符号、图形、图像，并结合图表、文字、表格、视频等可视化形式显示并进行交互处理的理论、方法和技术。

空间数据可视化的主要形式有如下几种。

(1) 地图：它有纸质或其他介质地图及屏幕上的电子地图两种形式。

(2) 多媒体地学信息。

(3) 三维仿真地图。

(4) 虚拟现实。

本章将针对二维矢量地图中相关的可视化算法进行详细的论述。

4.1　等值线引绘算法

等值线是普通地图和专题地图上表达地貌、地理和社会经济要素时常用的地图符号之一，如地形图上的等高线，专题地图上的等温线、等压线、等降水线、等密度线等。因此，在空间数据可视化中，研究等值线的绘制具有重要意义。

近年来，学者们对等值线的引绘方法进行了广泛的探讨，提出了许多实用算法。概括起来，这些算法可以分为以下三类：

(1) 利用规则格网直接引绘等值线。在该类算法中，格网一般为矩形(即所谓的 GRID)，原始数据位于矩形格网的交点上。

(2) 以不规则原始数据为依据，用双三次曲线拟合、按距离加权平均或按距离加权最小二乘等方法拟合一张曲面 $Z=f(x,y)$，将规则格网点的平面坐标代入曲面方程，求格网点的高程后引绘等值线。

(3) 直接根据不规则分布的数据点构成不规则多边形(常用三角形构成不规则三角网，即所谓的 TIN)，然后根据不规则多边形进行等值线引绘。

前两种方法称为规则格网法，后一种方法称为不规则格网法。无论是采用规则格网法，还是利用不规则格网法引绘等值线，要研究的基本问题是共同的：等值点位的寻找、等值点的追踪、等值线的光滑和等值线的注记。若采用第二或第三种方案还存在构网问题。

下面阐述等值线引绘的基本原理。

4.1.1　构　　网

若以不规则原始数据，即离散点数据为依据引绘等值线，首先应在制图区域人工构造一个格网：规则格网或不规则格网，然后才能引绘等值线。

规则格网是指在制图区域上构成由小长方形或正方形网眼排成的矩阵式的格网。每个格网点点值可采用一定的插值方法求得。

不规则格网是指直接由离散点连成的四边形或三角形网，其中三角形网较为常见。构成三角形网的算法有多种，其基本思想是：以三角形的某一条边向外扩展，直至全部离散点均已连成网为止。设某个三角形的一条边的两端点是 A、B，另一个顶点为 C。过 A、B 的直线方程可根据这两点坐标建立，那么这条直线将把平面所有的离散点分成三个点集，其中与 C 点同侧和位于该直线上的点集中的任何一点都不能与 A 和 B 形成新的三角形，其余的点均有可能与 A 和 B 形成新的三角形。那么哪一点最适合呢？这取决于给定的构网条件，这里给出两种构网条件：一是所选点与 A、B 连线的夹角最大，二是过所选点与 A、B 三点构成圆的圆心到 A、B 连线的"距离"最小（这里的"距离"当圆心与点 C 同侧时取负值，否则取正值）。利用这两个条件之一便可在可选点中选择一个点并与 A、B 构成一个新的三角形，此新的三角网就是 Delaunay 三角网。经检验，该新三角形与已构成的三角形无重复，则该三角形有效。至于第一个三角形怎么形成的，其方法是在离散点数据场中选择距离最近的两个点的连线作为第一个三角形的一边（若考虑到地性线，可用同一地性线任何一相邻两点连线作为第一边），然后利用上述条件选择第三点，以便构成第一个三角形。

如何由第一个三角形往外扩展，联结全部离散点构成三角形网，并确保三角形网中没有重复和交叉的三角形呢？这是一个复杂而又值得注意的问题。通常可采用两个记数器来解决，一个记录已构成的三角形的个数，一个记录已扩展的三角形的个数。当这两个计数器所记录的数值相等时表明扩展工作已结束。

关于 Delaunay 三角网的性质和构造方法，在第 2 章有详细的论述。

4.1.2 等值点位的寻找

为了计算等值点在格网边上的位置，首先要确定等值线与格网相交的条件。设等值线的值为 Z_c，显然，只有 Z_c 处于相邻格网点点值之间，该边上才有等值点（点值为 Z_c）。为此建立的判断条件是：

$$(Z_a - Z_c)(Z_b - Z_c) < 0$$

式中，Z_a 和 Z_b 分别为格网边两端点的点值。若条件满足，说明该边上有等值点，否则有两种情况：$(Z_a-Z_c)(Z_b-Z_c)>0$ 和 $(Z_a-Z_c)(Z_b-Z_c)=0$。前者说明该边上没有等值点；后者说明等值线穿过其中的一个端点，这时可将该端点的点值加上一个微量，以防等值点追踪时出现二义性。

等值点的位置均用线性内插求得，即

$$x_c = x_a + \frac{Z_c - Z_a}{Z_b - Z_a}(x_b - x_a)$$

$$y_c = y_a + \frac{Z_c - Z_a}{Z_b - Z_a}(y_b - y_a)$$

为了便于等值点的追踪，选择有效的点位记录方式是很重要的。在规则格网中，每个网眼均用左下角点的行列号表示，这样可设计两个数组分别记录行方向格网边上的等值点和列方向格网边上的等值点。在三角网中，要设置两个二维数组 $XB(I,J)$、$YB(I,J)$

来存放等值点。$I=1,2,3$ 表示三角形的三条边；$J=1,2,3,\cdots,k$ 表示三角形的编号。如果边上无等值点则赋予零。

4.1.3　等值线的连接

等值线的连接就是将同一条等值线上的点有序地连起来。具有 Z_c 值的等值点可能组成一条或几条等值线。无论绘制哪种等值线，都必须找出起始等值点，称之为线头。闭曲线的始点一定位于制图区域的内部，即内部的任一等值点都可作为等值线的起点和终点；开曲线一定是开始于制图区域的边界而终止于边界，所以它的起始等值点和终止等值点一定位于边界上。这是建立等值点追踪方案的基本出发点。

不同的格网其追踪方法亦不同。对于规则格网来说，由于等值点位于格网边上，所以等值线通过相邻格网的走向只有四种可能：自下而上、自左至右、自上而下、自右至左(图4.1)。为了确定曲线进入的边是上、下边，还是左、右边，可分别建立一些判断条件。设曲线进入该边之前与某边的交点为 a_1，与该边的交点为 a_2，则依次按下列条件判断：

如果 $i_{a_1}<i_{a_2}$，则自下而上追踪[图 4.1(a)]；

如果 $j_{a_1}<j_{a_2}$，则自左至右追踪[图 4.1(b)]；

如果 $y_{a_2}<y_{a_1}$，则自上而下追踪[图 4.1(c)]；

如果 $x_{a_2}<x_{a_1}$，则自右至左追踪[图 4.1(d)]。

综上所述，追踪等值点是在任意两个相邻格网内进行的，而建立追踪方案的前提条件是要知道 a_1 和 a_2 点的位置。对于开曲线，可把在制图区域边界上寻找的等值点作为第2点，根据其实际情况假定一点作为 a_1 点，并使其满足上面条件之一开始追踪第3点；然后把找到的第3点作为第2点，原来的第2点作为第1点，再追踪新的第3点，直至终点。注意，每追踪一点都要从原始数据场中将此点抹掉，以免重复。当格网边界上无任何等值

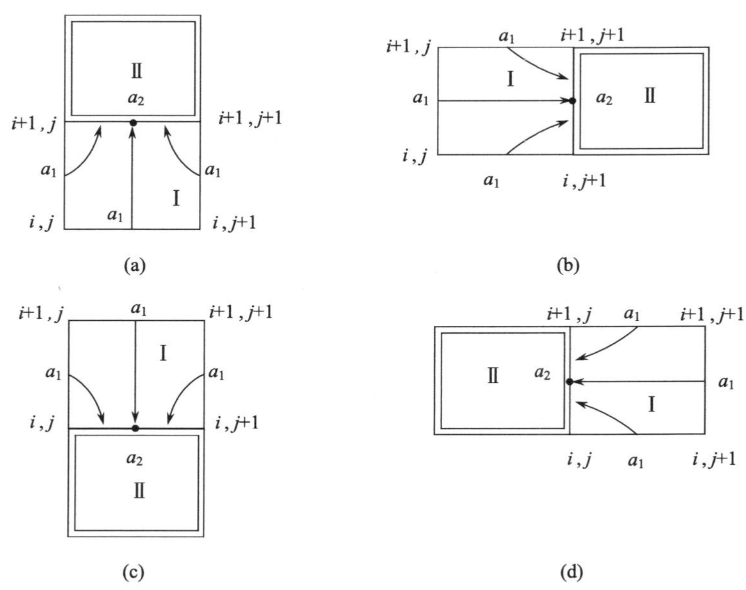

图 4.1　追踪等值点的四种情况

点时说明这些等值点可能形成的开曲线已跟踪完。此时再在内部寻找闭曲线的线头，找到以后按开曲线方法建立追踪方案，只不过在抹去原始数据点时开始不能将第 1 点抹去，否则曲线不能闭合。

在规则格网法中，当两条具有相同值的等值线落在同一方格内(即某一格网四条边上都有某一值的等值点)时会引起不确定性，其连接方法有三种可能，如图 4.2 所示。如果碰到这种情况，只要在算法中避免第三种情况[图 4.2(c)]出现就可以了，其他两种连接方法都正常。

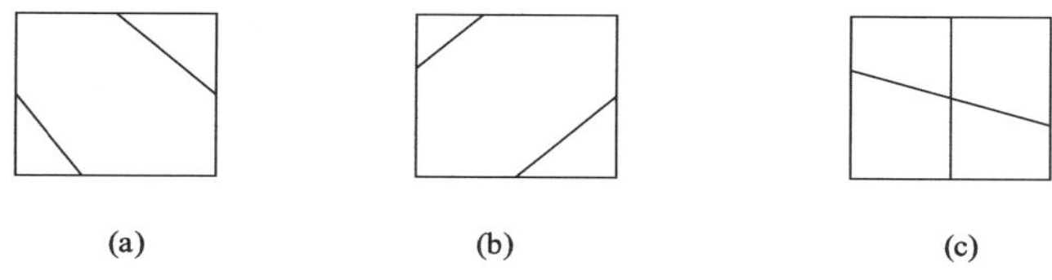

图 4.2　方格四边都有等值点时可能有的三种连接形式

三角网中等值点追踪算法与规则格网法不同，这是因为内插等值点是以三角形为单位的。这就使相邻三角形公共边上的同一等值点被计算过两次。如果等值点不是边界点(图 4.3 中的点 B、C、D)，则这些点既是第一个三角形的出口点，又是下一个三角形的入口点。如果等值点位于边界上(如图 4.3 中的点 A、I)，它们只能是入口点或出口点。因此，在确定了某条等值线的起点后，就不难建立起追踪的算法。由于确定一个等值点是否边界点、计算麻烦，所以不必在追踪前就区分是闭曲线还是开曲线，而是跟踪以后确定。算法是：首先按三角形序号的顺序去搜索，当在某序号三角形中找到一个等值点后就将其坐标记录在另外两个变量中并从原数据中抹去。然后，把这一点作为等值线在这个三角形内的入口点，那么该三角形必然存在的另一等值点就是这个三角形的出口点。利用坐标比较可在另一个三角形边上找到与此坐标相同的一个等值点，它便是该等值线在新三角形内的入口点，再利用坐标比较找出新的入口点，以此类推。当找不到新的入口点时，需要比较找到的最后一个点(出口点)的坐标与记录在另外两个变量中的起始坐标，如果相同就是闭曲线，否则是开曲线。若是开曲线，则将已跟踪的等值点坐标倒排，利用已记录的起始点作为出口点继续搜索，直到发现另一个线头。要注意的是，在追踪时应跟踪一点记录一点，并累计计数，追踪过的点都要从原始的等值点数据中抹去，以免重复追踪。

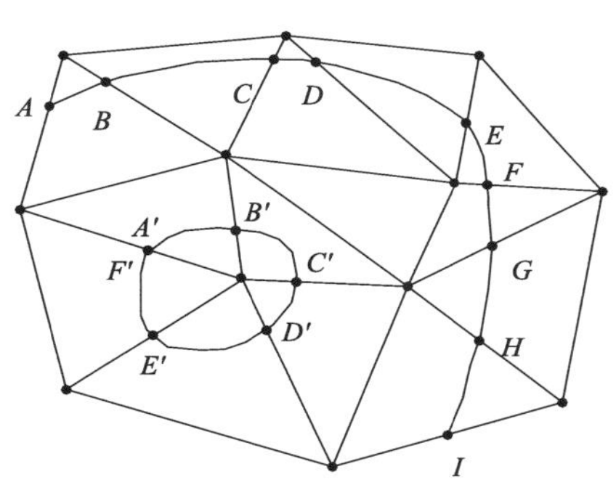

图 4.3　三角网法跟踪等值点

4.1.4　等值线的注记

在等值线上写注记，要求注记位置合适、排列整齐、字向合理，其过程如下。

1. 寻找写字的位置和确定字向

这项工作在手工方式的地图制作过程中是比较容易的,但用计算机来实现则变复杂了。寻找注记的位置就是要在一条未经绘出的曲线轨迹上找曲率较小的曲线段,且该曲线段的长度大于要写的注记的总宽度。用计算两个等值点之间的距离和斜率或相邻三点之间的转角来确定写注记的位置,用判断曲线的走向来决定字向。

2. 重新整理等值点数据场

在闭曲线上标识注记时,当留出注记的位置后,闭曲线便成了开曲线,而且起迄点也发生了变化,所以要重新整理等值点数据场[图 4.4(a)];在开曲线上写注记后,使原来的一条曲线变成了两段曲线,在输出一段曲线后写注记,写好后要再次整理第二段曲线上数据点的编号[图 4.4(b)]。图中的罗马数字表示原等值线上等值点的编号,阿拉伯数字表示写注记后的等值点的编号。

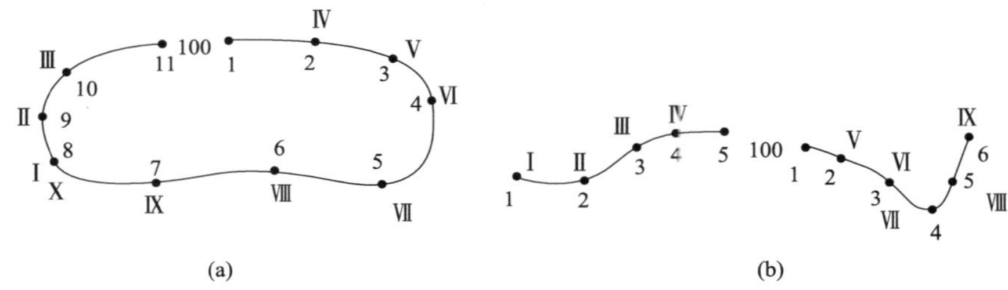

图 4.4 写注记后等值点重新排列

以上讨论了引绘等值线的基本问题,下面简单叙述一下引绘等值线的精度问题。在规则格网中,影响等值线精度的因素有:已知数据点分布密度和离散程度(不是指原始数据点本来就是规则分布的情况)、格网大小、曲面拟合函数、制图区域边界以外一定范围内有无已知数据点分布、所选用的插值方法等。尤其是格网大小与所引绘等值线精度之间的关系是值得研究的。在用三角网法引绘等值线时,除了已知点的分布密度和离散程度,

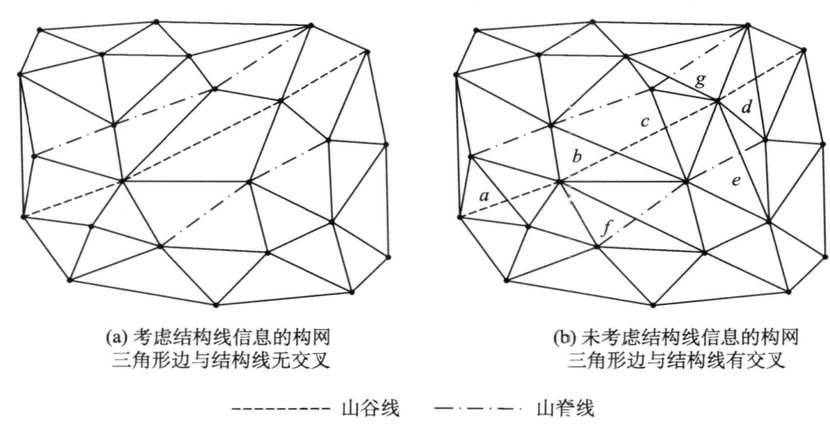

图 4.5 结构线对构网的影响

已知点的精度和制图区域边界以外一定范围内有无数据点分布之外，主要是构网时有没有考虑地性线(山脊线和山谷线等)的影响。通常要求在构网时不允许任何三角形的边与地性线相交，只有这样才能保证三角形的边不悬在空中或穿入地下。

图 4.5(a)，由于考虑了结构线信息，故避免了三角形边与结构线相交的现象，构网合理；而图 4.5(b)，未考虑结构线信息，使边 a、b、c、d 悬在空中，边 e、f、g 贯穿于地下，构网不合理。因此，要致力于根据离散点自动寻找地性线方法的研究，并把获得的地性线信息考虑在构网条件之中，否则用三角网法勾绘等高线是不适宜的。

最后还应注意到，同一等值线实际上有可能与格网相交两次的情况。但在上述两种算法中判断不出来(图 4.6)。这种情况对规则格网法只有依靠缩小格网的办法才能克服，而对三角网法几乎是无法克服的。根据离散点数据用规则格网法和三角网法勾绘等值线的流程图如图 4.7 和图 4.8 所示。

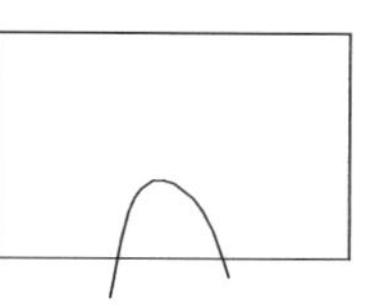

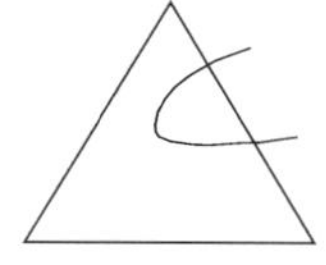

图 4.6　等值线与格网边棱相交两次

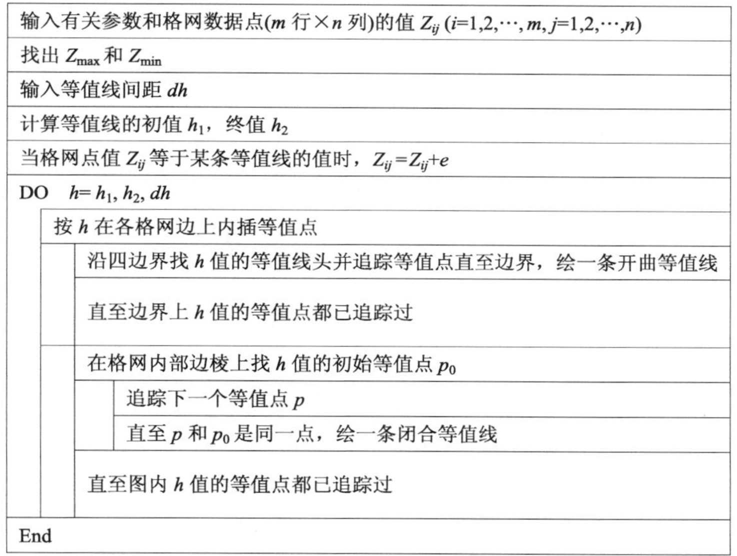

图 4.7　格网法绘制等值线的流程图

4.2　图形开窗算法

“开窗”是计算机图形学的基本问题之一，又称为“图形裁剪”。在处理空间数据时，用户通常需要把指定范围(窗口)内的要素在显示器上放大显示出来，为编辑等操作提供便利，这种显示或提取要素的一部分的过程就是一种开窗。开窗技术还可用于地图的放大、缩小、定位查询、绘图范围选择、局部图形转贮等过程中。开窗按照窗口的形状可分为矩形开窗、圆形开窗、任意多边形开窗等；按照窗口与待裁剪数据之间的关系，分为正开窗与负开窗。所谓正开窗，就是窗口里的内容被选取的过程；负开窗是指窗口外的内容被选取

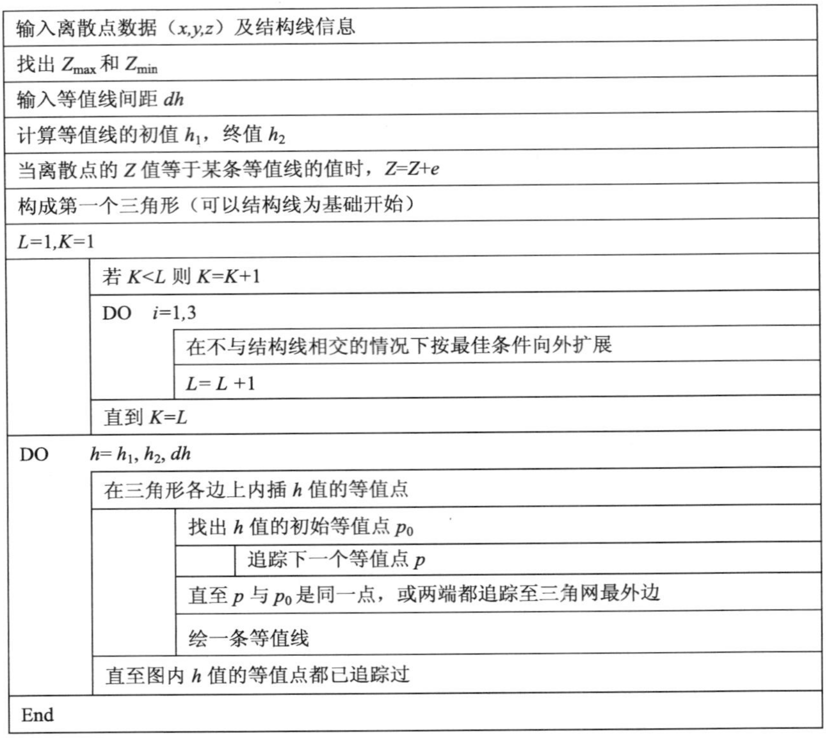

输入离散点数据（x,y,z）及结构线信息			
找出 Z_{max} 和 Z_{min}			
输入等值线间距 dh			
计算等值线的初值 h_1，终值 h_2			
当离散点的 Z 值等于某条等值线的值时，$Z=Z+e$			
构成第一个三角形（可以结构线为基础开始）			
$L=1,K=1$			
	若 $K<L$ 则 $K=K+1$		
	DO $i=1,3$		
		在不与结构线相交的情况下按最佳条件向外扩展	
		$L=L+1$	
	直到 $K=L$		
DO $h=h_1,h_2,dh$			
	在三角形各边上内插 h 值的等值点		
		找出 h 值的初始等值点 p_0	
			追踪下一个等值点 p
		直至 p 与 p_0 是同一点，或两端都追踪至三角网最外边	
		绘一条等值线	
	直至图内 h 值的等值点都已追踪过		
End			

图 4.8　三角网法构网和绘制等值线流程图

的过程。通常情况下，正开窗的用途更大一些，下文中除非特别指明，开窗即指正开窗。

以下针对点状、线状、面状三种要素，分别论述矩形开窗和任意多边形开窗的一些常见算法。这方面的算法很多，读者可参考本章后列出的文献（吴兵等，2000；刘勇奎等，2005；何陈棋等，2003；刘国祥等，1996）。需要说明的是：矩形开窗是任意多边形开窗的特例，因此后者的算法也适合于前者，只是算法实现的效率一般比较低；在开窗算法中，点状要素的处理方法是线状要素处理方法的基础，两者又是面状要素处理方法的基础。

4.2.1　矩形开窗算法

1. 点状要素的处理

设矩形窗口左下角和右上角坐标为(x_{min},y_{min})和(x_{max},y_{max})，则对于点要素 $P(x_p,y_p)$来说，只要

$$x_{min}<x_p<x_{max} \text{ 且 } y_{min}<y_p<y_{max}$$

成立，则点在窗口内予以选取，否则舍去不予选取。

2. 线状要素的处理

线状要素是由有序线段组成的折线来逼近的，因此对线状要素的选取只要讨论线段

的选取就可以了。

为了简化处理过程，识别全部落在窗口外的线段显得尤为重要，这可以通过有关的编码方法来解决，下面介绍两种编码方法。

1）四比特串编码法

线段的每个端点由下述四个条件来评定：①点在窗口上边线之上；②点在窗口下边线之下；③点在窗口右边线之右；④点在窗口左边线之左。

四比特串由四个比特组成，从左至右分别为第一、二、三、四比特。每个比特用来描述上述四个条件之一：如果满足第一个条件第一位记1，否则为0；如果满足第二个条件第二位记1，否则为0；如果满足第三个条件第三位记1，否则为0；如果满足第四个条件第四位记1，否则为0。这样，由四个比特构成的四比特串就可唯一地描述矩形窗口四条边所在直线把平面分成的九个区域之一，即每个数据点所在区域都有一个唯一的四比特串与之对应（图4.9）。只要比较数据点坐标(x,y)与窗口角隅点相应坐标，每个条件都可得到检验。如位于左上角区域的点，满足第一和第四个条件，其编码是1001。

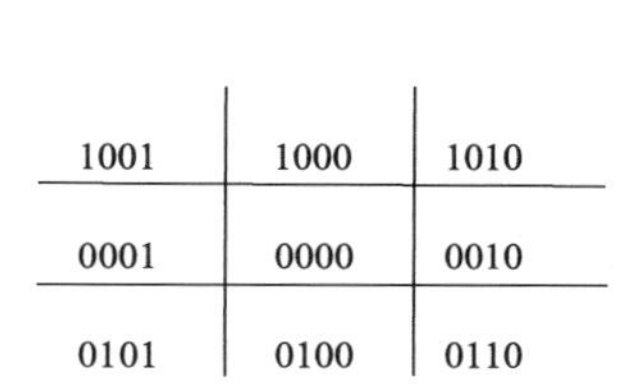

图4.9　四比特串编码

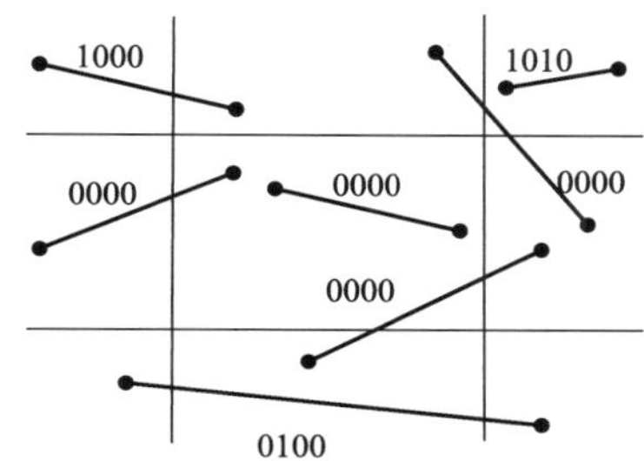

图4.10　复合比特串的情况

此时，为了确定一条线段是在窗口内还是窗口外，可为该线段建立一个新的复合比特串，即该线段两个端点的四比特串之逻辑“与”（图4.10）。如果复合比特串不为0，则该线段位于窗口外而不予选取。否则有三种情况：两端点的比特串均为0，则该线段全部位于窗口内而被选取；其中有一个比特串为0，则该线段与窗口有一个交点，计算该交点，并与线段另一端点连线，选取之；都不为0，则该线段与窗口有两个交点或无交点，无交点时线段不选取，反之则连接两个交点成新线段并选取之。

2）参数编码法

如图4.11所示，对于每一个线段端点，有两个编码参数IX和IY，其值分别取决于该点坐标x是位于窗口的左面（−1）、中间（0）还是右面（1），以及坐标y是位于窗口的上面（1）、中间（0）还是下面（−1）。

假设线段两端点坐标为(x_1,y_1)和(x_2,y_2)，它们分别有参数(IX_1,IY_1)和(IX_2,IY_2)，据此可判断该线段与窗口的位置关系：

（1）若$IX_1=IX_2\neq 0$或$IY_1=IY_2\neq 0$，则整条线段位于窗口外不予选取，如图4.11中线段AB。

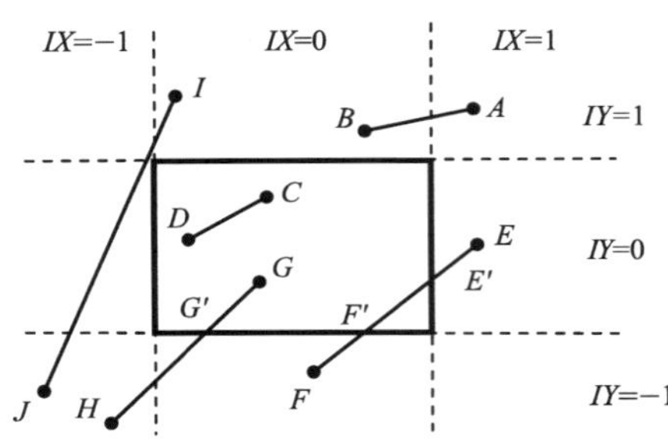

图 4.11 参数编码法

(2) 若 $IX_1=IX_2=IY_1=IY_2=0$，则整条线段位于窗口内予以选取，如图 4.11 中线段 CD。

(3) 其他情况均需计算该线段与窗口边所在直线的交点，并判断交点是否落在窗口边上。经判断，如果只有一个交点落在窗口边上，则该点取代这条线段参数不为零的端点，与另一个参数为零的端点连线并选取；若有两个交点落在窗口边上，则选取这两个交点的连线。

在这两种编码方法中，无一不涉及交点的计算问题，无论是有一个交点还是有两个交点，都要设计有效的算法。一个直接的解法是求得该线段与窗口边所在直线的所有交点，然后判断哪些交点落在窗口上。通常的方法是用线性方程表示线段和窗口边界线，然后建立 4 个联立方程组，分别对它们求解，便可求得 4 个交点的坐标(除非该线段与窗口边平行，这样就只能求得 2 个交点坐标)。

为了准确地判段所求交点是否在窗口边上且同时在线段上，可采用判别条件：

$$[(x-x_{\min})(x-x_{\max})\leqslant 0 \text{ 且 } (y-y_{\min})(y-y_{\max})\leqslant 0]$$

和
$$[(x-x_1)(x-x_2)\leqslant 0 \text{ 或 } (y-y_1)(y-y_2)\leqslant 0]$$

如果条件成立，说明点(x,y)落在线段和窗口边上。这里 x、y 是所求交点之一的坐标，$x_{\min}$、$y_{\min}$是窗口左下角点的坐标，$x_{\max}$、$y_{\max}$是窗口右上角点的坐标。上式中，若线段的 $|x_2-x_1|>|y_2-y_1|$ 则采用$(x-x_1)(x-x_2)\leqslant 0$ 判别式；反之采用$(y-y_1)(y-y_2)\leqslant 0$ 判别式。

3. 面状要素(多边形)的处理

对于多边形元素来说，由于它实际上是一组有序线段串联且首尾相接闭合而成，因此其裁剪的方法与线段裁剪基本上相同，但是要把窗口边界上有关线段加入裁剪所得折线使其重新闭合形成新的多边形，这里不再详细讨论。

4.2.2 多边形开窗算法

1. 点状要素的处理

对于任一离散点，均可利用著名的铅垂线内点法判别该点是在窗口多边形内还是外，从而决定该点选取与否。在图 4.12 中，P_1、P_2 点不选取，P_3 点选取。铅垂线内点法在第 5 章中有详细论述。

2. 线状要素的处理

对于任一条折线，要确定哪一部分在窗内是根据各线段两端点相对于窗口位置情况决定的。通常是从折线的始点开始，按顺序逐段判别各线段与窗口多边形各边有无交点。设其中一线段的端点为 A_1 和 A_2，多边形某一边的端点为 B_1 和 B_2，如果判别条件

$$\max(x_{A_1},x_{A_2})<\min(x_{B_1},x_{B_2}) \text{ 或 } \min(x_{A_1},x_{A_2})>\max(x_{B_1},x_{B_2})$$

或 $\max(y_{A_1}, y_{A_2}) < \min(y_{B_1}, y_{B_2})$

或 $\min(y_{A_1}, y_{A_2}) > \max(y_{B_1}, y_{B_2})$

成立，则这两条线段不可能有交点。对于折线上的每一条线段来说，首先均需按此条件判断它与多边形各边有无交点的可能，如果有可能，则计算交点坐标(须排除不在线段或窗口边上的交点)；然后连同线段端点坐标按 x(或 y)坐标依次排队(从小到大或从大到小)，最后按下面两种情况配对连线：

(1) 若点 1 在窗内，可按 12，34，56，…顺序配对，这里 1，2，…为排队后交点的序号，下同；

(2) 若点 1 在窗外，可按 23，45，67，…顺序配对。

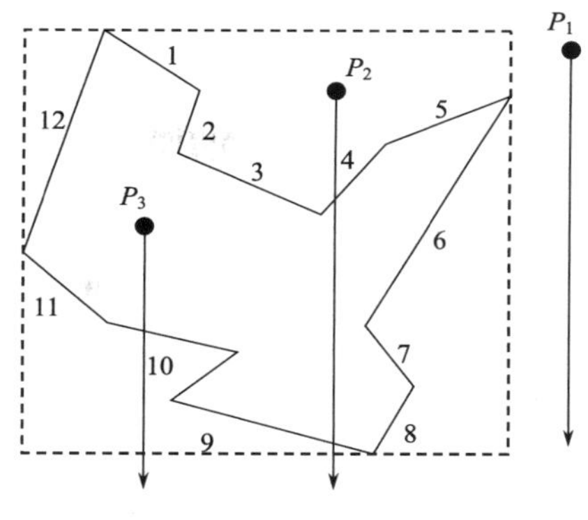

图 4.12　垂线法示意图

3. 面状要素(多边形)的处理

1) Weiler—Atherton 算法

Weiler—Atherton 算法是一种代表性的无拓扑多边形裁剪算法，主要适用于被裁剪的多边形与裁剪区域(即窗口)均为任意多边形的情形。该算法中的多边形用有序、有向的顶点环形表描述。当用裁剪区域来裁剪多边形时，裁剪多边形与被裁剪多边形边界相交的点成对出现且分为两类，其一为入点，即被裁剪多边形进入裁剪多边形内部的交点；其二为出点，即被裁剪多边形离开裁剪多边形内部的交点。该算法的基本原理为：由入点开始，沿被裁剪多边形追踪，当遇到出点时跳转至裁剪多边形继续追踪；如果再次遇到入点，则跳转回被裁剪多边形继续追踪。重复以上过程，直到回到起始入点，即完成一个多边形的追踪过程。

A. 算法步骤

设 PA 为被裁剪多边形，其顶点序列为 $A=\{A_0, A_1, \cdots, A_m\}(A_m=A_0)$；$PB$ 为裁剪多边形，其顶点序列为 $B=\{B_0, B_1, \cdots, B_n\}(B_n=B_0)$；用 PB 裁剪 PA 所得的多边形为 PC，其顶点序列为 $C=\{C_0, C_1, \cdots, C_s\}(C_s=C_0)$。三者的外边界顶点均按顺时针方向排列，内边界顶点均按逆时针顺序排列。裁剪算法步骤如下：

第一步，求 PA 与 PB 边界交点，将交点(设为 $2k$ 个)分别加入 PA、PB 的顶点表中，新多边形记为 $PA'=\{A_0, A_1, \cdots, A_{m+2k}\}$，$PB'=\{B_0, B_1, \cdots, B_{n+2k}\}$；

第二步，建立交点表 $I=\{I_0, I_1, \cdots, I_{2k}\}$，记录交点类型及其在 PA、PB 顶点表中的位置；

第三步，在交点表 I 中取出一个入点 I_i，在 PA' 中找到 I_i 的位置并沿顺时针方向追踪 PA' 的顶点表，直到遇到下一个交点 I_j，将追踪得到的顶点序列加入 PC 中；

第四步，在 PB' 中找到 I_j 的位置，并沿顺时针方向追踪 PB' 的顶点表，直到遇到下一个交点，将追踪得到的顶点序列加入 PC 中；

第五步，跳转至 PA'，重复第三、第四步，直到回到起始交点，得到 PB 裁剪 PA 所得的内侧多边形 PC(正开窗)。

若由出点出发，按上述步骤，反方向追踪则会得到外侧多边形 PC(负开窗)。

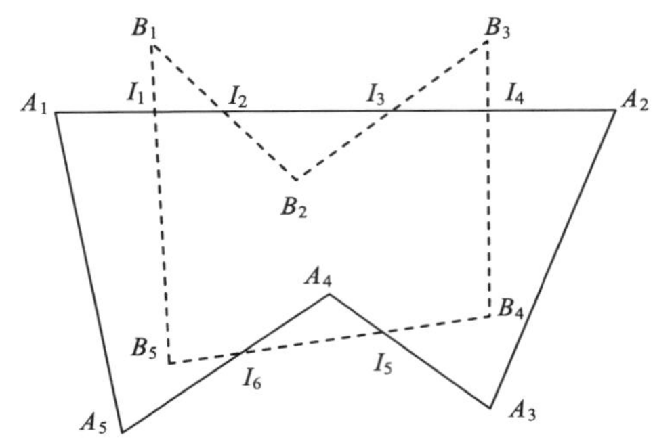

图 4.13 Weiler-Atherton 算法示例

B. 算法实例

如图 4.13 所示，$PA=\{A_1,A_2,A_3,A_4,A_5,A_1\}$，$PB=\{B_1,B_2,B_3,B_4,B_5,B_1\}$，$PA$ 与 PB 的交点集 $I=\{I_1,I_2,I_3,I_4,I_5,I_6\}$，重构 PA、PB 多边形顶点序列得到：

$PA'=\{A_1,I_1,I_2,I_3,I_4,A_2,A_3,I_5,A_4,I_6,A_5,A_1\}$

$PB'=\{B_1,I_2,B_2,I_3,B_3,I_4,B_4,I_5,I_6,B_5,I_1,B_1\}$

PB 裁剪 PA 所得的内侧多边形为：

$PC_{内}=\{I_1,I_2,B_2,I_3,I_4,B_4,I_5,A_4,I_6,B_5,I_1\}$

PB 裁剪 PA 所得的外侧多边形为

$PC_{外}=\{I_2,I_3,B_2,I_2\}\cup\{I_4,A_2,A_3,I_5,B_4,I_4\}\cup\{I_6,A_5,A_1,I_1,B_5,I_6\}$

图 4.14 所示为本例中 Weiler-Atherton 算法的顶点追踪过程。

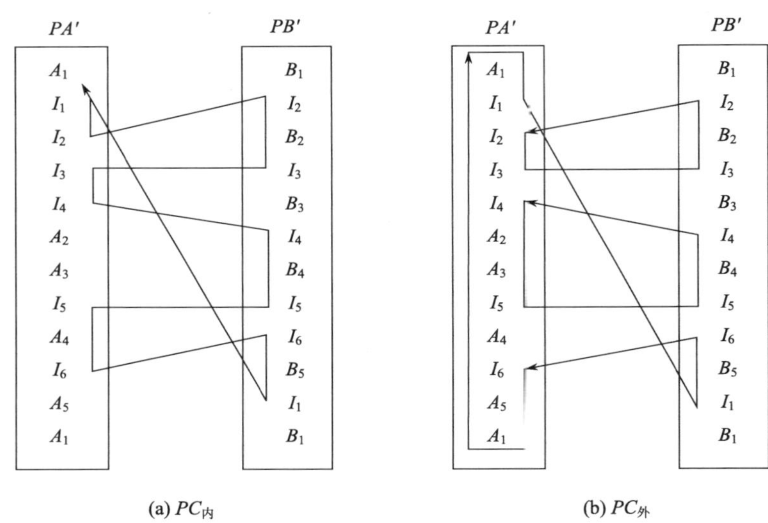

图 4.14 Weiler-Atherton 算法顶点追踪过程示例

2）有拓扑多边形裁剪算法

上述算法均没有顾及图形的拓扑关系。在有拓扑关系的情况下，开窗裁剪算法必须维护拓扑关系的正确性和一致性。否则，需要在裁剪之后重建拓扑关系，原拓扑关系及其他一些附加信息可能会丢失，且裁剪前后拓扑关系之间不存在继承性。这里以任意多边形窗口下的多边形裁剪为例，介绍一种顾及图形拓扑关系的新算法，该算法由吴兵等(2000)提出。

A. 新算法原理

Weiler-Atherton 算法是以多边形的顶点序列为基础的，而具有拓扑关系的多边形并不是直接以顶点序列而是以弧段序列组成的。因此，可按多边形弧段求交、多边形拓扑重组和追踪裁剪结果多边形 3 个基本步骤，将具有复杂拓扑关系的多边形裁剪问题转化为类 Weiler—Atherton 算法裁剪。

设区域 R 由一组具有空间拓扑关系的多边形组成，记为 $R=\{P_0,P_1,\cdots,P_n\}$；其中的任一多边形 P_i 均由一组有向弧段组成，记为 $P_i=\{A_0,A_1,\cdots,A_m\}$，$P_i$ 的外边界取 A_i 的顺时针方向，内边界取 A_i 的逆时针方向。令弧段由其顶点序列来描述，记 $A_i=\{V_0,V_1,\cdots,V_k\}$，其中 V_0 为起点，V_k 为终点。除此之外，弧段与左右多边形的关系、节点与弧段之间的关系等均已知，即多边形的空间拓扑关系已经得到正确描述。

新算法增加了处理空间拓扑的步骤，用交点、弧段混合表取代原 Weiler—Atherton 算法的交点表，将原算法中追踪多边形顶点序列改造为追踪多边形弧段序列。从而保证当一个多边形被裁剪为多个多边形时，这些多边形会正确继承原多边形的拓扑信息及其附加属性，而不必在裁剪之后重建拓扑关系。

B. 新算法步骤

第一步，将 R 的所有弧段与裁剪多边形的弧段求交；

第二步，根据交点重组 R 的所有多边形与裁剪多边形，并维护原有拓扑关系；

第三步，对每个多边形建立交点、弧段混合表；

第四步，遍历所有多边形，反复执行第五至第八步；

第五步，从交点、弧段混合表中取出一个入点，在被裁剪多边形中按弧段方向追踪，直至遇到下一个交点，将追踪所得的弧段序列加入到裁剪结果多边形中；

第六步，跳转至裁剪多边形相应位置，按弧段表方向追踪，直至遇到下一个交点，将追踪所得的弧段序列加入到裁剪结果多边形中；

第七步，跳转至被裁剪多边形相应位置，重复第五、第六步，直至回到起始交点处，完成一个多边形的追踪；

第八步，当多边形的交点、弧段混合表中的所有入点均追踪完毕，即完成此多边形的裁剪重构。

如图 4.15 所示，被裁剪区域 $R=\{P_1,P_2,P_3\}$，$P_1=\{A_1,A_4,A_5\}$，$P_2=\{A_2,-A_6,-A_4\}$，$P_3=\{A_3,-A_5,A_6\}$。

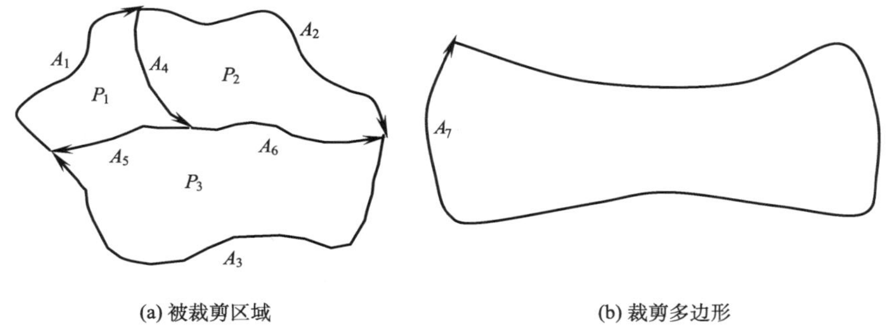

图 4.15　被裁剪区域与裁剪多边形示例

第一步，将 R 的所有弧段与裁剪多边形 $P_c=\{A_7\}$ 的弧段求交，得到交点集 $I=\{I_1,$

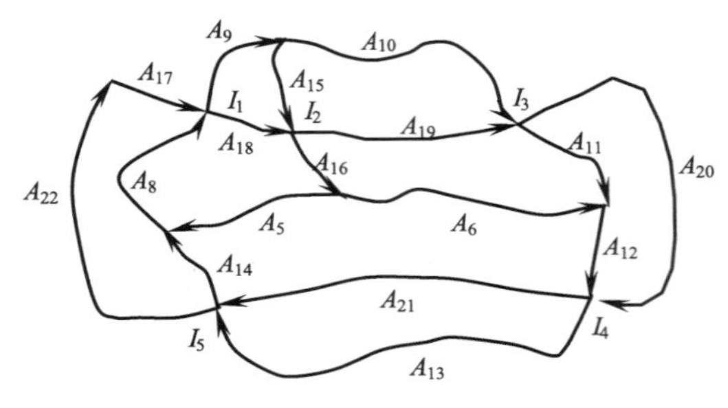

图 4.16　拓扑裁剪示例

$I_2, I_3, I_4, I_5\}$，如图 4.16 所示。

第二步，将 R 的所有多边形及裁剪多边形 P_c 进行拓扑重组，得到：

$P_1 = \{A_8, A_9, A_{15}, A_{16}, A_5\}$

$P_2 = \{A_{10}, A_{11}, -A_6, -A_{16}, -A_{15}\}$

$P_3 = \{A_{12}, A_{13}, A_{14}, -A_5, A_6\}$

$P_c = \{A_{17}, A_{18}, A_{19}, A_{20}, A_{21}, A_{22}\}$

第三步，以 P_1 为例建立多边形交点、弧段混合表：

$M_1 = \{A_8, I_1, A_9, A_{15}, I_2, A_{16}, A_5\}$

$M_c = \{A_{17}, I_1, A_{18}, I_2, A_{19}, I_3, A_{20}, I_4, A_{21}, I_5, A_{22}\}$

在 M_1 中 I_2 为入点，由此点开始追踪内裁剪结果多边形，得到：

$P_{1内} = \{A_{16}, A_5, A_8, A_{18}\}$

在 M_1 中 I_1 为出点，由此点开始追踪外裁剪结果多边形，得到：

$P_{1外} = \{A_9, A_{15}, -A_{18}\}$

以同样的方法可得到其他两个多边形的裁剪结果：

$P_{2内} = \{A_{11}, -A_6, -A_{16}, A_{19}\}$

$P_{3内} = \{A_{14}, -A_5, A_6, A_{12}, A_{21}\}$

$P_{2外} = \{-A_{15}, A_{10}, -A_{19}\}$

$P_{3外} = \{A_{13}, -A_{21}\}$

最后，多边形 P_c 对区域 R 的拓扑裁剪结果为：

$R_内 = \{P_{1内}, P_{2内}, P_{3内}\}$

$R_外 = \{P_{1外}, P_{2外}, P_{3外}\}$

上例中，裁剪之前 P_1 与 P_2 拥有公共弧段 A_4，分别为 A_4 的右、左多边形。内裁剪之后，$P_{1内}$ 与 $P_{2内}$ 拥有公共弧段 A_{16}，分别为 A_{16} 的右、左多边形，即 $P_{1内}$ 与 $P_{2内}$ 在裁剪之后仍然是空间相邻关系，并且分别继承了 P_1 与 P_2 的各种属性信息。这表明经过本算法拓扑裁剪之后的多边形的空间拓扑关系得以维持与继承。

4.3　地图矢量符号(库)算法

4.3.1　地图符号化与地图符号库

1. 地图符号化

地图符号化即地图数据的符号化，它有两层含义：在地图设计工作中，是指利用符号将地图数据进行分类、分级、概括、抽象的过程；在数字地图转换为模拟地图的过程中，是指将已处理好的矢量地图数据恢复成可见的图形，并附之以不同符号表示的过程。这里所论述的符号化是指后者。

矢量形式的数字地图一般由实体的点位坐标和拓扑关系加上属性编码来表示。计算机在一定的软件环境下可以直接使用它（如进行查询、分析和计算等），但对地图使用者而言没有直观性，因此需要用数字地图来生产制作直观的纸质地图产品、屏幕电子地图等。这就需要将地图上相应的内容符号化使它变成符号化的地图，该过程称为地图符号化或图形化处理。其作用在于：

(1) 符号化使地图信息直观化、形象化，并具有交互性和动态性的特点，便于用户理解、接受和应用。例如，通过开窗放大、图形编辑、属性修改等手段来更新地图内容保持其现势性。

(2) 目视符号化地图是检查和控制数据质量的有效方法。

(3) 地图符号化是地图生产和出版的必要环节和步骤。

2. 地图符号库

地图符号是地图上用以表示各种空间对象的图形记号，或者还包括与之配合使用的注记。地图符号对表达地图内容具有重要的作用，是地图区别于其他表示地理环境的图像的一个重要特征。地图符号的有序集合即是地图符号库。设计高质量的地图符号(库)是地图编制的必要前提。地图符号的计算机绘制可以是显示在屏幕上、绘制在纸张上、输出到胶片上等，尽管它们的实现方法不尽相同，但基本原理是一致的。

地图符号(库)的建立可以基于矢量数据和栅格数据两种方式，即矢量符号(库)和栅格符号(库)。矢量符号(库)的构造一般可以采用三种方法：信息块法、程序块法和综合法；而栅格符号(库)的构造一般只采用信息块法(徐庆荣等，1993；胡鹏等，2002)。

信息块法是用人工或程序将要绘制的符号离散成坐标信息，用统一的结构和方法进行描述，这些描述信息存放在数据文件中形成符号库。通常，一个符号构成一个信息块，直接表示符号图形的每个细节。绘图时只要通过程序处理符号数据文件中的信息块，即可完成符号的绘制。在信息块法中，地图符号是在有限大小空间中定义了定位基准的有一定结构的特征图形，这个“有限大小空间”被称为“符号空间”。地图数据符号化(可视化)实际上就是地图符号按照要素的几何特征和属性特征从“符号空间”向“地图空间”的转换。实践表明，128×128 的点状符号空间，256×48 的线状符号空间，128×128 的面状符号空间能够较好地满足地形图精度所需。该方法面向图形特征点，但与符号图形的结构无关，从而能使符号数据同绘图程序相对独立，动态增添更新和精化符号库特别方便；而且符号库是开放式的，适应各种地图信息的显示需要，具有比较广泛的应用领域。其缺点是符号信息数据量比较大，对于专题地图符号来说较难实现。

程序块法是对每一类地图符号编写一个绘图子程序，由这些子程序组成符号库。绘图时按照符号的编号调用库中相应程序，输入相应参数，由程序根据参数及已知数据计算矢量，从而完成地图符号的绘制。程序块法的关键在于对绘图要素全面而精心的分类，准确地用数学表达式描述各类符号及编程，并且选择合适的参数。用该方法构建符号库其缺点在于符号的动态变更，使程序不太容易实现。改动相应的程序较为费事。它的优点在于符号数据量一般要比信息块法小；能将大量的地理信息自动地进行符号化，不需要太多的人工干预。只要按照地理信息的属性编码，检索出相应的符号名称，然后调用绘制这些符号的程序，即可得到各种不同地图符号的输出。

综合法实际上是把信息块法和程序块法相结合，其通用性更广，但实现的难度更大一些，多用于专题地图符号(库)的设计。

普通地图是相对均衡地表示地表的自然、社会经济要素一般特征的地图。其符号十分复杂，具有各种类型的控制点、居民地、交通线、境界线、水系、地貌、土质植被等上百种地图符号。普通地图符号(库)设计时，对于国家基本比例尺地形图，符号的图形、颜色、符号含义以及适用的比例尺等，应尽可能符合国家规定的地图图式，个别不符合机助制图的符号图形，经主管部门同意后可做必要更改；普通地理图的符号(库)应遵循图案化及整个符号系统逻辑性、统一性、准确性、对比性、色彩象征性、制图和印刷可能性等一般原则来进行。

以下重点介绍普通地图中点状、线状、面状矢量符号的信息块和程序块生成算法。

4.3.2 普通地图点状符号算法

点状符号是指定位于某一点的个体符号，又称定位符号，符号大小与地图比例尺无关。在普通地图上主要有控制点、独立地物、非比例居民地符号等，各种注记也可视为点状符号。

1. 点状符号信息块

点状符号信息块采用以符号定位点为原点的局部坐标系，信息块中记录符号的颜色码、笔粗码、图形特征点坐标及其联系(一般用表示绘或不绘的抬落笔码表示)。如图 4.17为纪念碑符号的放大表示，可按图中点号顺序在信息块中记录$\{p_i, x_i, y_i\}(i=1, 2, \cdots, 11)$，$p_i$ 为点 i 的抬落笔码，(x_i, y_i)代表局部坐标系中的坐标值。

点状符号信息块的结构如图 4.18 所示。

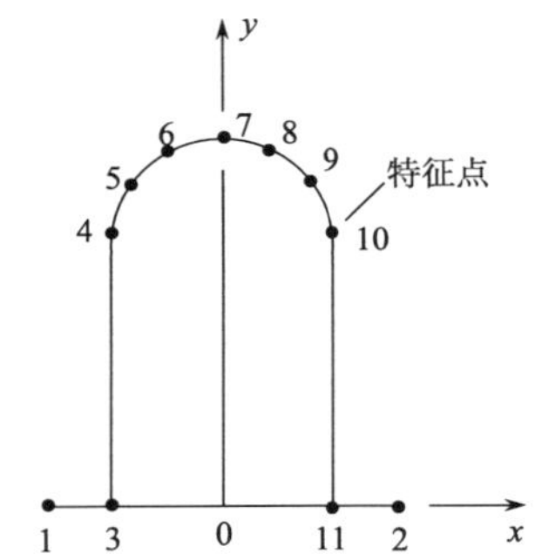

图 4.17 点状符号信息块中的特征点坐标

颜色码	特征点数 n	x_1	y_1	抬落笔码 1	笔粗码 1	…	x_n	y_n	抬落笔码 n	笔粗码 n

图 4.18 点状符号信息块结构

由于任意曲线都可由若干折线逼近到任意程度，因而只要选择适当分辨率的符号空间大小，任意点状符号均可采用上述信息块构成。把一个信息块构成一行记录，有序地组织它们为一个文件，即是矢量点状符号库。

绘图时，读入该符号相应记录的信息块，按图上描述位置和方向，将信息块中坐标数据先平移至中心，必要时进行缩放和旋转，即可调用两点绘线语句予以绘出。不难看出，各种点状符号均可用统一规范的程序绘制。

2. 点状符号程序块

程序块方法认为点状符号通常都可以用直线段配合圆弧组合而成。现以圆弧和椭圆绘制为例说明其算法。

如图 4.19 所示，任何一个圆都可以用正多边形来逼近，其边数越多，圆弧越光滑。只要适当选取圆心角 θ，使 θ 相对应的正多边形与圆弧之间的拱高小于某一限差 d，就可使多边形在视觉上成为一个光滑的圆。拱高 d、圆心角 θ 与圆半径 r 之间的关系为

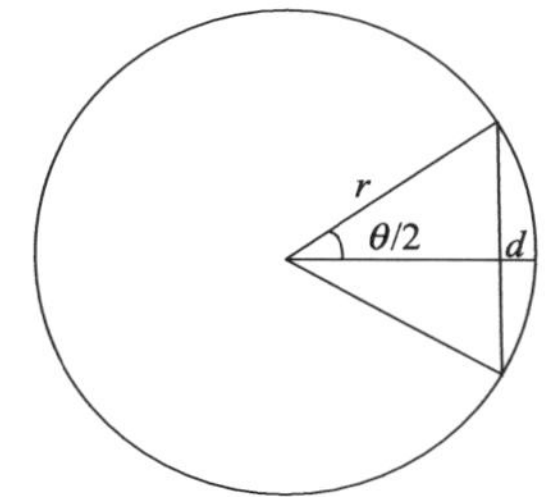

图 4.19　圆的几何图解

$$d = r(1 - \cos\frac{\theta}{2}) \tag{4.1}$$

$$\theta = 2\arccos(1 - \frac{d}{r}) \approx 2.8\sqrt{\frac{d}{r}} \tag{4.2}$$

则

$$n = [\frac{2\pi}{\theta}] \tag{4.3}$$

式中，[ ]为指对括号内的数取整。因此，只要给定了限差 d（一般取 0.05～0.1mm）和可能最大圆的半径 r 就可算出 n 和 θ。即半径为 r 的圆可用正 n 边形取代，可采用角增量 θ，按逆时针连续旋转计算出各点坐标并顺次连接而成。各点坐标按下式计算：

$$\begin{aligned} x_i &= r\cos(i \cdot \theta) + x_c \\ y_i &= r\sin(i \cdot \theta) + y_c \\ (i &= 0,1,2,\cdots,n-1) \end{aligned} \tag{4.4}$$

式中，(x_c, y_c) 为圆心坐标。画圆时从 (x_0, y_0) 开始，顺序连至 (x_{n-1}, y_{n-1})，继续连至 (x_0, y_0)，使多边形准确闭合。

当绘制一段圆弧时，只要知道起始点半径与终至点半径及它们分别与 x 轴的夹角，不难用上述算法来完成。

椭圆的绘制也可用类似的方法进行，不过在计算 θ 角时应以长半轴作为 r，这样可以保证所绘椭圆有最佳视觉效果。多边形各顶点的计算公式为

$$\begin{aligned} x_i &= a\cos(i \cdot \theta) + x_c \\ y_i &= b\sin(i \cdot \theta) + y_c \\ (i &= 0,1,2,\cdots,n-1) \end{aligned} \tag{4.5}$$

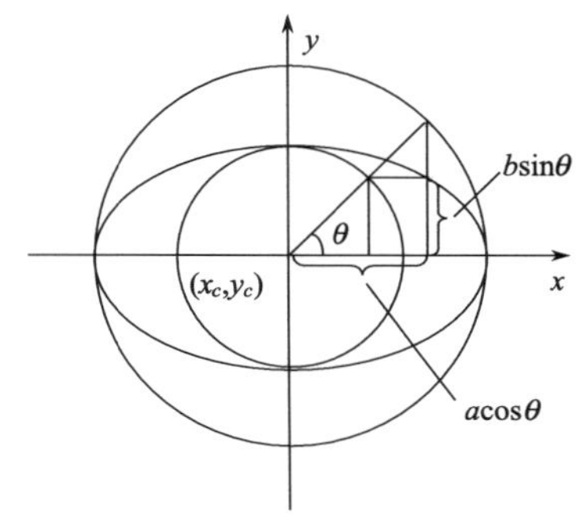

图 4.20　椭圆的几何图解

式中，a 为椭圆的横半轴（在 x 方向）；b 为椭圆的纵半轴（在 y 方向）；$i \cdot \theta$ 为离心角（图 4.20）。

可以推得，以圆弧的始点坐标、圆弧的起始角、圆弧的终止角、圆弧的始点半径和终点半径为参数设计绘圆的程序，这个程序就既能绘圆，也能绘制圆弧和螺线；以椭圆的始点坐标、长半轴、短半轴、长半轴与 x 轴的夹角、始点和终点到中心点连线分别与 x 轴的夹角

为参数来设计绘制椭圆的程序，这个程序就既能绘椭圆，也能绘椭圆弧并调整椭圆长轴的方向。

另外，点状符号(如圆)中，往往需要绘制“晕线”，参见 4.3.4 节内容。

按上述算法，编制程序，调试无误后，再配合以绘制某些直线段的功能，即可方便地编制出各种绘制点状符号的子程序，并可组织为符号库。

4.3.3 普通地图线状符号算法

线状符号用以表示线状延伸分布的地物或制图现象，如交通线、境界线等，其长度与地图比例尺有关。这里，地物在数字化时只获取其中心轴线的平面位置(坐标)，在图形可视化时将已设计的符号沿中心轴线配置。

1. 线状符号信息块

信息块方法把各类线状符号看作由符号单元沿线状要素中轴线重复串接而成，如图 4.21 所示，其中 L 为符号单元长。

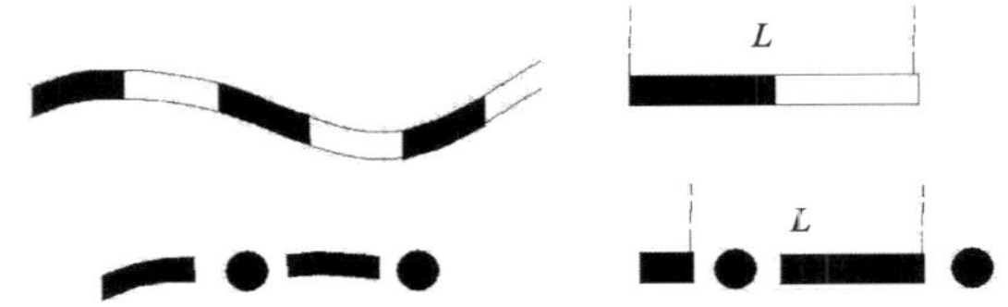

图 4.21　线状符号的符号单元

每一单元由线符部分和点符部分组成，线符中的点符部分只是部分线符才有，它仅是在一定部位，并以线符延伸方向为 X 轴(曲线的 X 长轴)，并没有什么变形，按单元距离 L，重复配置；而线符部分，以线符中心线为配置轴线，单元长一样，但需在弯曲部位进行一定的压缩和拉伸，像一根理想的橡皮条一样，这一现象，数学上称为伦移变换。

因此，为了方便符号化和防止不必要的符号化处理，线状符号的信息块可以按点符和线符两部分分开定义：线-线信息块和线-点信息块，如图 4.22 所示。

一般来讲，线符中的点符部分绝大多数不超过两个；没有点符时，点符数为零。把上述两个信息块分别作为一行记录，以同样的记录号，放入线-线符号库和线-点符号库。

绘制该线状符号时，分别取两库中同一记录号的两信息块，采用不同的方法重复绘制两个信息块，将可高质量地完成线状符号绘制。

2. 线状符号程序块

线状符号的程序块绘制，其已知条件是中心轴线及需配置的线状符号的结构尺寸。以图 4.23 所示的土堤符号为例，绘制该符号要解决两个问题：一是确定每一条横短线的位置，即确定横短线与中轴线的交点坐标；二是确定横短线两端点的坐标。

线-线信息块

颜色码	定位轴				单元长	特征点数 n	x_1	y_1	笔粗码1	抬落笔码1	…	x_n	y_n	笔粗码 n	抬落笔码 n
	x_{01}	y_{01}	x_{02}	y_{02}											

线-点信息块

颜色码	点符数 p	定位点1		…	定位点 p		单元长	特征点数 n_1	x_1	y_1	笔粗码1	抬落笔码1	…
		x_{01}	y_{01}		x_{0p}	y_{0p}							

x_{n1}	y_{n1}	笔粗码 n_1	抬落笔码 n_1	…	特征点数 n_p	x_1	y_1	笔粗码1	抬落笔码1	…	x_{np}	y_{np}	笔粗码 n_p	抬落笔码 n_p

图 4.22　线状符号信息块结构

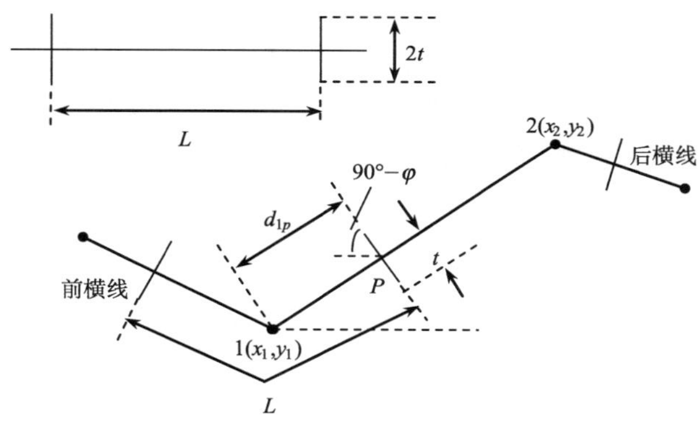

图 4.23　土堤符号的绘制原理

中心轴线是从指定起点开始按顺序排列的直线段衔接而成的折线。对于其中任意一直线段，称与前一线段连接点为第一节点，坐标为(x_1, y_1)，与后一线段连接点为第二节点，坐标为(x_2, y_2)，则该线段长为：

$$d_{12} = [(x_2 - x_1)^2 + (y_2 - y_1)^2]^{\frac{1}{2}} \tag{4.6}$$

于是，与前一节点距离为 d_{1p} 的横短线位置(x_p, y_p)可由下式计算：

$$\begin{aligned} x_p &= x_1 + (x_2 - x_1)\frac{d_{1p}}{d_{12}} \\ y_p &= y_1 + (y_2 - y_1)\frac{d_{1p}}{d_{12}} \end{aligned} \tag{4.7}$$

设该横短线的方向角余角为 φ，则

$$\sin\varphi = \frac{y_2 - y_1}{d_{12}}$$
$$\cos\varphi = \frac{x_2 - x_1}{d_{12}} \tag{4.8}$$

有横短线两端点坐标

$$x_t = x_p \pm t \cdot \sin\varphi$$
$$y_t = y_p \pm t \cdot \cos\varphi \tag{4.9}$$

这时可计算下一横短线，离第一节点距离：

$$d'_{1p} = d_{1p} + L \tag{4.10}$$

若

$$d'_{1p} \leqslant d_{12} \tag{4.11}$$

则令 d'_{1p} 为新的 d_{1p}，按式(4.7)～(4.9)计算下一横短线在折线12上的位置和新的横短线端点坐标，继续进行式(4.10)、式(4.11)的步骤。否则，说明 d_{12} 上已经安排不下一个横短线，这时应使 $d'_{1p} = d_{1p} - d_{12}$，并把2点作为1点，且把下一个节点作为2点，按式(4.6)计算 d_{12}，再进行式(4.11)比较后决定运算流向。如此，直至用完所有节点，即可把中心轴线都绘上了横短线，再把中心轴线均绘上土堤中心线，这就完成了土堤的绘制。

为了顾及视觉效果，需做如下特殊处理：

(1) 如果 P 点在节点2上，或接近2点，当此点是最后一点时，横短线照常绘制，否则应绘在过2点的角平分线上。

设中心轴线上有相邻3个节点，分别为 $i-1, i, i+1$。横短线位置位于 i 点上，所在角平分线指向前进方向的左侧，该方向与 x 轴正向的夹角为 A_m（逆时针方向计）。由图4.24可知：

$$A_m = \begin{cases} (A_{i-1} + A_i + \pi)/2, \text{当 } A_{i-1} + \pi > A_i \text{ 时} \\ (A_{i-1} + A_i - \pi)/2, \text{当 } A_{i-1} + \pi < A_i \text{ 时} \end{cases}$$

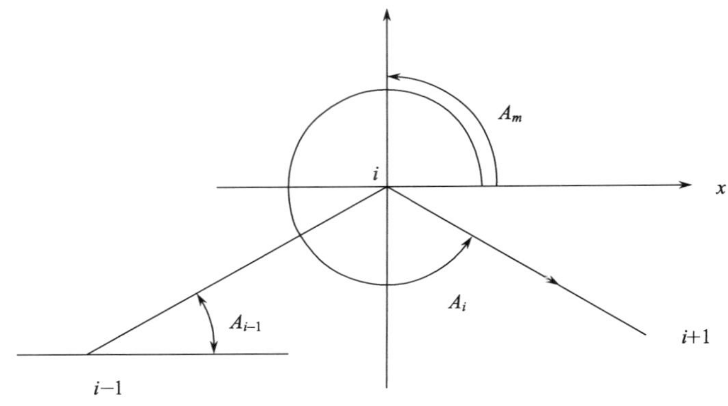

图4.24　角平分线的计算

(2) 线状地物的中心轴线长一般情况下不是横短线间隔的整倍数，可适当调整 L 的长度。方法是首先计算中心轴线长度：

$$d_s = \sum_{i=1}^{n-1} \sqrt{(x_{i+1} - x_i)^2 + (y_{i+1} - y_i)^2}$$

然后计算调整后横短线间隔：

$$d' = d_s / [d_s + 0.5]$$

式中，[ ]指对括号内的数取整。

以上介绍的土堤符号的算法可被扩展来获得其他线状符号：顺次连接或间隔连接中心轴线两侧的横短线端点，可生成双线公路、街道等符号；当用不同的连接方向将计算的横短线端点连接起来，可产生长城、陡坎、境界线、大车路、地类界等一类沿中心轴线保持点和短线有一定规律配置的符号；若用不同的 $2t$ 分别计算横短线的端点，还可获得粗细变化的曲线。

4.3.4 普通地图面状符号算法

面状符号是指地图上用来表示呈面状分布的地物或地理现象的符号。这些符号的共同特点就是在面域内填绘不同方向、不同间隔、不同粗细的“晕线”，或填充规则与不规则分布的个体符号、花纹或颜色来反映这些现象的质量特征和数量差异。

1. 面状符号信息块

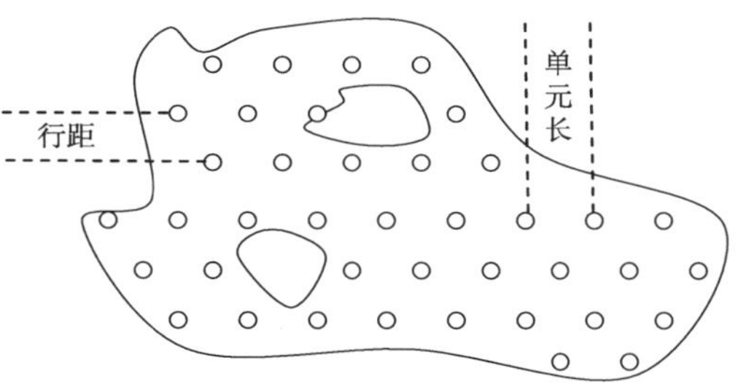

图 4.25 面符的配置

如图 4.25 所示，面状符号信息块中存储的是填充符号的单元信息，它的结构类似于线状符号中线-线信息块，但须增加三种信息：行距、行向倾角、排列方式。行向倾角指晕线方向与 x 轴夹角，地图中有时有两组相交的晕线，故有可能有两种倾角；排列方式一般有“井”型、交错和散列三种，如图 4.26 所示，在信息块中用不同代码表示。散列式中有图单元长度可变，行距和单元长度均可变以及倾角、单元长、行距三者可变三种，如图 4.26(c)、4.26(d)、4.26(e)所示。

面状符号信息块如图 4.27 所示。面状符号信息块中填充符号比线状符号中配置情况简单得多，由于它不须顾及弯曲时的配置，只考虑直线轴时的配置。

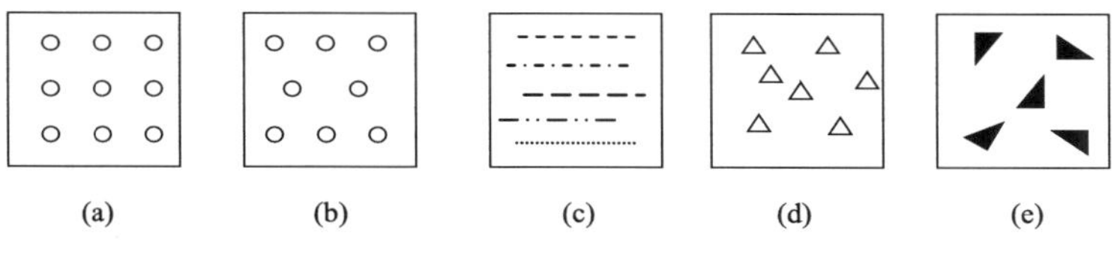

图 4.26 面符的排列

颜色码	单元长	特征点数 n	排列方式	倾角1	倾角2	行距	x_1	y_1	笔粗码1	抬落笔码1	…	x_n	y_n	笔粗码 n	抬落笔码 n

图 4.27 面状符号信息块

2. 面状符号程序块

面状符号的图案千差万别，但晕线填充是其基本形式。所谓“晕线”，即是一组平行的等间距的平行线。下文论述中，设晕线与 x 轴倾角为 θ，并设晕线间距为 d。

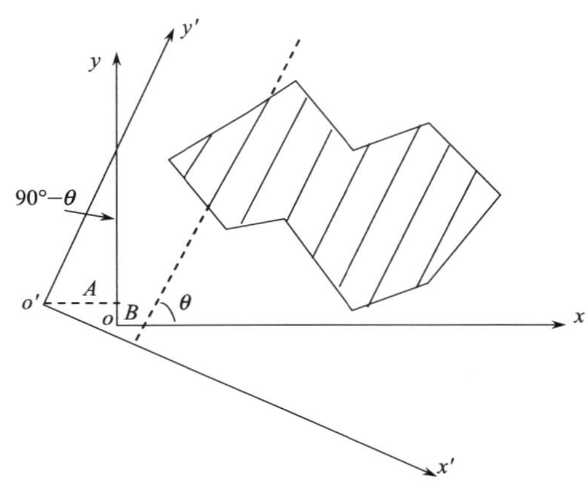

图 4.28 面状符号——晕线绘制示意图

1) 在多边形内填绘晕线

在多边形内填绘晕线的已知条件是该多边形的封闭轮廓线，其算法步骤如下(图 4.28)：

第一步，旋转和平移坐标系，使新坐标轴 y' 与晕线平行，且轮廓点均位于第一象限。

设晕线与 x 轴之间的夹角为 $\theta(-\pi/2\leqslant\theta\leqslant\pi/2)$，新坐标系 $x'o'y'$ 下所有轮廓点坐标为

$$x'_i = x_i\cos\theta + y_i\sin\theta + A$$

$$y'_i = -x_i\sin\theta + y_i\cos\theta + B$$

式中，$x'_{n+1}=x'_1$，$y'_{n+1}=y'_1$ 即外轮廓线首末点相同。

第二步，在 $x'o'y'$ 下计算第一条晕线位置。

对已知多边形轮廓的各节点，求坐标系 $x'o'y'$ 下的 x' 横坐标最小值 $x'_{\min}$ 和最大值 $x'_{\max}$，这时第一条晕线的 x' 值为

$$a=\left[\frac{x'_{\min}-0.012}{d}\right]+d$$

式中，d 为晕线间隔距离；[ ]为取整符号；a 为当前晕线与多边形轮廓的交点的 x 坐标。

当 $a>x'_{\max}$ 时停止运算，否则执行下一步。

第三步，求晕线与各轮廓线各边交点，其晕线与任一边有无交点，判别式如下：

若

$$(a-x'_i)(a-x'_{i+1})<0$$

则交点为

$$\left(a, y'_i+\frac{(y'_{i+1}-y'_i)(a-x'_i)}{x'_{i+1}-x'_i}\right)$$

否则，若 $(a-x'_i)=0$ 且 $(a-x'_{i+1})(a-x'_{i-1})<0$，则交点为

$$(x'_i, y'_i)$$

第四步，将交点按 y' 值排队，并顺序记录排队后的各点坐标。

第五步，将交点坐标变换回原始坐标系，其序不变。配对绘线，即连 1～2，3～4，以此类推。

第六步，计算新的晕线位置

$$a = a + d$$

当 $a > x'_{max}$ 时停止运算，否则继续执行第三步至第六步。

可增加平行或垂直的另一组晕线，也可适当改进第五步中配对绘线程序为点、实线、虚线组合，进行各种面状符号的灵活绘制(图 4.29)。

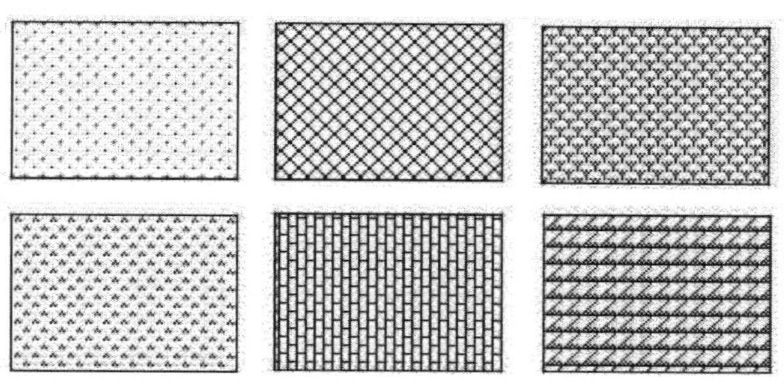

图 4.29　各种面状符号的绘制

以上算法考虑的是单个多边形，在环形多边形内填充晕线的问题更复杂一些。这里所讲的环形多边形是指在一个多边形里除去嵌套的一个或多个其他多边形的剩余部分。这时必须计算每条晕线与有关多边形轮廓的所有交点，然后统一排队，配对输出。

2) 在圆内填绘晕线

在圆内填绘晕线比较简单，可以通过从圆心反向绘平行弦来实现。如果第一条晕线是圆的一条直径，相临两条弦间距为 d，则第 k 对弦与直径的距离为 dk。位于直径上下相同距离处且平行于 x 轴的两条弦的端点用勾股定理容易求出。如图 4.30 所示，若圆心坐标为(x_c，y_c)，半径为 r，弦心距为 dk，则两条弦的端点坐标是($x_c - os$，$y_c + dk$)、($x_c + os$，$y_c + dk$)、($x_c - os$，$y_c - dk$)、($x_c + os$，$y_c - dk$)，其中

$$os = \sqrt{r^2 - (dk)^2}$$

如果要给出与 x 轴有任意夹角 θ($-\pi/2 \leqslant \theta \leqslant \pi/2$)的平行线，则只要将上述端点坐标旋转和平移即可解决。

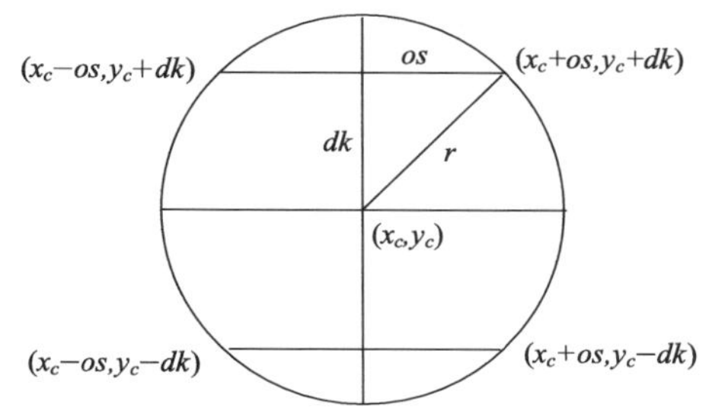

图 4.30　圆内两条弦心距相同的平行线(弦)与圆周的几何关系

4.3.5　专题地图符号(库)算法

专题地图是详细表达地表某种(些)自然或社会经济要素的地图，由地理底图和专题

要素两个层面构成。专题要素要比普通地图上地理要素的内容广泛得多，其表示方法有定点符号法、动线法、质底法、范围法、分区统计图表法等十余种之多。因此，尽管专题地图符号(库)的制作和普通地图的原理一样，也有人将它们纳入统一的地图符号(库)设计之中，但由于专题地图符号种类繁多、结构复杂，其设计和构造要复杂得多。

鉴于上述原因，专题地图符号(库)的设计一般采用信息块法和程序块法相结合的综合法(吴丽春和胡鹏，2003)。专题地图符号设计主要是点状符号的设计，其方法类似普通地图点状符号的信息块方法，只是信息块的主要元素不再是单一的线段，而是若干个基本的图元：线段、矩形、椭圆、等腰三角形、扇环、立方体、圆柱体，其信息块中存储的是该基本图元的基本自由度参数，如矩形，给出长、宽及定位中心位置。在具体绘制时，则采用类似程序块的方法，对绘制该图元的程序给出该图元的定位参数，例如，对矩形给出定位点在 x 轴向和 y 轴向的缩放率、旋转角、颜色码等，就可以绘制各种矩形。进而，通过各类图元的组合绘制以及线符、面符绘制，就可以构造绘制出灵活多样的专题地图符号。

统计符号是专题地图要素表达中经常使用的一类符号。这里主要介绍统计符号(库)的面向对象的设计方法(闫浩文，1997)。

1. 统计符号库的特点

统计符号是专题地图符号的一种，它借助于符号的几何形状、尺寸大小、填充颜色或图案以及线型、注记等的变化，在地图图面上表达统计数据质与量的改变。它被广泛地应用于定点符号法、定位图表法和分区统计图表法，也常独立于主图之外作为附图而存在。统计符号库是统计符号的程序块集合。

统计符号库的主要特点如下。

1) 符号种类的多样性

一个统计符号库中包容的统计符号种类应该足够多，可以满足软件服务领域的基本需要。它们可以是简单的几何符号、文字符号或特别构造的象形符号、透视符号等艺术符号，也可以是为特殊需要而设计的符号。统计符号库应能绘制常见的几十种统计符号，如直方图、结构图、玫瑰图等。一个用户能自行增删符号的开放式符号库是统计符号库的理想形式。但是由于统计符号几何外形、内部结构及填充方式的灵活多变，很难把所有的符号用统一的数据结构和数学公式表达出来，这样的统计符号库尚不多见。

2) 色彩丰富，灵活多变

多变而丰富的色彩是统计符号的一个重要特征，也是表现统计数据质、量差异和图面优化整饰的一个主要手段。它表现在以下几个方面：填充式符号内部颜色三要素(色相、亮度、饱和度)的变化；填充式符号的图案及其颜色三要素的变化；线划色、注记色的改变；色彩的连续变化和快速闪烁。统计符号库应有预先默认的颜色，并允许用户实时、快速修改。

2. 统计符号库的面向对象设计

1) 基类的抽象

常用的统计符号种类很多，其几何特征和内部结构千差万别，但绘制一个统计符号的过程无非如图 4.31 所示。

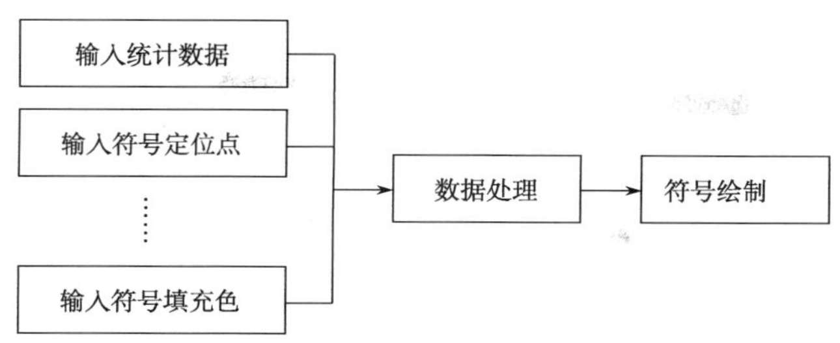

图 4.31　统计符号的绘制过程

对几乎全部的统计符号来说，其外部数据输入和符号绘制都是相同的，仅是数据处理部分对于不同符号其处理方式各不相同而已。由此抽象概括出“统计符号绘制”基类的属性集(数据成员集)为：统计数据；符号定位点坐标；符号线划颜色、线划宽度；符号填充颜色；符号缩放比例；符号旋转角度；符号位移坐标；符号所在图幅的尺寸。

操作集(成员函数集)为：获得统计数据；处理统计数据；获得符号定位点；获得构成符号的可填充颜色的多边形坐标串及对应多边形填充颜色；获得构成符号的线划坐标串及线划颜色和线划宽度；获得构成符号的独立点坐标及颜色；统计符号的绘制；改变缩放比例；改变旋转角度；改变位移尺寸；改变填充颜色；改变线划颜色、线划宽度；获得符号所在图幅的尺寸。

2）类的层次结构的形成

如图 4.32 所示，所有的统计符号都继承基类的属性集与操作集，形成基类的子类，同时基类成为这些统计符号类的超类。

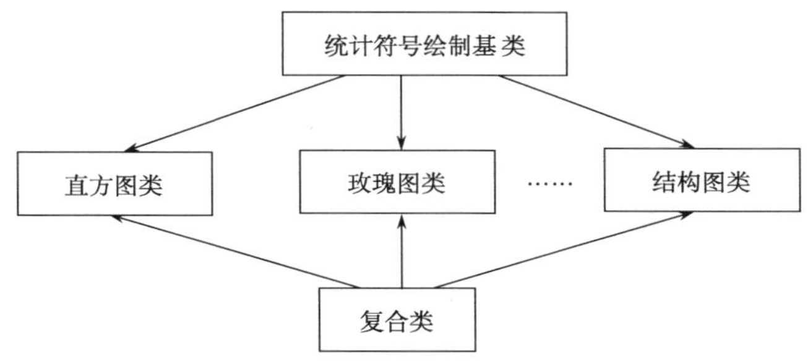

图 4.32　统计符号类的继承与聚合

3）类的聚合与复合类的形成

如图 4.32 所示，聚合的实质是使复合类从直方图等各类中吸收信息，并可以定义自己的特有信息。此处复合类是在继承了“统计符号绘制”基类后对各基本符号类进行聚合的。

4）操作集的具体定义和符号库外部调用

“统计符号绘制”基类中的操作是“空的”，没有定义具体内容，只供其他类继承之用。各统计符号类可只定义操作集中的前 7 项（获得统计数据；处理统计数据；获得符号定位点；获得构成符号的可填充颜色的多边形坐标串及对应多边形填充颜色；获得构成符号的线划坐标串及线划颜色和线划宽度；获得构成符号的独立点坐标及颜色；统计符号的绘制），而把其余的操作集赋空。复合类则需定义全部操作，且前 7 项操作是分别调用各统计符号类中的同名操作的集合。

外部调用时定义复合类的对象，通过复合类中定义的符号标识（为整型量）来识别选用符号。再分别调用数据输入操作与绘制符号操作，即能完成符号绘制。

4.4 地图注记自动配置算法

4.4.1 地 图 注 记

1. 地图注记的功能

地图注记是地图的重要特性，是表示制图对象的名称或数量及质量特征的文字和数字等文字语言。它可以说明制图对象的名称、种类、性质和数量等具体特征，不仅可以弥补地图符号的不足、丰富地图的内容，而且在某种程度上可以起到符号的作用。地图注记对地图符号起着补充作用，使地图具有可阅读性、可翻译性以及成为一种信息传输的工具。没有注记的地图，只能表示地理要素的空间概念，读图人无法获得其需要的信息。因此，注记对地图起着重要的作用，地图上必须要有足够的说明各种地物和现象的具体特征与专有名称的注记（韩鹏，2004）。

地图注记主要有标识各种对象、指示对象的属性、表明对象间的关系和转译等功能。

2. 地图注记的分类

地图注记主要包括地名注记和说明注记两大类。

1）地名注记

地名注记指地理名称，主要包括居民地名称，公路、铁路及其附属物名称，行政区域、地域名称，水系物体（海洋、河流、湖泊、沟渠、水库等）名称，山脉、山岭、山隘、岛礁名称等，是地图不可缺少的内容，占据地图相当大的载负量。

2）说明注记

说明注记包括文字和数字两种，主要用以补充说明对象的质量和数量属性。

3. 地图注记的特征

要准确地描述地图注记，必须给出注记的定位点、注记的字数、注记的内容、尺寸（高、宽）、旋转角、倾斜角、色彩、字体、字间隔等信息。

4.4.2 地图注记的自动配置

1. 地图注记的自动配置

要实现地图注记的自动配置，首先必须知道每个注记的详细信息，如字数、注记内容、色彩、尺寸、字间距、旋转角、倾斜角等，而且还必须知道注记所对应的地图要素是什么。

在计算机地图制图中，通常允许注记压盖部分线状或面状符号，所以，地图注记自动配置要解决的问题就是在地图注记能指明相应的地图要素的前提下，使地图注记与点状符号及已配置的地图注记不重叠。因此，把每个点状符号和已配置的注记在图面上已占的空间位置记录下来，在配置新的注记的时候，使新注记的空间能够不与已占有的空间交叉，且又能指明相应的地图符号。为了更合理地配置，应先配置最重要的要素的地图注记。

2. 影响地图注记自动配置的因素

由于计算机自动注记与手工注记存在的差异，以及计算机自动注记处理具有的特点和优势，在确定自动配置原则时需要考虑如下因素。

1）根据几何特征类型分层处置

在进行注记时，区别不同的地物类型意义不大，但是，由于地物几何特征的不同，自动处理的算法、思路、数据的存储结果会有很大的不同，这意味着不同特征类型的要素会有完全不同的处理方法。例如，点要素的注记通常是环绕点位进行的，主要考虑与注记点结合的紧密程度，与其他注记是否冲突、压盖；而线要素的注记则以沿线要素形状分布为宜，当然也要考虑与其他注记冲突和与其余要素压盖的问题；面状要素又可以分为面团状（如居民地）、小面积面状、大面积面状和条形面状，各种情况要进行不同的处理，面团状要求沿着外轮廓线注记，小面积面状宜作点状要素处理，大面积面状需要沿主骨架线注记，条形面状宜沿着条状的外沿形状注记。因此，注记配置原则应考虑分成点、线、面 3 种不同的几何类型分别进行处理。

2）点、线、面注记的优先级

在地图的注记（如全要素地图的注记）中，由于涉及多种特征类型的多种要素，因此有一个综合平衡和优先考虑的问题。一般而言，点、线、面注记的先后顺序应该是先点、后线、再面。当然，根据不同的输出要求，可以有不同的优先级的规定。但是，需要明确的是，不同优先级的确定将决定不同的地图注记结果。

3）冲突避让优先级

理想的注记位置是所有居民地注记都分布在居民点的正右方，所有线状注记都分布在河流右侧或上侧居中且均匀分布，面状注记分布在居民点的周围居右且结合紧密。由于地理要素密集，按理想状态安排，注记冲突无法避免，通过调整注记位置来解决冲突是自动注记的主要任务。谁避让、谁存在一个权衡取舍问题，这时一般要由地物的重要程度来决定。例如，省、地、市政府所在地要比一般居民点更重要，一般居民点要避让，这可以根据地物本身的等级属性予以考虑。因此，在进行自动注记之前，需根据应用的要求对冲突避让优先级给出一个综合的考虑。

4）压盖避让优先级

由于地图上地理要素密集，注记对地物完全不压盖是不可能的。因此，在处理压盖的问题上，就存在着轻重先后的问题。例如，在考虑全要素地形图居民地注记问题时，居民地注记就可能对河流、道路形成压盖，而且某些地域由于河网、道路密集，要想完全消除压盖是不可能的，这时就存在避让问题。如果从全要素地形图出图考虑，因为道路与居民地同在黑色版上，河流在蓝色版上，所以避开道路要比避开河流更为优先，所以，最好是先避道路，后避河流。但是，如果要出一张与水系有关的专题图，避开河流应比避开道路更为优先。因此，在进行自动注记之前，需根据应用的要求对压盖的优先级先给出一个综合的考虑。

5）屏幕输出与图纸输出

对于图纸输出，注记参数应有更严格的规定；对于屏幕输出，由于计算机屏幕输出可以方便地缩放、漫游，注记的参数可以更为灵活处理，可给出一个系统缺省值，再提供方便的交互式手段，使用户可以根据自己的需要进行设定和改变。

4.4.3 自动配置的基本原则及其实现策略

根据以上对自动注记特点的分析，结合计算机自动处理的特殊性，在对 1∶250 000 地形图进行自动注记时，可采用如下的配置原则和实现方法。

1. 自动配置的总原则

通过分析地图手工注记的过程，以下自动注记原则，无论对于哪一类地理目标注记，都是适用的：

（1）“所属关系”的原则。注记应与被注记目标结合较紧密，读者应容易确定注记与被注记目标之间的所属关系，不会与附近注记或其他目标发生混淆。

（2）“避让”的原则。注记应避开重要地物，即不能压盖重要地物，尤其不能压盖同种颜色的其他地物。

（3）“习惯”的原则。注记的字位、字序、排列方式要符合读图习惯。

根据自动配置的总原则，考虑点、线、面各类地物注记的特殊性，可以确定如下各类目标的具体配置原则。

2. 点状要素注记配置原则及其实现

点状要素通常包括居民地和高程点等，在 1∶250 000 地形图注记中，又以点状居民地最为密集。其配置原则如下：

（1）在注记位置的选取上，以正右为优先，如图 4.33 所示。在非正向上，又按照右、上、左、下的顺序选取。

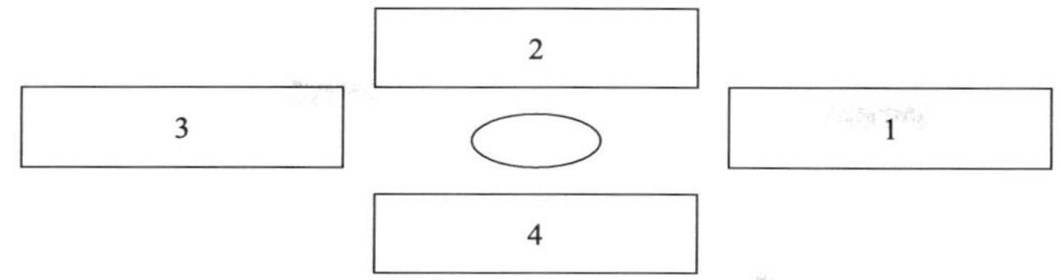

图 4.33　点状地物注记定位点的优先级

为简化问题，以注记的中心点为定位点来考虑自动注记问题，假定 width 和 height 分别是当前注记的宽度和高度，注记的名称是“白河桥”，字体大小为 5 个单位，注记是矩形，它的宽度和高度分别是 15 和 5，每个方向位置的选择可由下列一组同心椭圆来确定，见图 4.34。每个选择位置由两个参数 r 和 a 来决定，其中，r 决定注记定位点与待注记地物点的距离，a 是注记定位点与待注记地物点的连线与水平线的偏角。改变 r 和 a 的值，可以改变每个方位待选点的数量。假定每个方位的待选点以偏离正方向角度大小为标准，偏离角度越小，优先级越高。例如，选取 r 值在 1～3，a 以 22.5°为角差变化，这样，在每个方位将选取 12 个点作为待选点。

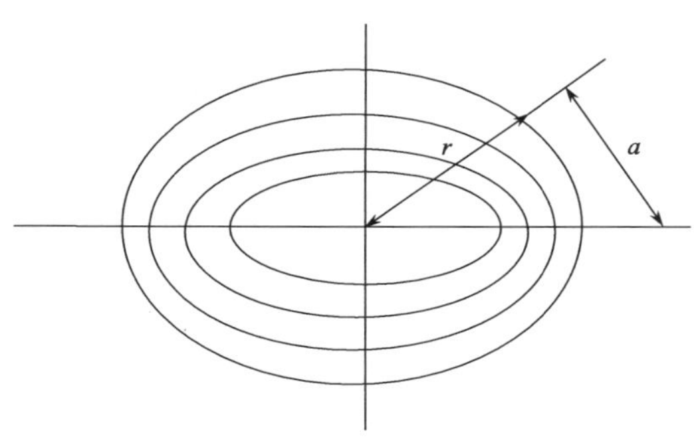

图 4.34　点状地物注记定位点的确定

(2) 点状注记不能压盖被注记要素和其他点状要素。

(3) 点状注记不能彼此压盖。

(4) 点状注记尽可能不要压盖其他同颜色的线状和面状地物，在特殊情况下，应选择尽可能压盖不同颜色的地物，等级较低或与主题无关或关系不大的地理要素。系统根据以上原则给出缺省的压盖优先级，并提供对由用户指定压盖优先级的支持。

(5) 点状注记最好与被注记点位于道路、河流、境界的同侧。点状要素的注记主要考虑避免冲突和减少压盖。所谓避免冲突是指避免注记与注记之间的重叠，这种重叠是不允许的。但自动注记算法可能无法完全解决这个问题，所以，仍然需要辅以交互式配置注记的方法解决少量由自动过程残留的未解决问题。与冲突不同的是，注记与其余地物之间的压盖是无法完全避免的，这时就有一个优先级和权重的问题。通常认为，在地形图中，不同颜色的地物、等级较低或与主题无关或关系不大的地物优先级较低。

点状注记通常有矢量和栅格两种处理方式，解决冲突和压盖有回溯和神经元网络求取全局最优两种方法。用回溯的方法，一般遵循下列过程：

(1) 根据压盖情况，选取注记点位；

(2) 进行冲突检测，如有冲突，进行回溯，解决冲突。

采用神经元网络方法时，则一般遵循这样的过程：

(1) 考虑压盖的冲突情况，选择全局较优点位；

(2) 进行冲突与压盖检测，解决冲突，减少压盖。

3. 线状要素注记配置原则及其实现

线状要素配置规则确定如下：

(1) 线状要素沿其平行线进行注记。

(2) 注记的方向依线状要素的倾斜角而定，设线状要素的倾斜角为 a，当 a 介于 45°～135°时，应从上往下注记，右侧为先，左侧为后；当 a 介于 0°～45°以及 135°～180°时，应从左往右注记，上侧为先，下侧位后，见图 4.35。

(3) 注记点与线之间的距离允许值为 1～2mm。

(4) 对于较长的河流，应该分段注记，设 length 代表河流长度，当 0cm<length≤30cm 时，注记 1 次；当 30cm<length≤60cm 时，注记 2 次；当 60cm<length≤90cm 时，注记 3 次。

(5) 注记字之间宜取 3～5 个字大小的间距。为便于实施，拟定下列规划：设 length 代表河流长度，当 0cm<length≤20cm 时，取 3 个字间隔；当 20cm<length≤40cm 时，取 5 个字间隔。

(6) 不允许一组注记分放在河流的两侧。

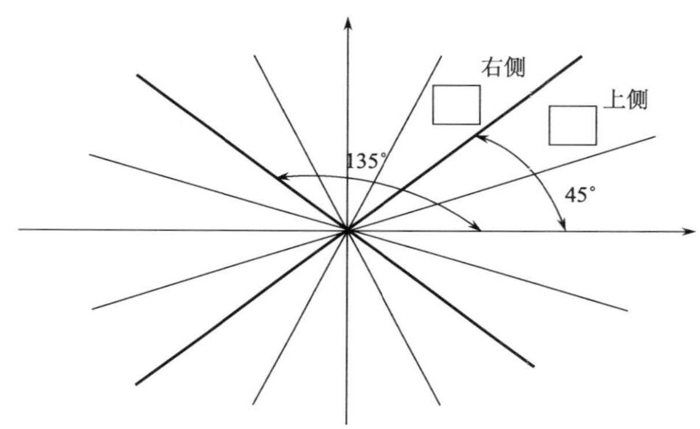

图 4.35　线状地物注记定位点的确定

线状要素的注记也有基于矢量和栅格两种数据结构的注记方法。线状要素注记之间彼此冲突的问题已不存在，但要考虑线状要素注记与已有点状要素注记的冲突问题以及与其他地物的压盖问题。前者因为线状要素注记位置的允许空间比较大，一般容易解决；后者通过设立压盖优先级可以解决。线状要素注记要解决的主要难点在于提高平行线生成的精确性，以及提高处理冲突和压盖时的搜索比较速度。线状要素注记方法一般遵循下列过程：

(1) 提取河流空间点位及相应注记的参数数据；

(2) 计算河流长度，对河流进行分段；

(3) 为各段求取左、右(或上、下)平行线；

(4) 沿着平行线搜索第一组(下一组)可选位置；

(5) 检测该组位置是否与已有注记发生冲突，如有，则该组位置作废，转到(4)，否则，转到下一步；

(6) 记录该组位置及与已有地物的压盖情况；

(7) 选出 N 组位置，转到下一步，否则，转到(4)；

(8) 比较已经选出各组位置的压盖情况，选取最佳位置，输出结果。

4. 面状要素注记配置原则及其实现

面状要素包括块状居民地、面状湖泊、双线河流、面状水库等。面状要素注记的配置规则如下：

(1) 块状居民地的注记，在提取外轮廓线后作为点状要素注记，注记要求和方法同点状要素。

(2) 小的湖泊、面状水库，根据其形状和大小作为点状或线状要素注记。

(3) 双线河流和狭窄而细长的湖泊、水库等作为线状要素注记。

(4) 大的面状湖泊、行政区域，在提取主骨架线后，沿其主骨架线注记。面积太小、主骨架线太短、容纳不下注记时作为点状要素注记，注记要求和方法同点状要素。

4.4.4 面状要素主骨架线的自动提取算法

面状要素在地形图中表现为一个封闭的多边形。对面状要素注记进行自动配置时，通常是先提取其主骨架线，在求出主骨架线后，其余处理过程与线状要素方法类似。如图 4.36 所示，图中虚线为面状要素的主骨架线，A、B、C 所标识的即是可注记的位置。

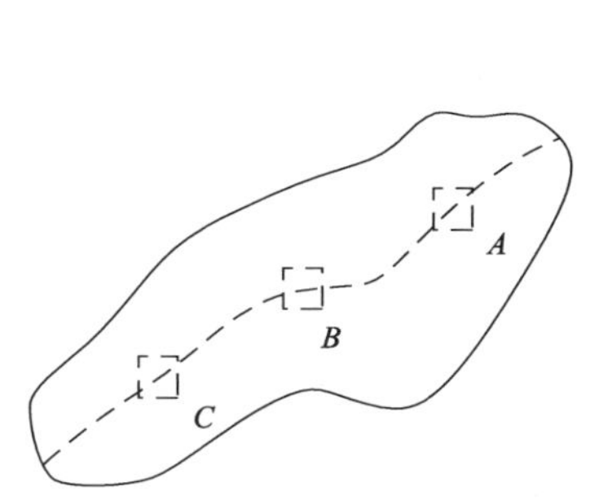

图 4.36 面状要素的注记位置

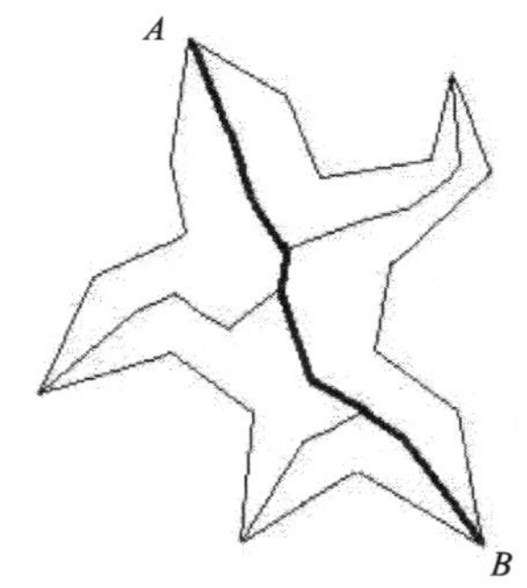

图 4.37 多边形的骨架线与主骨架线

多边形的主骨架线(Main Skeleton Line)是多边形骨架线的一部分。而多边形的骨架线(Skeleton Line)是指用与原形状连通性和拓扑结构相一致的细曲线作为理想表达的一种对象表示，它又称为多边形的中轴(Medial Axis)、对称轴(Symmetric Axis)，从骨架线可以反映出多边形的形状特征(Maragos and Schafer，1986；Zhou and Toga，1999；Telea and Vilanova，2003)。如图 4.37 所示，多边形内部实线所示即为骨架线，可以看出它与原形状的连通性和拓扑结构相一致，在形态上呈一棵树状。

多边形的主骨架线是多边形主体形状的抽象描述，它反映了多边形的主延伸方向和主体形状特征(Choi et al.，1997；Lee，1997；Shaked and Bruckstein，1996)。

一般地，多边形的主骨架线具有下述特点：

(1) 主骨架线要尽可能穿过多边形的“中部”。

(2) 主骨架线必须是连续的。

(3) 主骨架线是多边形骨架线的一个子集，是多边形骨架线树中能最优地表达多边形主延伸方向和主体形状特征的主干骨架线。

如图 4.37 所示，粗实线 AB 所示即是多边形的主骨架线，可以看出它很好地反映了该多边形的主延伸方向和主体形状特征。

经查阅相关文献(杜瑞颖和刘镜年，1999；陈涛和艾廷华，2004；杜世宏等，2000；罗广祥等，2004；王涛和毋海河，2004；张立锋等，2006；姜永发等，2005)可知，目前常用的主骨架线提取算法主要有三类。

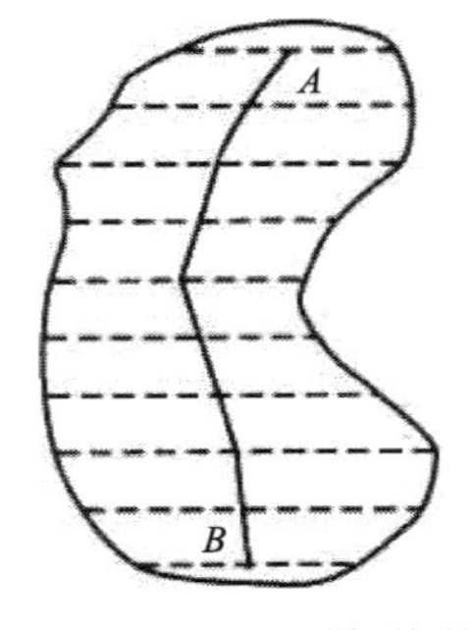

图 4.38 基于平行线的多边形主骨架线提取结果

(1) 平行线切割中点连线法。

该算法的基本思想是：首先，根据多边形的图形特点确定采用水平或垂直线切割方式；然后，再按一定间距计算既定平行线与多边形相交线段的中点，并将所求中点按顺序连接起来，得到多边形的主骨架线。如图 4.38 所示，图中折线 AB 为多边形的主骨架线。

(2) 基于面积的多边形主骨架线提取算法。

该算法以多边形分支部分面积为选取标准进行主骨架线的提取，其主要步骤如下。

第一步，构建多边形内部的约束 Delaunay 三角网。

首先将多边形的边界离散为空间点群，然后以这些离散点为运算对象，建立约束 Delaunay 三角网，约束条件为三角形不能穿越多边形的边界。

第二步，建立骨架线树。

使用栈数据结构，并利用三角形之间的邻接关系通过遍历三角网中所有的三角形，建立它们的二叉树结构，即多边形的骨架线树。

第三步，提取主骨架线。

在骨架线分支处，以分支部分的面积作为选取标准，舍弃面积较小的分支，保留面积较大的分支，直至中止于骨架线的两个端点，得到多边形的主骨架线。图 4.39 所示为多边形的骨架线树结构，其中加粗的折线 AB 为主骨架线。

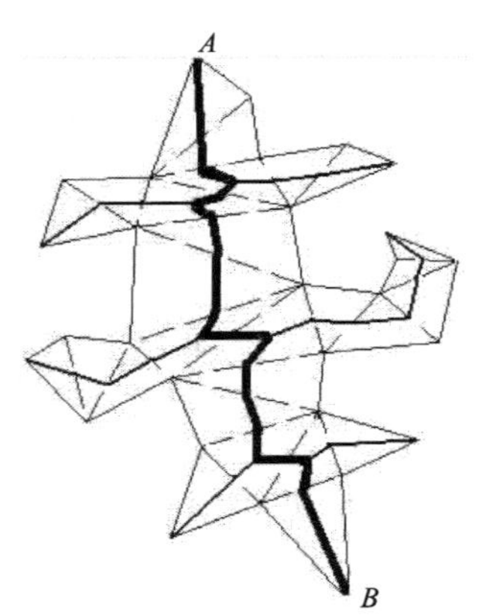

图 4.39 基于面积的多边形主骨架线提取结果

(3) 基于长度的多边形主骨架线提取算法。

该算法的主要思想是先把面状地物栅格化，然后经过数学形态学的序贯减薄运算，形成地物的骨架线树，最后再通过剪去骨架线树中的短支线，将得到的最长骨架线分支作为最终的主骨架线，如图 4.40 中折线 AB 所示。

下面介绍一种以多边形的主延伸方向为选取标准的主骨架线提取算法，其基本思想是：在多边形 Delaunay 三角网的基础上对骨架线节点进行分类，并通过判定多边形的主延伸方向确定主骨架线的两个端点，然后运用回溯法顺序搜索位于这两点间的其他主骨架线节点，从而得到最终的多边形主骨架线（王中辉和闫浩文，2011）。

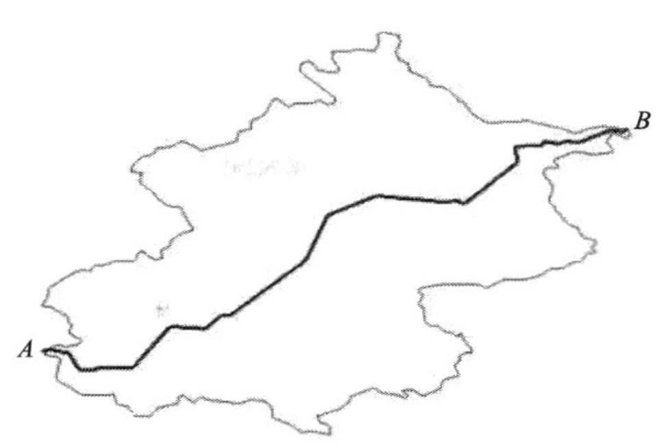

图 4.40　基于长度的多边形主骨架线提取结果

1. 骨架线节点的分类及连接方式

多边形骨架线提取的关键是搜寻多边形内部到边界线上的等距离点集，本质上属于空间邻近分析问题（艾廷华和郭仁忠，2000）。众所周知，Delaunay 三角网是探测空间图形邻近关系的优秀工具，因此，算法采用 Delaunay 三角网作为提取主骨架线的理论工具。在 Delaunay 三角网中，三角形的边可以看作多边形边界上的一点到其他边界点的邻近跨接，故三角形跨接边的中点可以认为是多边形在该局部区域的片断中心即多边形内部的等距离点。为此，算法将骨架线上的节点依据其不同特征划分为端点、分支点与跨接点三类，顺序连接这些点便构成了多边形的骨架线。其具体连接方式如图 4.41 所示。

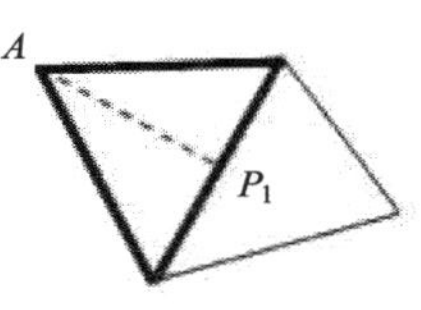

(a) 方式Ⅰ
A为端点，P_1为跨接点

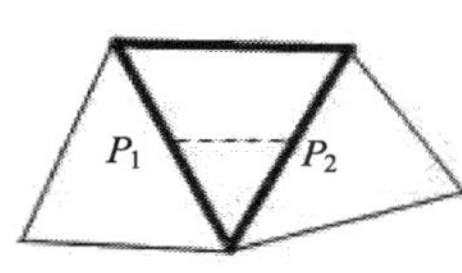

(b) 方式Ⅱ
P_1、P_2为跨接点

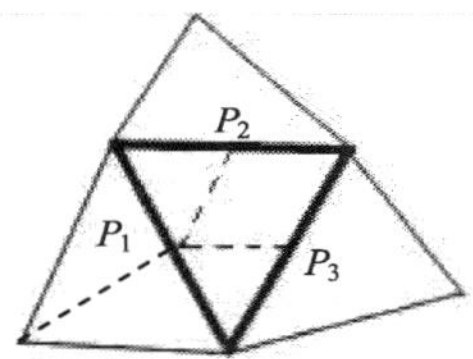

(c) 方式Ⅲ
P_1为分支点，P_2、P_3为跨接点

图 4.41　骨架线的 3 种连接方式

如图 4.42 所示，图中多边形为 $ABCDEFGH$，黑粗实线所示为该多边形的骨架线，上述三类节点的相关定义如下。

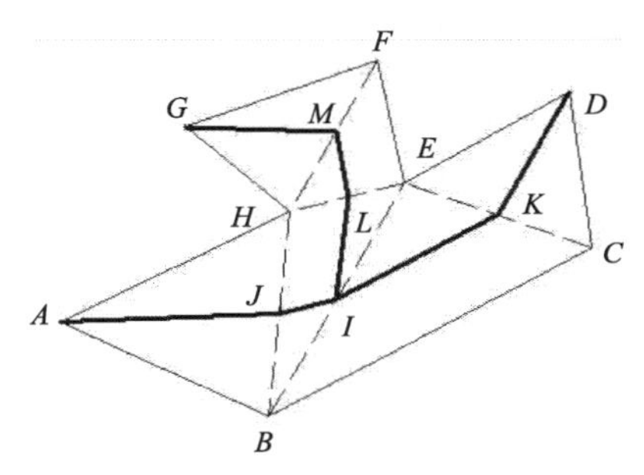

图 4.42　骨架线节点的分类

定义 4.1　多边形经 Delaunay 三角剖分后，多边形内部三角形的边称为跨接边，它是多边形边界上的一点到其他边界点的邻近跨接，如图 4.42 中虚线所示。

定义 4.2　与跨接边不相连的多边形顶点称为骨架线的端点，它是多边形骨架线分支的起始或终止点，如图 4.42 中 A、D、G 三点所示。

定义 4.3　有 3 条骨架线分支通过的跨接边的中点称为骨架线的分支点，它是骨架线分支的交汇处，是向 3 方向伸展的出发点，如图 4.42 中 I 点所示。

定义 4.4 只有 1 条骨架线分支通过的跨接边的中点称为骨架线的跨接点，它是骨架线的骨干结构，描述了骨架线的延展方向，如图 4.42 中 J、K、L、M 四点所示。

2. 算法的主要流程

算法的主要流程如图 4.43 所示，构建多边形 Delaunay 三角网的具体算法可参阅第 2 章中的相关内容。

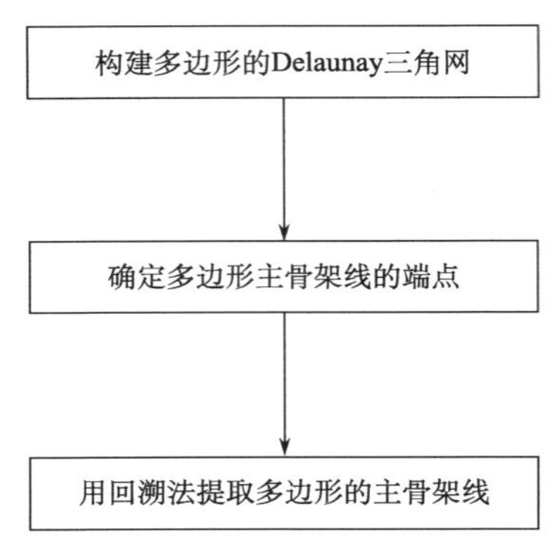

图 4.43　算法的主要流程

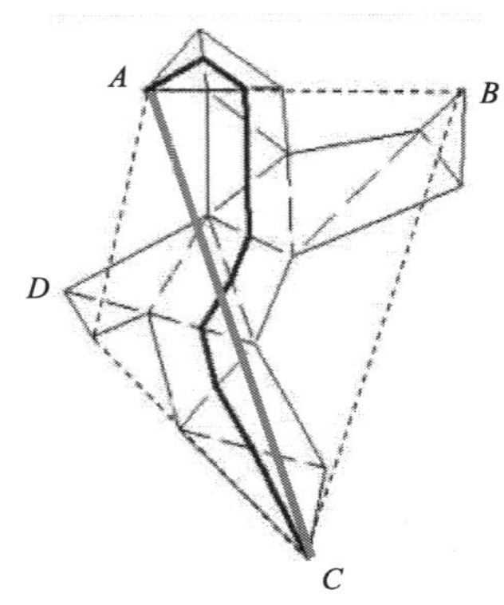

图 4.44　主骨架线端点的确定

3. 主骨架线端点的确定

主骨架线端点的确定依赖于对多边形主延伸方向的正确判定。其具体方法是构建多边形中所有骨架线端点的凸壳，并计算该凸壳的直径。从凸壳直径的定义可知它是凸壳中距离最远的两顶点的连线，它表达了多边形的主延伸方向，因此可将凸壳直径上的两个端点做为主骨架线的两个端点。

图 4.44 为一个已构建了 Delaunay 三角网的多边形，黑粗实线所示是它的主骨架线。顶点 A、B、C、D 为骨架线的端点，虚线组成的凸多边形 $ABCD$ 是它们的凸壳，可以看出该凸壳的直径 AC 准确地表达了多边形的主延伸方向，由此可以确定主骨架线的两个端点为 A、C。

该过程的具体算法步骤描述如下：

第一步，基于多边形的 Delaunay 三角网，根据定义 4.2 标识骨架线的端点；

第二步，若端点个数 $N \geqslant 3$，用格雷厄姆算法构建端点集的凸壳；若端点个数 $N=2$，直接将这两点作为主骨架线的起止端点，结束算法；

第三步，用夹角序列算法计算凸壳的直径；

第四步，将凸壳直径的两个端点作为主骨架线的两个端点。

4. 主骨架线的提取

算法采用链表存储主骨架线的各个节点，节点的数据结构定义如下：

```
struct Node
```

```
{
    float x,y;//节点坐标
    int nodetype;//节点类型:1-端点;2-跨接点;3-分支点
    struct Node *leftchild;//左孩子节点
    struct Node *rightchild;//右孩子节点
    struct Node *parent;//父节点
}
```

将获取的主骨架线的两个端点中的任意一点作为起点,另一点作为目标点,运用回溯法顺序搜寻位于这两点间的其他主骨架线节点,便可提取到最终的主骨架线结构,该过程的具体算法步骤描述如下:

第一步,计算主骨架线起点所在三角形跨接边的中点,并将它作为主骨架线起点的左孩子节点,将左孩子节点作为待访问节点 *p*Node。

第二步,判断节点 *p*Node 的类型,分两种情况:

(1) *p*Node 为分支点:计算 *p*Node 所在三角形中另外两条跨接边的中点,并将它们作为 *p*Node 的左、右孩子节点,将左孩子节点作为待访问节点 *p*Node,转第二步。

(2) *p*Node 为跨接点:若 *p*Node 所在三角形中存在另一条跨接边,计算该边的中点,并将它作为 *p*Node 的左孩子节点,将左孩子节点作为待访问节点 *p*Node,转第二步;否则判断 *p*Node 所在三角形中的端点是否为目标点,若是,将该点作为主骨架线的终点,结束算法;否则,转第三步进行回溯处理。

第三步,判断节点 *p*Node 的类型,分 2 种情况:

(1) *p*Node 为分支点:若 *p*Node 的右孩子节点不为空,将右孩子节点作为待访问节点 *p*Node,转第二步;否则,删除 *p*Node,将其父节点作为待访问节点 *p*Node,转第三步;

(2) *p*Node 为跨接点:删除 *p*Node,将其父节点作为待访问节点 *p*Node,转第三步。

按照上述算法步骤,图 4.42 中多边形的主骨架线提取过程如下:

设 D 点为主骨架线的起点,A 点为目标点。从起点 D 出发开始查找,首先计算 D 点所在$\triangle DEC$ 的跨接边 EC 的中点 K,并将它作为 D 的左孩子节点。接着计算跨接点 K 所在$\triangle EBC$ 的另一条跨接边 EB 的中点 I,并将它作为 K 的左孩子节点。由于 I 是分支点,因此计算 I 所在$\triangle EHB$ 的另外两条跨接边 EH 的中点 L 和 HB 的中点 J,并将 L 作为 I 的左孩子节点,J 作为 I 的右孩子节点,如图 4.45(a)所示。依据算法规定,此时应从 I 的左孩子节点 L 处继续查找,计算跨接点 L 所在$\triangle FHE$ 的另一条跨接边 FH 的中点 M,并将它作为 L 的左孩子节点,如图 4.45(b)所示。由于跨接点 M 所在的$\triangle FGH$ 中不存在其他的跨接边,而端点 G 又不是目标点,因此顺序删除跨接点 M 及 M 的父节点 L 回溯至分支点 I,如图 4.45(c)所示。接着从分支点 I 的右孩子节点 J 开始查找,由于跨接点 J 所在$\triangle HAB$ 中不存在其他的跨接边,而端点 A 又是目标点,因此将 A 作为主骨架线的终点,结束查找,如图 4.45(d)所示。提取到的多边形主骨架线如图 4.42 中的折线 $DKIJA$ 所示。

图 4.46 是利用该算法提取的中国部分省市行政区划图(shape 格式)的主骨架线。从图中可以看出该算法提取的主骨架线形态优良,能较好地反映多边形的主延伸方向和主体形状特征。

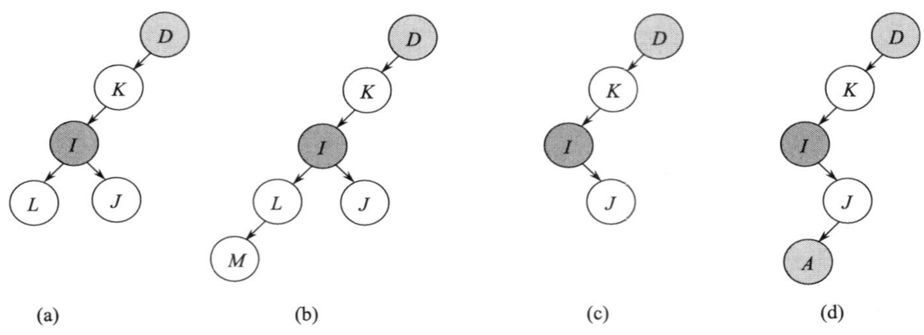

图 4.45　多边形主骨架线节点的搜索过程

多边形的主骨架线反映的是多边形的主延伸方向和主体形状特征，它的选取标准基于对多边形的形状分析，属于空间认知的范畴，是一个不确定性问题，因此多边形主骨架线的选取标准并不是唯一的，它需要根据具体情况而定。

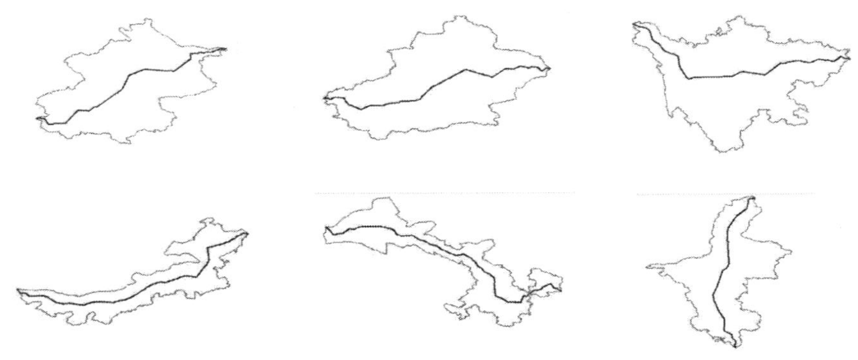

图 4.46　多边形的主骨架线

4.5　曲线光滑算法

地图是根据一定的数学法则，使用地图语言，通过制图综合来表示地面上地理事物的空间分布、联系及在时间中的发展变化中的符号集合。现实世界具有连续分布的特点，地图通过二次抽象过程(即符号化过程和制图综合过程)将所感兴趣的地理事物表现出来。经过抽象而存储在计算机数据库中的地图数据，对地面的描述是离散的；而地图上的表达要求是连续的，二者是一对矛盾。以线状地物如河流、境界线、等高线等为例，计算机中存储的是线状地物的特征点。如果直接把这些原始数据在图面上描绘出来，得到的往往是转折明显的折线集合，与上述线状地物的现实形态是不一致的，这就严重影响了地图的艺术表达效果。为此，需要根据地物的特性，运用一定的模型、方法，把这些折线状的离散表达“真实再现”出来，这个过程就称为“曲线光滑”。

关于曲线光滑的基本原理，本书第 2 章已经有比较详细的阐述。本章以线性迭代光滑法、五点求导分段三次多项式插值法、三点求导分段三次多项式插值法为例，论述曲线光滑的基本算法和理论。

4.5.1 线性迭代光滑算法

线性迭代光滑法又称“抹角法”，这种方法简单易懂，并且容易用计算机实现。它是建立在线性插值的基础上，通过一次又一次的迭代（每迭代一次抹去一批转折点），达到最终曲线光滑的目的。

参照图 4.47，设平面上的一组数据点为 $A,B,C,\cdots,N$，取其中的三点 A,B,C，在 AB 两点间 1/2 处定出点 A'，在 BC 两点间 1/2 处定出点 B'，A'、B、B'三点间乃是有效插值区间。

第一次插值算出 AB 和 BC 间的 1/4 处的点位，其为 $1',2',3',4'$，连接 $2'3'$，就抹去了 B 点。

第二次插值是在 $1'2',2'3',3'4'$区间进行，同样算出各区间 1/4 处的点位，其序号为 $1'',2'',\cdots,6''$，连接 $2''3''$和 $4''5''$，就抹去了 $2',3'$两点。

第三次插值是在 $1''2'',2''3'',3''4'',4''5''$和 $5''6''$区间进行的，仍然计算出 1/4 处的点位，其序号为 $1''',2''',\cdots,10'''$，共 10 个点，连接 $2'''3''',4'''5''',6'''7'''$和 $8'''9'''$，就抹去了 $2'',3'',4'',5''$四个点。

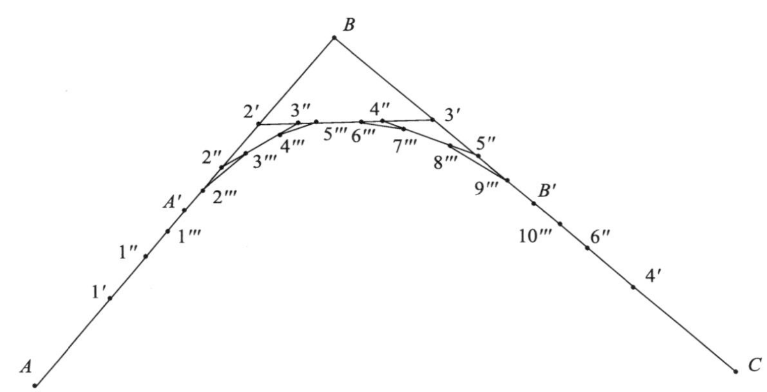

图 4.47 线性迭代光滑原理

迭代次数与所得到的插值点数的关系式是：

$$M = 2^N + 2 \tag{4.12}$$

式中，N 为迭代次数；M 为得到的插值点数。

迭代次数可以按照原始数据点列的距离和夹角大小而定，一般情况下迭代 4 次就足够光滑了（弦弧间偏差小于视觉分辨率或在图解精度之内）。将 $N=4$ 代入式(4.12)，则 $M=18$，即在两个原始数据点上得到 18 个插值点。由于第一点位于 A'以外，第 18 点位于 B'之外，这两点分别属于前一插值区间和后一插值区间，所以在本插值区间的有效插值点数为 16 个。对这 16 个点，从 A'开始直到 B'结束，每两个相邻点用一直线段连接，就可以得到一条视觉上光滑的曲线。

在绘制闭曲线时，要求开始两点的前 1/2 区间和最后两点的后 1/2 区间合并作为最后一个插值区间进行插值计算。

这种方法计算简单，但由于每次抹角的缘故，所绘制的曲线不通过原节点而向内收缩。所以，线性迭代法对于制图上要求曲线严格通过已知点，如道路中心线、河流水涯线、边境线等时，这种方法是不适用的；而在绘制那些定位精度要求不高的曲线(如等温线、等降水线、等压线等)时，这一方法不失为一种简单易行的曲线光滑方法。

4.5.2 五点求导分段三次多项式插值算法

该方法又称“五点光滑法”。其基本原理是：在相邻数据点之间建立一个三次多项式曲线方程，并要求整条曲线具有连续的一阶导数来保证曲线的光滑性，而各点的一阶导数是由该点及两边相邻的各前后两点(共五点)来确定。

已知平面上有 N 个离散点，其坐标分别为(X_1,Y_1),(X_2,Y_2),…,(X_n,Y_n)，要将这 N 个数据点连成一条光滑曲线 $Y=f(X)$，为了确保曲线的光滑性，要求整条曲线上具有连续的一阶导数。

显然，如果每个离散点上的导数是已知的，那么在任意两个相邻的离散点之间，就有 4 个条件，即曲线通过两个已知点和两个已知点上的一阶导数：

$$\left.\begin{aligned} Y_i &= f(X_i) \\ Y_{i+1} &= f(X_{i+1}) \\ \left.\frac{\mathrm{d}X}{\mathrm{d}Y}\right|_{X=X_i} &= t_i \\ \left.\frac{\mathrm{d}X}{\mathrm{d}Y}\right|_{X=X_{i+1}} &= t_{i+1} \end{aligned}\right\}$$

利用这 4 个已知条件，可以在这两个离散点之间拟合一条三次多项式曲线。每两个相邻的离散点顺次、逐段地进行下去，就得到一条通过 N 个数据点的光滑曲线。

问题的关键是要找出每个节点上的一阶导数。一种最简单的方法是用一点左侧或右侧割线的斜率作为曲线在该点上切线的斜率(图 4.48)。即

$$\left.\frac{\mathrm{d}X}{\mathrm{d}Y}\right|_{X=X_i} = t = \tan\theta = \frac{Y_{i+1}-Y_i}{X_{i+1}-X_i} = \frac{\Delta Y_i}{\Delta X_i} = \tan\theta_2$$

或者

$$\left.\frac{\mathrm{d}X}{\mathrm{d}Y}\right|_{X=X_i} = t = \tan\theta = \frac{Y_i-Y_{i-1}}{X_i-X_{i-1}} = \frac{\Delta Y_{i-1}}{\Delta X_{i-1}} = \tan\theta_1$$

这是一种差商近似，或者进一步取上述两个值的平均：

$$\left.\frac{\mathrm{d}X}{\mathrm{d}Y}\right|_{X=X_i} = t = \tan\theta = \frac{1}{2}(\tan\theta_1+\tan\theta_2) = \frac{1}{2}\left(\frac{\Delta Y_{i-1}}{\Delta X_{i-1}}+\frac{\Delta Y_i}{\Delta X_i}\right)$$

这样的导数取值显得比较粗糙。下面介绍 AKIMA 提出的用 5 点来确定中间一点的导数的方法。

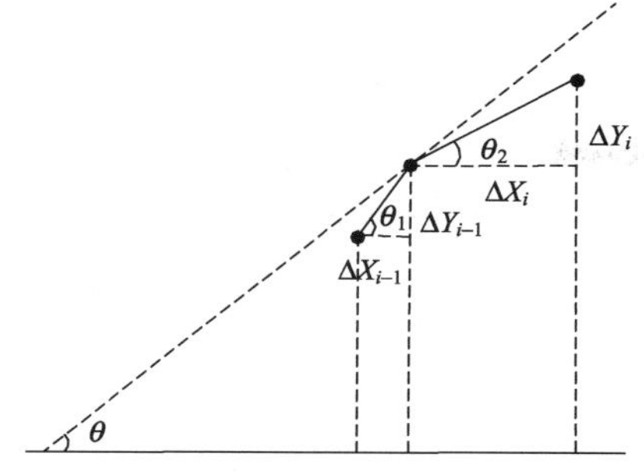

图 4.48　用三点决定斜率

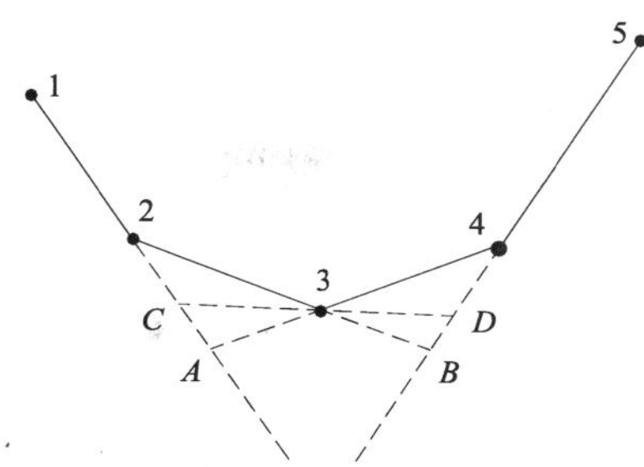

图 4.49　决定 5 点中间点导数的 AKIMA 条件

如图 4.49 所示，平面上有 5 个数据点 1,2,3,4,5，求点 3 上的导数。现在用直线将 1,2,3,4,5 各点顺序连接起来：$\overline{12}$的延长线与$\overline{34}$的延长线交于 A 点，$\overline{23}$和$\overline{45}$的延长线交于 B 点，而点 3 的切线和$\overline{12}$、$\overline{45}$的延长线分别交于 C 和 D 点，并假设 2 点和 4 点都在 3 点切线 CD 的同侧，那么 AKIMA 的几何条件是：

$$\frac{\overline{2C}}{\overline{CA}} = \frac{\overline{4D}}{\overline{DB}} \tag{4.13}$$

用(X_1,Y_1)，…，(X_5,Y_5)表示 1,2,…,5 点的平面坐标，用(X_a,Y_a)，(X_b,Y_b)，(X_c,Y_c)，(X_d,Y_d)表示 A,B,C,D 点的平面坐标，令：

$$\left.\begin{aligned} a_i &= X_{i+1} - X_i \\ b_i &= Y_{i+1} - Y_i \end{aligned}\right\} \quad (i = 1,2,3,4,5)$$

并用 m_1、m_2、m_3、m_4 和 t 表示直线段$\overline{12}$、$\overline{23}$、$\overline{34}$、$\overline{45}$和$\overline{CD}$的斜率，即

$$m_i = \frac{Y_{i+1} - Y_i}{X_{i+1} - X_i} = \frac{b_i}{a_i} \quad (i = 1,2,3,4)$$

$$t = \frac{Y_d - Y_c}{X_d - X_c}$$

由图 4.49 可知，下列等式成立：

$$\frac{Y_a - Y_2}{X_a - X_2} = \frac{Y_c - Y_2}{X_c - X_2} = \frac{Y_2 - Y_1}{X_2 - X_1} = \frac{b_1}{a_1} = m_1 \tag{4.14}$$

$$\frac{Y_4 - Y_b}{X_4 - X_b} = \frac{Y_4 - Y_d}{X_4 - X_d} = \frac{Y_5 - Y_4}{X_5 - X_4} = \frac{b_4}{a_4} = m_4 \tag{4.15}$$

$$\frac{Y_3 - Y_a}{X_3 - X_a} = \frac{Y_4 - Y_3}{X_4 - X_3} = \frac{b_3}{a_3} \tag{4.16}$$

$$\frac{Y_b - Y_3}{X_b - X_3} = \frac{Y_3 - Y_2}{X_3 - X_2} = \frac{b_2}{a_2} \tag{4.17}$$

$$\frac{Y_3 - Y_c}{X_3 - X_c} = \frac{Y_d - Y_3}{X_d - X_3} = t \tag{4.18}$$

如对式(4.14)左边分子加 $Y_3 - Y_3$，分母加 $X_3 - X_3$，展开如下：

$$\frac{Y_a - Y_2 + Y_3 - Y_3}{X_a - X_2 + X_3 - X_3} = \frac{Y_3 - Y_a - Y_3 + Y_2}{X_3 - X_a - X_3 + X_2} = \frac{Y_3 - Y_a - (Y_3 - Y_2)}{X_3 - X_a - (X_3 - X_2)}$$

$$=\frac{Y_3-Y_a-b_2}{X_3-X_a-a_2}=\frac{b_1}{a_1}$$

转换为

$$(X_3-X_a)-a_2=\frac{a_1}{b_1}[(Y_3-Y_a)-b_2] \tag{4.19}$$

同理,式(4.16)转化为

$$Y_3-Y_a=\frac{b_3}{a_3}(X_3-X_4) \tag{4.20}$$

将式(4.20)代入式(4.19),得

$$\frac{X_3-X_a}{a_3}=\frac{a_1b_2-a_2b_1}{a_1b_3-a_3b_1} \tag{4.21}$$

同理,可得下列三式

$$\frac{X_b-X_3}{a_2}=\frac{a_3b_4-a_4b_3}{a_2b_4-a_4b_2} \tag{4.22}$$

$$X_3-X_c=\frac{a_1b_2-a_2b_1}{a_1t-b_1} \tag{4.23}$$

$$X_d-X_3=\frac{a_3b_4-a_4b_3}{b_4-a_4t} \tag{4.24}$$

由 AKIMA 条件可得如下代数式:

$$\left|\frac{X_2-X_c}{X_c-X_a}\right|=\left|\frac{X_4-X_d}{X_d-X_b}\right|$$

对上式等号左侧分子分母以及右侧分子分母都加 X_3-X_3,展开如下:

$$\left|\frac{X_2-X_c+X_3-X_3}{X_c-X_a+X_3-X_3}\right|=\left|\frac{X_4-X_d+X_3-X_3}{X_d-X_b+X_3-X_3}\right|$$

最后化简为

$$\left|\frac{(X_3-X_c)-a_2}{(X_3-X_a)-(X_3-X_c)}\right|=\left|\frac{a_3-(X_d-X_3)}{(X_d-X_3)-(X_b-X_3)}\right| \tag{4.25}$$

将式(4.21)~(4.24)代入式(4.25)得到 t 的一个二次方程:

$$|S_{12}S_{24}|(a_3t-b_3)^2=|S_{13}S_{34}|(a_2t-b_2)^2 \tag{4.26}$$

式中,$S_{ij}=a_ib_j-a_jb_i(i\neq j)$。

对式(4.26)两边开平方时,(a_3t-b_3)和(a_2t-b_2)存在一个符号选取的问题。因点 2 与 4 都在点 3 切线的同侧,故

$$(a_3t-b_3)(a_2t-b_2)\leqslant 0$$

由式(4.26)两边开平方得

$$|S_{12}S_{24}|^{\frac{1}{2}}(a_3t-b_3)=|S_{13}S_{34}|^{\frac{1}{2}}(a_2t-b_2)$$

即

$$t=\frac{W_2b_2+W_3b_3}{W_2a_2+W_3a_3} \tag{4.27}$$

式中,

$$W_2 = |S_{12}S_{34}|^{\frac{1}{2}}$$

$$W_3 = |S_{12}S_{24}|^{\frac{1}{2}}$$

这就得到了在条件式(4.13)下点 3 的导数解析表达式。

对式(4.27)分子分母都除以 $a_2a_3\sqrt{|a_1a_4|}$，则有

$$t = \frac{W'_2m_2 + W'_3m_3}{W'_2 + W'_3} \tag{4.28}$$

式中，

$$W'_2 = \text{sign}(a_3)|(m_3 - m_1)(m_4 - m_3)|^{\frac{1}{2}} \tag{4.29}$$

$$W'_3 = \text{sign}(a_2)|(m_2 - m_1)(m_4 - m_2)|^{\frac{1}{2}} \tag{4.30}$$

从式(4.27)或式(4.28)中可以看出，点 3 的导数 t 只依赖于四条割线的斜率 m_1、m_2、m_3、m_4，而与区间的宽度无关。同时还可以看出：

当 $m_1 = m_2, m_3 \neq m_1, m_4 \neq m_3$ 时，$t = m_1 = m_2$(图 4.50)；

当 $m_4 = m_3, m_1 \neq m_2, m_4 \neq m_2$ 时，$t = m_3 = m_4$(图 4.51)。

这些都是希望满足的性质，但还存在不好的一面。由式(4.29)和式(4.30)可以看到：

当 $m_2 = m_4, m_3 \neq m_1, m_4 \neq m_3$ 时，$t = m_2$(图 4.52)；

当 $m_3 = m_1, m_1 \neq m_2, m_4 \neq m_2$ 时，$t = m_3$(图 4.53)。

这些性质是不好的，是不希望得到的。消去这些不好性质的最好办法是改变式(4.29)和式(4.30)中的权数，改用：

$$W'_2 = |m_4 - m_3| \qquad W'_3 = |m_2 - m_1|$$

在绘制地形图时，绝大多数都是多值函数，故采用参数方程。下面就按相邻两点的坐标以及两点的导数来拟合一条三次曲线。

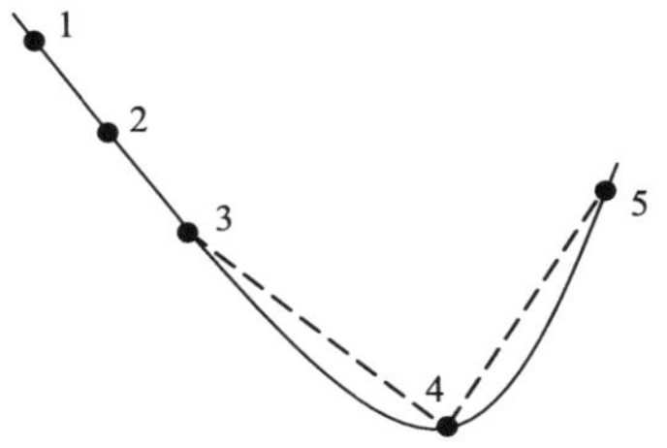

图 4.50　$m_1 = m_2 \neq m_3 \neq m_4$ 时，$t = m_2$

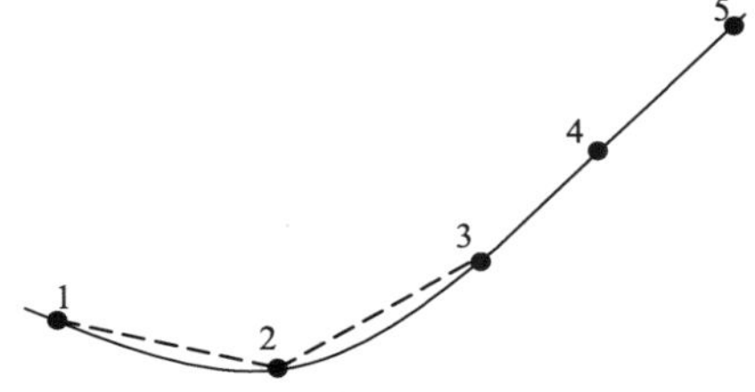

图 4.51　$m_3 = m_4 \neq m_1 \neq m_2$ 时，$t = m_3$

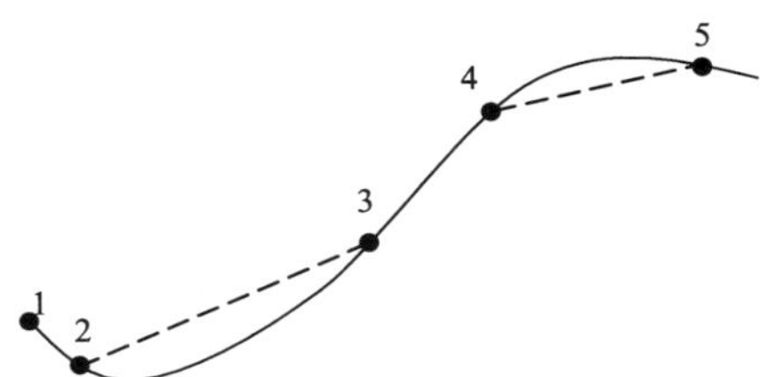

图 4.52　不好性质之一

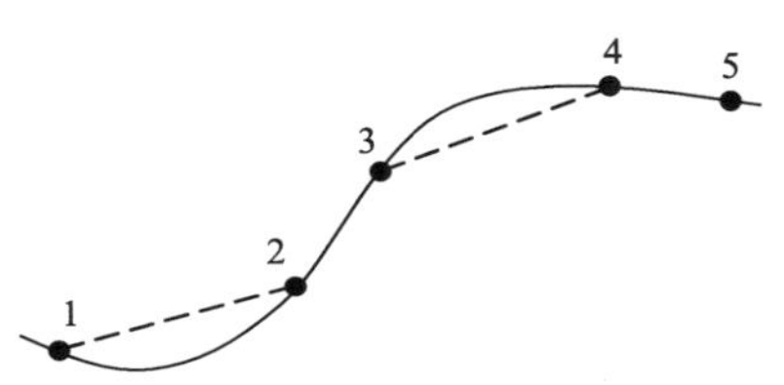

图 4.53　不好性质之二

为了便于计算，将公式改写一下，用 $\cos\theta$ 和 $\sin\theta$ 代替 t（即 $\tan\theta$），于是（图 4.54）：

$$\cos\theta = \frac{a_0}{\sqrt{a_0^2 + b_0^2}} \quad \sin\theta = \frac{b_0}{\sqrt{a_0^2 + b_0^2}}$$

式中，

$$a_0 = W_2 a_2 + W_3 a_3$$

$$b_0 = W_2 b_2 + W_3 b_3$$

$$W_2 = | S_{34} | = | a_3 b_4 - a_4 b_3 |$$

$$W_3 = | S_{12} | = | a_1 b_2 - a_2 b_1 |$$

$$a_i = X_{i+1} - X_i$$

$$b_i = Y_{i+1} - Y_i \quad (i = 1, 2, 3, 4)$$

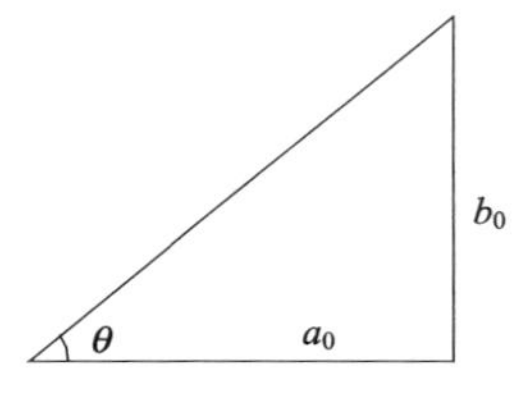

图 4.54 确定 θ 角

假定相邻两个数据点 (X_1, Y_1) 和 (X_2, Y_2) 之间的三次曲线为

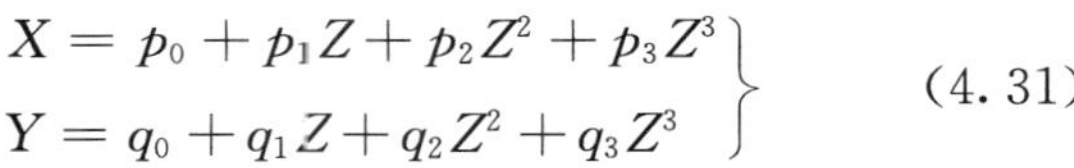

$$\left.\begin{aligned} X &= p_0 + p_1 Z + p_2 Z^2 + p_3 Z^3 \\ Y &= q_0 + q_1 Z + q_2 Z^2 + q_3 Z^3 \end{aligned}\right\} \tag{4.31}$$

式中，p、q 为待定常数；Z 为参数，曲线从 (X_1, Y_1) 变到 (X_2, Y_2) 时 Z 从 0～1。

下面要找出 p、q 的表达式。由于两点 (X_1, Y_1)，(X_2, Y_2) 的坐标以及两点上的曲线方向 $(\cos\theta_1, \sin\theta_1)$，$(\cos\theta_2, \sin\theta_2)$ 是已知的，进一步假设：

当 $Z=0$ 时，$X=X_1, Y=Y_1, \dfrac{\mathrm{d}X}{\mathrm{d}Z}=r\cos\theta_1, \dfrac{\mathrm{d}Y}{\mathrm{d}Z}=r\sin\theta_1$

当 $Z=1$ 时，$X=X_2, Y=Y_2, \dfrac{\mathrm{d}X}{\mathrm{d}Z}=r\cos\theta_2, \dfrac{\mathrm{d}Y}{\mathrm{d}Z}=r\sin\theta_2$

$$r = [(X_2 - X_1)^2 + (Y_2 - Y_1)^2]^{\frac{1}{2}}$$

对式（4.31）求导，得

$$\frac{\mathrm{d}X}{\mathrm{d}Z} = p_1 + 2p_2 Z + 3p_3 Z^2 \tag{4.32}$$

当 $Z=0$ 时，式（4.31）转化为 $X=p_0$，按假定条件，当 $Z=0$ 时，$X=X_1$，故 $p_0=X_1$；

当 $Z=0$ 时，式（4.32）转化为 $\dfrac{\mathrm{d}X}{\mathrm{d}Z}=p_1$，按假定条件，当 $Z=0$ 时，$\dfrac{\mathrm{d}X}{\mathrm{d}Z}=r\cos\theta_1$，故 $p_1=r\cos\theta_1$；

当 $Z=1$ 时，式（4.31）转化为 $X=p_0+p_1+p_2+p_3$，按假定条件，当 $Z=1$ 时，$X=X_2$，故

$$X_2 = X_1 + r\cos\theta_1 + p_2 - p_3 \tag{4.33}$$

当 $Z=1$ 时，式（4.32）转化为 $\dfrac{\mathrm{d}X}{\mathrm{d}Z}=p_1+2p_2+3p_3$，按假定条件，当 $Z=1$ 时，$\dfrac{\mathrm{d}X}{\mathrm{d}Z}=r\cos\theta_2$，故

$$r\cos\theta_2 = r\cos\theta_1 + 2p_2 + 3p_3 \tag{4.34}$$

对式（4.33）与式（4.34）联立得：

$$p_2 = 3(X_2 - X_1) - r(\cos\theta_2 + 2\cos\theta_1)$$
$$p_3 = -2(X_2 - X_1) + r(\cos\theta_2 + \cos\theta_1)$$

同理可得：

$$q_0 = Y_1$$
$$q_1 = r\sin\theta_1$$
$$q_2 = 3(Y_2 - Y_1) - r(\sin\theta_2 + 2\sin\theta_1)$$
$$q_3 = -2(Y_2 - Y_1) + r(\sin\theta_2 + \sin\theta_1)$$

对于非闭合曲线，需要在首、末两个端点以外再各补足两个点才能确定端点的导数值。设始点(X_3, Y_3)和相邻的两个数据点(X_4, Y_4)，(X_5, Y_5)，以及需要补充的两个点(X_2, Y_2)，(X_1, Y_1)都在下述曲线上：

$$x = g_0 + g_1 z + g_2 z^2$$
$$y = h_0 + h_1 z + h_2 z^2$$

式中，g_k、$h_k(k=0,1,2)$均为常数；z为参数。

再假定$z=j$时，$x=x_j$，$y=y_j(j=1,2,3,4,5)$，则

$$\begin{cases} x_2 = 3x_3 - 3x_4 + x_5 \\ x_1 = 3x_2 - 3x_3 + x_4 \\ y_2 = 3y_3 - 3y_4 + y_5 \\ y_1 = 3y_2 - 3y_3 + y_4 \end{cases}$$

在终点处的补点计算公式亦类似上式。

该方法数学上严密，计算简单，所给出的光滑曲线不仅严格通过原始数据点，且整条曲线具有连续的一阶导数。当原始数据点稠密时，能给出满意的图形。但当曲线急转弯时，图形不理想，对“之”字形连续迂回的曲线有时会产生自相交。

4.5.3 三点求导分段三次多项式插值算法

这种方法的基本原理和在多值情况下的参数方程同五点法类似，仅是求导方法的不同。

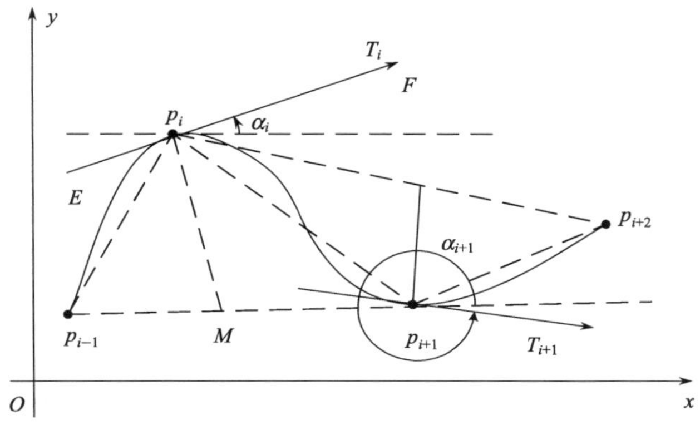

图 4.55 三点求导示意图

这里，曲线在每个节点上的导数取决于该节点前后两个节点的位置。设三点为 p_{i-1}、p_i、p_{i+1}(图 4.55)。其坐标分别为 (x_{i-1},y_{i-1})、(x_i,y_i)、(x_{i+1},y_{i+1})。设 $\overline{p_{i-1}p_{i+1}}$ 上有一定点 $M(x_m,y_m)$，使

$$\frac{\overline{p_{i-1}p_i}}{\overline{p_ip_{i+1}}}=\frac{\overline{p_{i-1}M}}{\overline{Mp_{i+1}}}$$

令 $u=\dfrac{\overline{p_{i-1}p_i}}{\overline{p_ip_{i+1}}}=\sqrt{\dfrac{(x_i-x_{i-1})^2+(y_i-y_{i-1})^2}{(x_{i+1}-x_i)^2+(y_{i+1}-y_i)^2}}$。

则定比分点 M 的位置即可确定：

$$x_m=\frac{x_{i-1}+u\cdot x_{i+1}}{1+u}\quad y_m=\frac{y_{i-1}+u\cdot y_{i+1}}{1+u}$$

此时 $\overline{p_iM}$ 的斜率为

$$K_{p_iM}=\frac{y_m-y_i}{x_m-x_i}$$

于是射线 EF 的斜率为

$$K_{EF}=\frac{-1}{K_{p_iM}}$$

令 EF 的方向与曲线前进方向一致，经过象限判定，射线 EF 与 x 轴的夹角 α 在 0～2π 范围内且唯一地确定。$\tan\alpha$ 就是曲线在 p_i 点的一阶导数值。同理可求得已知点列中间点的导数值 $\tan\alpha_i(i=2,3,\cdots,N-1)$。

使用该方法还应注意：

(1) 对于开曲线，首、末点的导数可用开始三点和最后三点分别建立圆和抛物线，把首、末点在其上的切线斜率分别作为插值曲线在首、末点的导数值。

(2) 如果相邻三点位于一条直线上，则令有向线段 $\overline{p_ip_{i+1}}$ 与原始坐标系横轴的夹角为中间点切线与横轴的夹角 α。

(3) 如果中间点切线的斜率趋近于无穷大时，应作特殊处理。最简单的方法是在未计算斜率之前，对参与计算的坐标增量进行判别后，直接向所求的角度单元赋予理论上应有的弧度值。

(4) 为了使曲线有适度的松紧度，用曲线在相邻两点的转角建立权函数，修改插值公式中的 r 值(一般情况下 r 等于相邻两点间的距离)来达到此目的。具体的做法是，对于同一段曲线，使计算每个插值点坐标时采用不同的 r 值。

设 r' 为修正值，r 为相邻两个已知点间的距离，则它们与权函数的关系是：

$$r'=r\mid(1-z)\sin\beta_i+z\sin\beta_{i+1}\mid$$

式中，β_i 和 β_{i+1} 为曲线在相邻两节点的转角。

该方法在给出点比较稀疏时已能得到比较满意的图形。即曲线经过给定的数据点，并保证一阶导数连续，随着转角的变化能自动改变松紧度，对于大于挠度的迂回曲线避免自相交的能力增强了。

在上述三点(五点)求导分段三次多项式插值算法中，都是在已知有序点列的两相邻点间建立插值函数，计算一系列插值加密点，并依次用折线连接，当插值点很密，并使弦弧

间偏差甚微(小于视觉分辨率或在图解精度之内)时,折线被认为是逼近于光滑曲线。因而,曲线光滑度依赖于插值步长的确定。

地图上的曲线多为多值函数曲线,故插值时采用参数方程。关于参数曲线步长的确定,可采用以下公式计算:

$$\Delta t=\begin{cases}2\sqrt{2d}/\max\limits_{a\leqslant t\leqslant b}(x''^2(t)+y''^2(t))^{\frac{1}{4}},\text{当}\max\limits_{a\leqslant t\leqslant b}(x''^2(t)+y''^2(t))>0\text{ 时}\\ b-a,\text{当}\max\limits_{a\leqslant t\leqslant b}(x''^2(t)+y''^2(t))=0\text{ 时}\end{cases}$$

式中,a 为插值区间参数 t 的初值;b 为该区间 t 的终值;d 为折线逼近曲线时弦弧间容许偏差;$\triangle t$ 为插值步长。

当计算出的 $\triangle t>b-a$ 时,令 $\triangle t=b-a$。该式计算的步长能保证所绘折线与插值函数曲线间的偏差不大于 d。步长公式中 $\max(x''^2(t)+y''^2(t))$ 的计算方法如下:

$$\max\limits_{0\leqslant t\leqslant 0.5}(x''^2(t)+y''^2(t))=\begin{cases}4(a_2^2+b_2^2),\text{当 }3a_3(a_2+0.75a_3)+3b_3(b_2+0.75b_3)\leqslant 0\text{ 时}\\ 4[a_2^2+b_2^2+3a_3(a_2+0.75a_3)+3b_3(b_2+0.75b_3)],\text{其他情况时}\end{cases}$$

式中,p_2,p_3,q_2,q_3 为三次多项式中相应的系数。

以上介绍的几种曲线光滑算法各有其优缺点,可根据所要光滑曲线的特点以及实际应用的要求选择使用。一般地说,地图上曲线光滑要严格通过数据点,相邻数据点之间的曲线不能产生多余的拐点。评价一种方法的好坏,不仅要看数学方法是否严密、精炼、适应性强,还要看其使用效果。在满足实际使用的条件下,方法越简单越好。

主要参考文献

艾廷华,郭仁忠. 2000. 基于约束 Delaunay 结构的街道中轴线提取及网络模型建立. 测绘学报,29(4):348～354

陈涛,艾廷华. 2004. 多边形骨架线与形心自动搜寻算法研究. 武汉大学学报,29(5):443～446

杜瑞颖,刘镜年. 1999. 面状地物名称注记的自动配置研究. 测绘学报,28(4):365～368

杜世宏等. 2000. 基于栅格数据提取主骨架线的新算法. 武汉测绘科技大学学报,25(5):432～436

韩鹏. 2004. 地理信息系统开发——MapObjects 方法. 武汉:武汉大学出版社

何陈棋等. 2003. 基于编码与分类技术的任意多边形裁剪新算法. 计算机工程与应用,39(21):93～95

胡鹏,黄杏元,华一新. 2002. 地理信息系统教程. 武汉:武汉大学出版社

姜永发等. 2005. 长对角线法实现 GIS 中矢量地图面状地物汉字注记的自动配置. 武汉大学学报,30(6):544～548

刘国祥等. 1996. 基于 GIS 拓扑数据库的快速开窗与裁剪的研究. 西南交通大学学报,31(4):393～398

刘勇奎等. 2005. 图形裁剪算法研究. 计算机工程与应用,41(21):18～23

罗广祥等. 2004. 基于单调性图形综合的面状要素名称注记定位线确定. 地球科学与环境学报,26(2):75～80

王涛,毋河海. 2004. 顾及多因素的面状目标多层次骨架线提取. 武汉大学学报,29(6):533～536

王中辉,闫浩文. 2011. 多边形主骨架线提取算法的设计与实现. 地理与地理信息科学,27(1):42～44

吴兵等. 2000. 具有拓扑关系的任意多边形裁剪算法. 小型微型计算机系统,21(11):1166～1168

吴丽春,胡鹏. 2003. 基于信息块法的矢量符号库的建立和符号化实现. 武汉大学学报(信息科学版),28(5):600～603

徐庆荣,杜道生,黄伟,等. 1993. 计算机地图制图原理. 武汉:武汉测绘科技大学出版社

闫浩文. 1997. 运用 OO 方法设计统计符号库的理论探讨. 武汉测绘科技大学学报,22(1):69～71

张立锋等. 2006. 基于 Delaunay 三角网的河流中线提取方法. 测绘与空间地理信息,29(4):80～82

Choi H I,Choi S W,Moon H P,et al. 1997. New algorithm for medial axis transform of plane domain. Graphical Models and Image Processing,59(6):463～483

Lee D T. 1997. Medial axis transformation of a planar shape. IEEE Trans. Pattern Anal. Machine Intell,4:230～237

Maragos P A,Schafer R W. 1986. Morphological skeleton representation and coding of binary images. IEEE Transac-

tions on Acoustics, Speech, and Signal Processing, 34(5): 1228～1244
Shaked D, Bruckstein A. M. 1996. The curve axis. Computer Vision and Image Understanding, 63(2): 367～369
Telea A, Vilanova A. 2003. A robust level-set algorithm for centerline extraction. *In*: Proc. EG/IEEE VisSm 2003. New York: ACM Press, 185～195
Zhou Y, Toga A W. 1999. Efficient skeletonization of volumetric objects. IEEE Trans. on Visualization and Computer Graphics, 5(3): 196～209

第5章 空间关系表达算法

空间关系是GIS的重要理论问题之一(陈军和赵仁亮,1999),在GIS空间数据建模、空间查询、空间分析、空间推理、地图综合、地图解译等过程中起着重要的作用。

空间关系本身包含的内容很广,可以是由空间物体的几何特性引起的空间关系,也可以是由空间物体的几何特性和非几何特性共同引起的空间关系,还可以是空间物体的非几何特性所导出的空间关系(郭仁忠,1997)。本章研究由空间物体的几何特性引起的空间关系,这种空间关系共有4类:空间距离关系、空间拓扑关系、空间方向关系和空间相似关系。

5.1 空间距离关系计算

5.1.1 空间距离关系的定义及分类

空间距离关系是研究一切空间关系的基础,是最基本、最重要的一类空间关系,人们对空间距离关系的研究和应用也较其他空间关系要深入得多。空间方向关系、空间拓扑关系和空间相似关系的研究都离不开空间距离这个基础。

在GIS中,根据空间数据模型的不同可以把距离分为矢量距离和栅格距离两种。矢量距离中使用最广泛的是二维和三维空间的欧氏距离。栅格距离因栅格的几何形状不同(如矩形、三角形、正六边形等),距离的计算方法也不同。二维空间目标间的距离关系,尤其是面状目标间的距离,描述和计算都相当复杂,有人定义了中心距离、极小距离和极大距离。在曲面和三维空间中,距离的计算问题远没有解决。看似简单的椭球表面两点距离计算问题就非常困难,计算不规则的地球表面的精确距离其难度就可想而知。GIS空间数据中的坐标数据,有时不能满足高精度距离计算和定位的要求,因为空间坐标数据是由球面到平面投影变换的结果。

近年来,由于GIS应用系统开发的需要,人们对定性的距离有了研究。为了描述空间目标邻近程度的需要,出现了基于Voronoi图的K-Order邻近距离(胡勇和陈军,1997)。Hong(1994)找到了一种方法,可以把量化的距离转化为近(Near)、中(Medium)、远(Far)、很远(Very Far),并把它和空间方向关系一起用于空间定性推理。

在空间距离的应用中,基于网络的最短路径分析不但是空间分析经常研究的问题,它同时也是机器人学的研究课题。最小生成树求解、缓冲区分析等都是距离关系在空间分析中的典型应用。

本章研究二维空间中的定量矢量距离关系。一般来说,二维矢量地理空间中的实体可以分为点、线、面3类,根据各类实体间的组合,归纳起来可以概括成6种距离形式:点与点、点与线、点与面、线与线、线与面、面与面。以下内容将就这6种距离关系进行详细的阐述。

5.1.2 点与点的空间距离关系求解算法

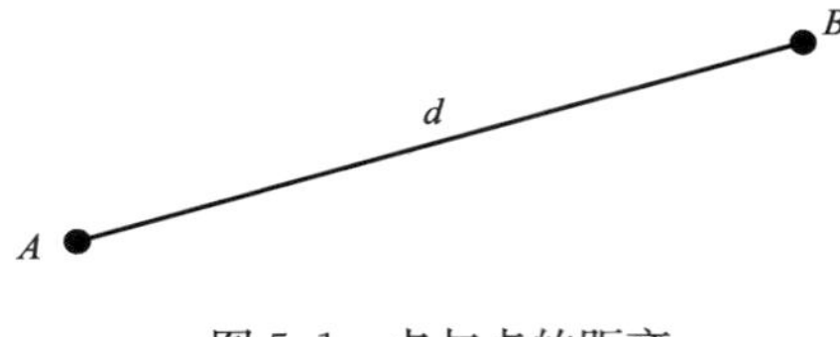

图 5.1 点与点的距离

两个点实体之间的距离关系计算较为简单，通常运用欧式距离进行计算。如图 5.1 所示，设有两点 $A(x_1, y_1)$ 与 $B(x_2, y_2)$，则二者之间的距离 d 可用下式计算：

$$d = \sqrt{(x_2 - x_1)^2 + (y_2 - y_1)^2} \tag{5.1}$$

5.1.3 点与线的空间距离关系求解算法

点实体与线实体之间的距离定义为点实体与线实体上的点之间的距离的最小值。在 GIS 中，线实体是由折线表示的，具有有限个特征点，因此可以通过计算点到直线段的距离来确定点到线的距离。

设一线实体由 $P_0, P_1, \cdots, P_n$ 等 $n+1$ 个特征点所定义的 n 个直线段描述，点 P 到直线段 $P_{i-1}P_i(i=1,2,\cdots,n)$ 的距离可按如下方式确定：

$$d_{\mathrm{i}} = \min(d_1, d_2) \qquad [图 5.2(a)]$$

$$d_{\mathrm{i}} = d_0 \qquad [图 5.2(b)]$$

则点到线的最终距离为

$$D_{PL} = \min(d_1, d_2, \cdots, d_n)$$

在 d_i 的计算中，d_0, d_1, d_2 的计算可以转换为点与点之间的距离计算，而 d_0, d_1, d_2 的最后抉择则依赖于点 P 到直线段 $P_{i-1}P_i$ 的垂足是否落在点 P_{i-1} 与 P_i 之间。设垂足为 (x_0, y_0)，如果 (x_0, y_0) 在 P_{i-1} 与 P_i 之间，则有 (x_0, y_0) 到 P_{i-1} 及 P_i 的距离之和等于 P_{i-1} 和 P_i 之间的距离，因此问题的关键在于 (x_0, y_0) 的计算，其计算公式如下：

设 $P_{i-1}P_i$ 的直线方程为：$Ax+By+C=0$，则

$$x_0 = \frac{B^2x - ABy - AC}{A^2 + B^2}$$

$$y_0 = \frac{A^2x - ABx - BC}{A^2 + B^2} \tag{5.2}$$

式中，(x, y) 为点 P 的坐标值。

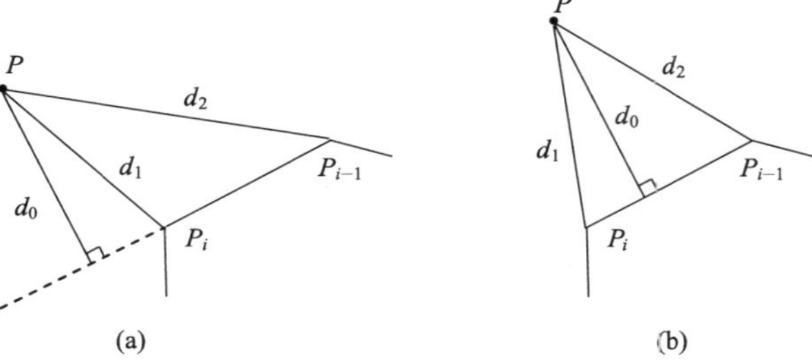

图 5.2 点与线的距离

5.1.4　点与面的空间距离关系求解算法

点实体 P 到面实体 A 的距离可以分为几种情况来讨论。由于面实体在地理空间中表示一定的范围，因此可以定义 A 中一特定点 P_0（如形心或重心），以 P，P_0 间的距离表示 P 与 A 间的距离，称为中心距离[图 5.3(a)]，亦可以用类似于点线间的距离来定义 P，A 间的最小距离[图 5.3(b)]或者最大距离[图 5.3(c)]。中心距离与点点距离一致，可用式(5.1)来计算。最小距离与点线距离的计算类似，最大距离的计算类似于最小距离，但因点到直线段的垂直距离总是小于点到直线段端点的距离，故没有必要进行垂直距离的计算也没有必要进行垂足的计算。设 P 到 A 的诸顶点 $P_1,P_2,\cdots,P_n$ 的距离为 $d_1,d_2,\cdots,d_n$，则点面间的最大距离为

$$d = \max(d_1,\ d_2,\cdots,\ d_n)$$

在以上叙述中，并没有限定 P 必须位于 A 的外部，若 P 位于 A 内部，显然距离应为 0。

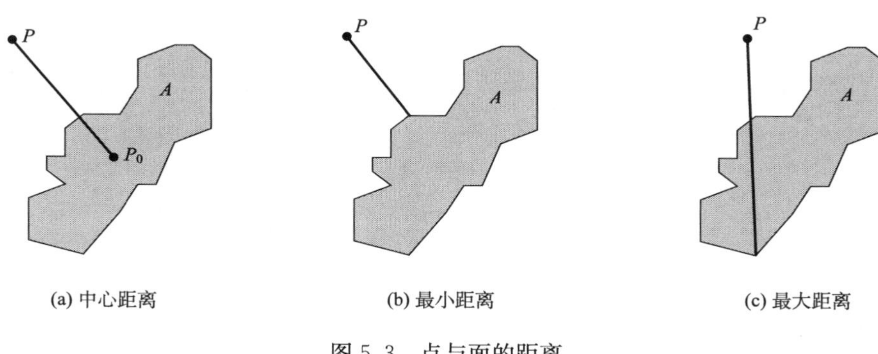

图 5.3　点与面的距离

5.1.5　线与线的空间距离关系求解算法

两个线实体 L_1,L_2 间的距离可以定义为 L_1 上的点 $P_1(x_1,\ y_1)$ 与 L_2 上的点 $P_2(x_2,\ y_2)$ 之间的距离的极小值，即

$$d = \min(d_{P_1P_2} \mid P_1 \in L_1, P_2 \in L_2)$$

因为 L_1,L_2 均表现为折线，因此对 d 的计算可以是先计算出 L_1,L_2 中折线线段对之间的距离，然后再从中选出最小值。

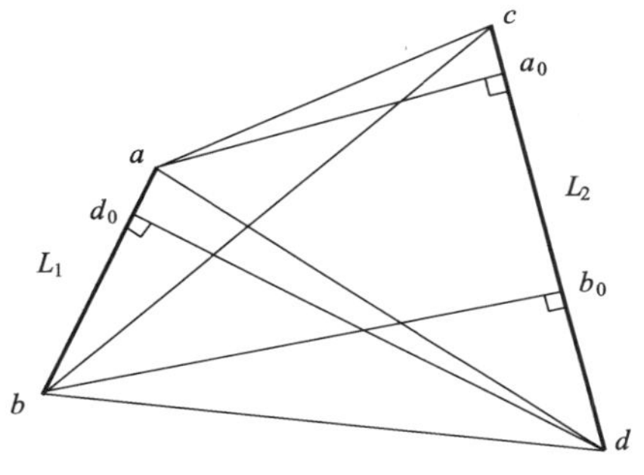

图 5.4　线与线的距离

如图 5.4 所示为两直线段 L_1,L_2，它们之间的距离计算可按如下方式进行。从 L_1 的两个端点引直线分别交于 L_2 的两端点，并且过 L_1 的两个端点作 L_2 的垂线，且其垂足必须位于 L_2 的两个端点之间。反过来，过 L_2 的两个端点作 L_1 的

垂线，且其垂足必须位于 L_1 的两个端点之间。如此得到直线段 ac，ad，aa_0，bc，bd，bb_0，dd_0。则 L_1，L_2 之间的距离为

$$d_{12} = \min(d_{ac}, d_{ad}, d_{aa_0}, d_{bc}, d_{bd}, d_{bb_0}, d_{dd_0})$$

式中，d_{ac} 为线段 ac 的长度，其余类推。显然在这个例子中，$d_{12}=d_{aa_0}$。

以上我们实际上是假设 L_1，L_2 不相交，如果 L_1，L_2 相交，则 $d_{12}=0$。以下所述总是假定 L_1，L_2 不相交。

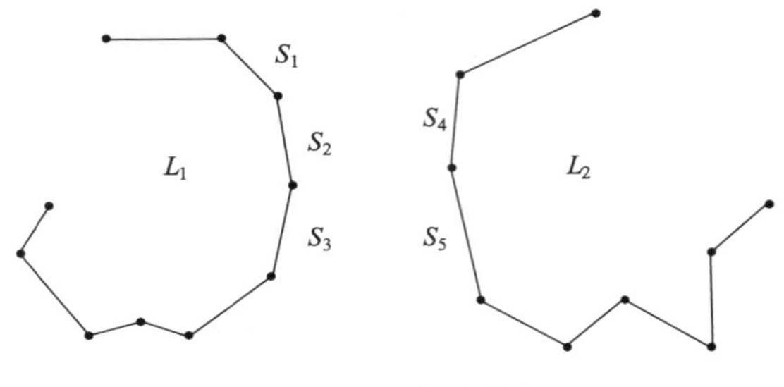

图 5.5 候选线段

计算两个线实体之间的距离所需的计算量显然是比较大的，但通过适当的数据组织可以减少计算量。例如，在折线线段的计算中，需要计算端点连线间的距离，由于折线依次连结的特征，应当设法避免重复点对连线间距离的计算。此外，两个线实体之间的距离仅落实到两个折线段间的距离，其余的一切计算实际上都仅起辅助作用，因此应设法预先排除一些折线段。如图 5.5 所示，显然只有被做标注的折线段才有必要作为候选线段进行距离的计算，其余线段不可能影响到最终结果。为此，一个计算简单的预探测是必要的。例如，在进行距离计算时，不是首先进入垂线段长度的计算，而是首先逐线段计算出折线段对中端点距离的极大值与极小值，如果某线段对 AB 与 CD 的极小值大于另一对 EF 与 GH 的极大值，则线段对 AB 与 CD 显然没有必要再去计算其垂线。

5.1.6 其他空间距离关系的求解算法

线实体与面实体之间的距离可以仿照线实体间距离的定义和计算方法，这是因为面实体也是以折线序列表示的。

面实体之间的距离类似于点、面实体间的距离，可以定义中心距离、极小距离和极大距离(图 5.6)。中心距离用式(5.1)计算。极小距离以线、线间的距离计算方法计算。

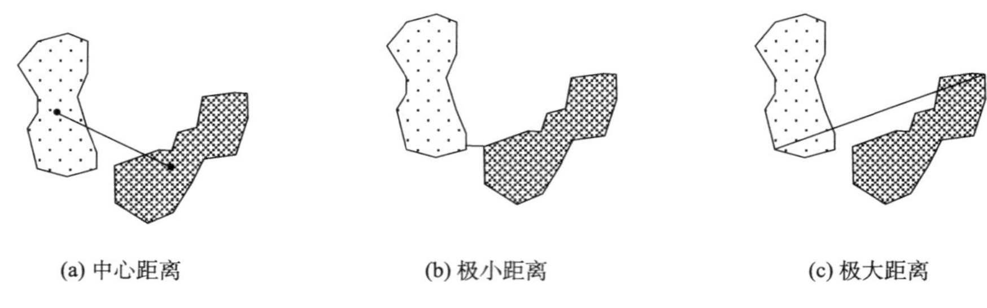

(a) 中心距离　　(b) 极小距离　　(c) 极大距离

图 5.6 面与面的距离

面实体间的极大距离可以归结为折线线段对之间最大距离的计算，图 5.7 表示了两直线段 L_1，L_2。从 L_1 的两个端点引直线分别交于 L_2 的两端点。如此得到直线段 ac，ad，bc，bd 共 4 条(图 5.7)，则线段 L_1，L_2 之间的最大距离为

$$d_{12} = \max(d_{ac}, d_{ad}, d_{bc}, d_{bd})$$

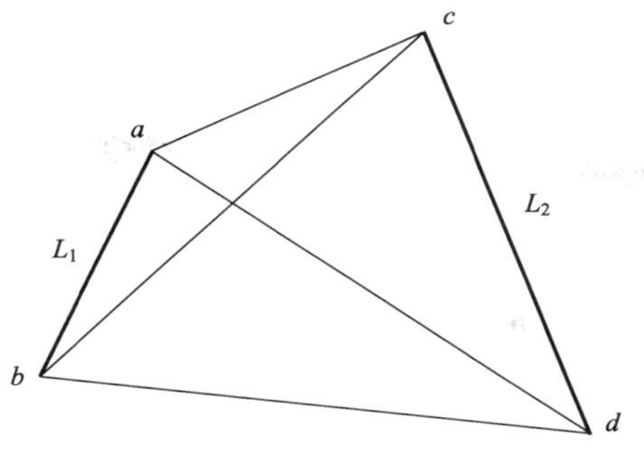

图 5.7　线段间的最大距离

5.2　空间拓扑关系计算

5.2.1　空间拓扑关系的定义及分类

1. 拓扑关系的概念及类型

拓扑关系是一种对空间结构关系进行明确定义的数学方法，具有图形在连续状态下变形，但图形关系保持不变的性质。点(结点)、线(链、弧段、边)、面(多边形)是表示空间拓扑关系最基本的拓扑元素。

拓扑关系常用的类型有拓扑关联、拓扑邻接、拓扑包含和拓扑相邻。在图形分析和地图综合等应用功能中，还可能导出其他拓扑关系，如连通关系、相离关系、几何关系、拓扑元素之间的距离关系及层次关系等。点、线、面间常见的拓扑关系如图 5.8 所示。下面重点介绍拓扑关联、邻接和包含 3 种拓扑关系。

(1) 关联。拓扑关联是指存在于空间图形的不同类元素之间的拓扑关系，如结点与链，链与多边形等。如图 5.9 所示，结点与弧段关联关系有 N_1/L_1、N_1/L_3、N_1/L_6，N_2/L_1、N_2/L_2、N_2/L_5 等，多边形与弧段关联关系 P_1/L_1、P_1/L_5、P_1/L_6，P_2/L_2、P_2/L_4、P_2/L_5 等 。

(2) 邻接。拓扑邻接是指存在于空间图形的同类元素之间的拓扑关系，如结点与结点，链与链，面与面等。邻接关系是借助于不同类型的拓扑元素描述的，如面通过链而邻接。如图 5.9 所示，结点邻接关系有 N_1/N_4，N_1/N_2等；多边形邻接关系有 P_1/P_3，P_2/P_3等。

(3) 包含。拓扑包含是指存在于空间图形的同维不同级元素之间的拓扑关系。如图 5.10所示，P_1 包含了 P_4，P_2 包含了 P_5。

2. 建立拓扑关系的意义

矢量拓扑关系的建立，对于地图制图、地图综合和空间分析等应用具有重要的意义，这是因为：

(1) 拓扑关系能清楚地反映制图要素之间的逻辑结构关系，它比几何关系具有更大的稳定性，不随地图投影而变化。

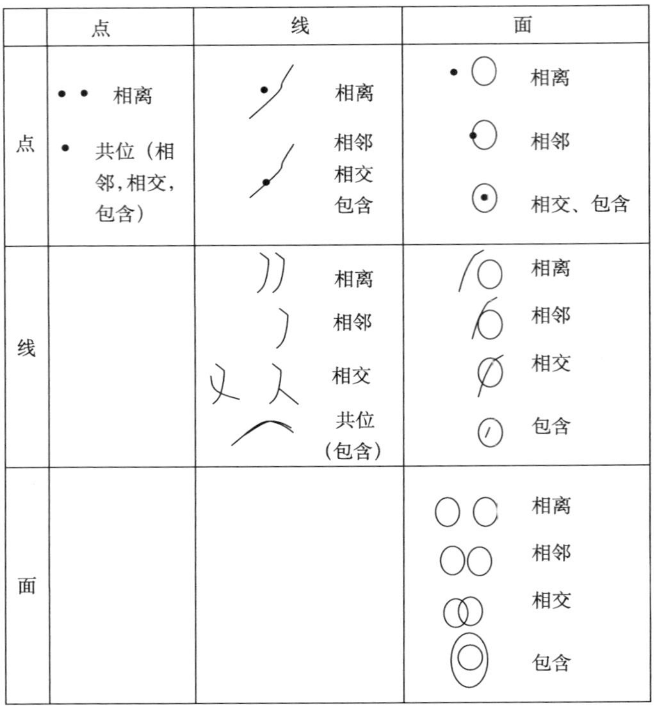

点
线
面
点
相离
共位（相邻，相交，包含）
相离
相邻
相交
包含
相离
相邻
相交、包含
线
相离
相邻
相交
共位（包含）
相离
相邻
相交
包含
面
相离
相邻
相交
包含

图 5.8　点、线、面间的拓扑关系

L_1
N_2
P_1
N_1
L_5
N_4
L_6
L_2
P_2
L_4
P_3
N_3
L_3

图 5.9　拓扑关联和邻接关系

N_2
P_4
P_1
N_1
N_4
P_5
P_2
P_3
N_3

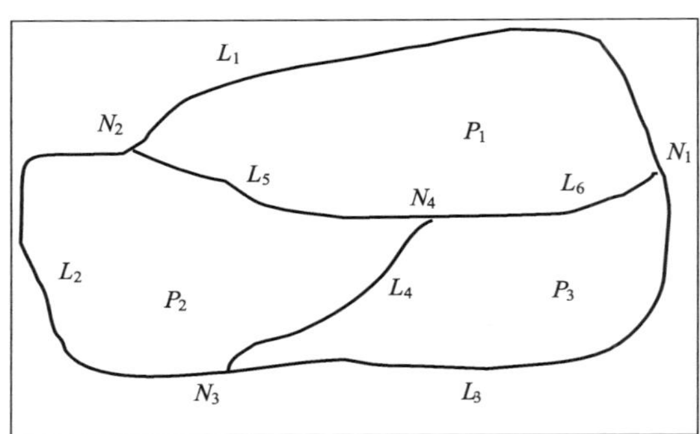

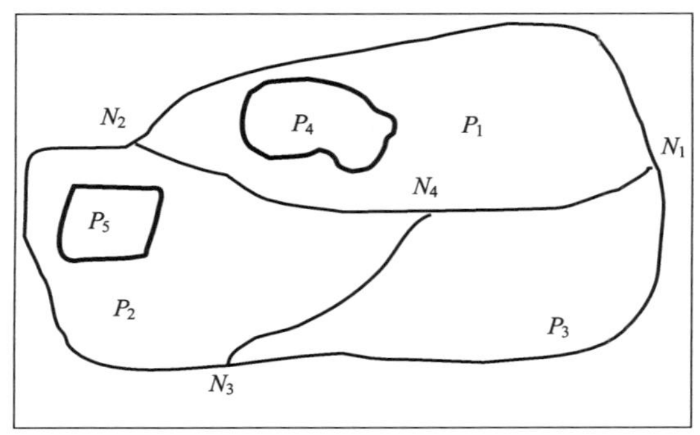

图 5.10　拓扑包含关系

(2) 有助于空间要素的查询、检索，并可利用拓扑关系来解决许多实际问题，如邻接多边形的研究和供水管网监测系统对故障阀门的查询等。

(3) 根据拓扑关系可重建地图要素，如根据弧段构建多边形，实现面域的选取；根据弧段与节点的关联关系重建道路网络，并进行最佳路径选择等。拓扑关系的重建过程如图 5.11 所示。

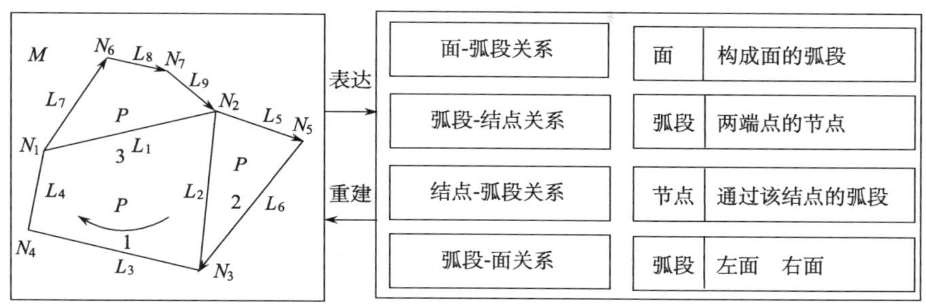

图 5.11　拓扑关系的表达和重建

5.2.2　点与线的空间拓扑关系求解算法

点线之间的拓扑关系有点在线上和点线相离两种。下面论述点与线的侧位关系判断及点与线拓扑关系的判别方法。

1. 点线侧位关系判断

设一条直线的方程为：$Ax+By+C=0$，则对于函数 $f(x,y)=Ax+By+C$，任取空间一点 $m(x_0,y_0)$，有

$$f(x_0,y_0)=Ax_0+By_0+C\begin{cases}>0，点\ m\ 位于直线一侧\\=0，点\ m\ 位于直线上\\<0，点\ m\ 位于直线另一侧\end{cases}\tag{5.3}$$

2. 点、线关系的判别方法

点线关系判别的目的之一是确定点是否在线上。设点为 $A(x_A, y_A)$，折线 $P=P_1, P_2,\cdots,P_m$(图 5.12)。判别算法分三步：

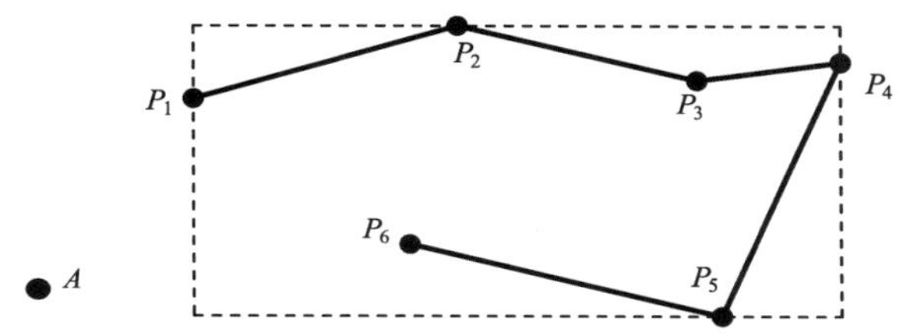

图 5.12　点线关系的判断(虚线为投影矩形)

第一步，计算折线的最小投影矩形。该投影矩形是由折线上的特征点的最大、最小坐标组成的：

$$x_{\min} = \min(x_{P_1}, x_{P_2}, \cdots, x_{P_m})$$
$$y_{\min} = \min(y_{P_1}, y_{P_2}, \cdots, y_{P_m})$$
$$x_{\max} = \max(x_{P_1}, x_{P_2}, \cdots, x_{P_m})$$
$$y_{\max} = \max(y_{P_1}, y_{P_2}, \cdots, y_{P_m})$$

投影矩形的左下角点为 $(x_{\min}, y_{\min})$，右上角点为 $(x_{\max}, y_{\max})$。

第二步，判断点 A 是否在投影矩形内。若 A 不在投影矩形内，结论为点 A 与折线 P 相离，算法结束；否则，转第三步。

第三步，判断 A 是否在线段 P_iP_{i+1} 上 $(1 \leqslant i \leqslant m-1)$，方法是：先比较 A 点与 P_i、P_{i+1} 的坐标，若：

$x_{P_i} \leqslant x_A \leqslant x_{P_{i+1}}$ 或 $x_{P_{i+1}} \leqslant x_A \leqslant x_{P_i}$ 且 $y_{P_i} \leqslant y_A \leqslant y_{P_{i+1}}$ 或 $y_{P_{i+1}} \leqslant y_A \leqslant y_{P_i}$

即表明点 A 位于点 P_i 和点 P_{i+1} 的投影矩形中，则可以进一步计算点 A 是否在线段 P_iP_{i+1} 上，否则继续进行点 A 和下一条线段的关系判断。

计算点 A 是否在线段 P_iP_{i+1} 上的方法是把点 A 的坐标代入直线 P_iP_{i+1} 的方程。若点 A 的坐标满足直线方程，则 A 在线段上。

当计算出 A 在一条线段上时，算法结束。

5.2.3 点与面的空间拓扑关系求解算法

点面关系研究的重点之一是点是否在面(或曰多边形)内的判别。本小节主要讨论该类问题。

1. 点与三角形位置关系的计算

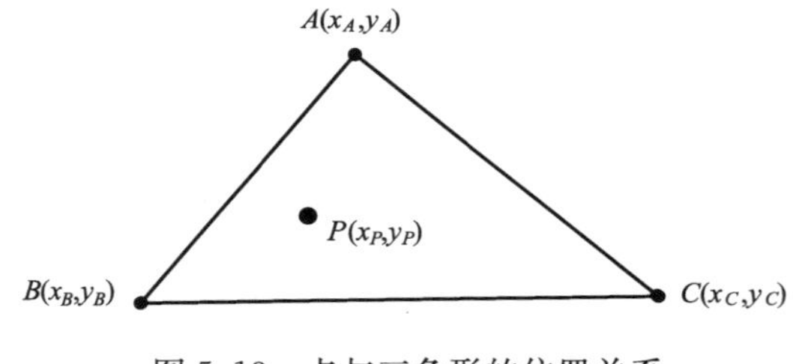

图 5.13　点与三角形的位置关系

三角形作为最简单的多边形，其与点的位置关系的判断较其他多边形特殊。因此，在这里单独论述。

如图 5.13 所示，设有 ΔABC 及点 $P(x_p, y_p)$，有

直线 AB 对应的函数为：$f_1(x,y)=a_1x+b_1y+c_1$；

直线 BC 对应的函数为：$f_2(x,y)=a_2x+b_2y+c_2$；

直线 CA 对应的函数为：$f_3(x,y)=a_3x+b_3y+c_3$。

对于点 $P(x_p, y_p)$，若满足：

$$\begin{cases} f_1(x_C, y_C) \cdot f_1(x_P, y_P) > 0 \\ f_2(x_A, y_A) \cdot f_2(x_P, y_P) > 0 \\ f_3(x_B, y_B) \cdot f_3(x_P, y_P) > 0 \end{cases} \tag{5.4}$$

则点 P 位于三角形的内部，否则点 P 位于三角形的外部。

2. 判断点与多边形位置关系的铅垂线内点算法

铅垂线内点法的基本思想是从待判别点引铅垂线，由该铅垂线(注意：是一条射线)与多边形交点个数的奇偶性来判断点是否在多边形内。若交点个数为奇数，点在多边形内；若交点个数为偶数，则该点在多边形外(图 5.14)。下面详细阐述铅垂线内点算法。

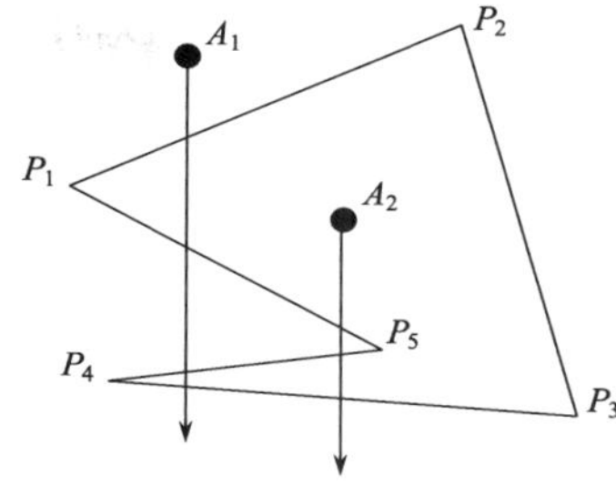

图 5.14　由交点数奇偶性判断点面包含关系

第一步，计算多边形最小投影矩形，若点在最小投影矩形外，则点一定在多边形外，算法结束；否则执行第二步。

第二步，设置记录交点个数的计数器 Num=0。

第三步，从待判断的点作铅垂线，顺次判断该铅垂线与多边形各边是否相交，若相交，求出交点并记录下来。每有一次相交，把 Num 数值增加 1。

第四步，若 Num 为偶数，则该点在多边形外；否则，该点在多边形内。算法结束。

运用铅垂线内点法求交点时，需要注意交点位于多边形顶点(图 5.15)或铅垂线与多边形的一条边重合的特殊情况(图 5.16)。

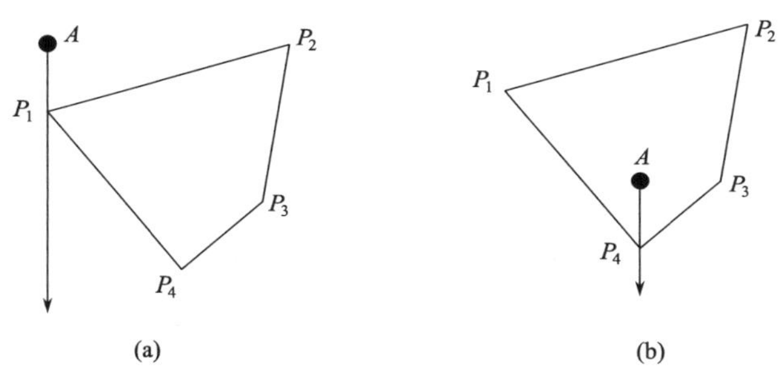

图 5.15　铅垂线交于多边形的顶点

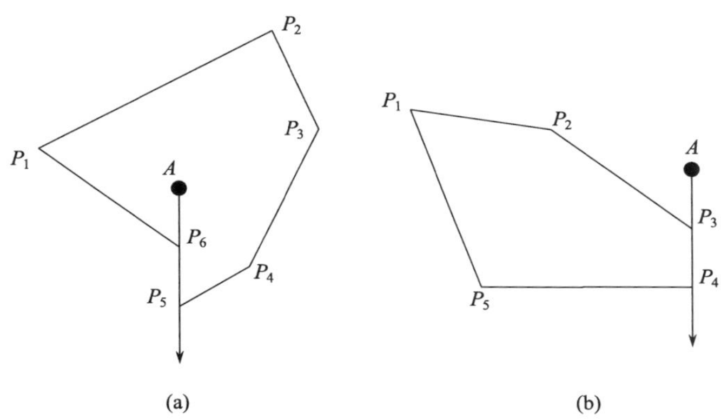

图 5.16　铅垂线与多边形的一边相重合

当求出铅垂线交于多边形的一个顶点时，需要综合考虑图 5.15、图 5.16 的四种情形，来决定交点计数器的值是否增加。基本思路是：当求得一个交点是顶点时，记录下该交点，Num 不变，继续判断多边形的下一条边是否和铅垂线相交。此时可能是：

(1) 相交且仍交于该顶点(图 5.15 的两种情形)；

(2) 该边与铅垂线部分重合(图 5.16 的两种情形)。

对于前一种情形，可建立铅垂线的直线方程，判断该顶点前、后相邻的两顶点是否在铅垂线的同侧，若在同侧，Num 不变，否则 Num 加 1。图 5.15(a)中，P_1 为交点，P_2、P_4 在过 A 的铅垂线的同侧，故 Num 不变，最后交点总数为 0(偶数)；图 5.15(b)中，P_4 为交点，P_1、P_3 在过 A 的铅垂线的异侧，故 Num 加 1，显然最后交点总数为 1(奇数)。

对于后一种情形，同样建立铅垂线的直线方程，判断与该边两端点相邻的前、后两顶点是否在铅垂线的同侧，若在同侧，Num 不变，否则 Num 加 1。图 5.16(a)中，P_5P_6 与铅垂线部分重合，P_1、P_4 在过 A 的铅垂线的异侧，故 Num 加 1，最后交点总数为 1(奇数)；图 5.16(b)中，P_3P_4 与铅垂线部分重合，P_2、P_5 在过 A 的铅垂线的同侧，故 Num 不变，显然最后交点总数为 0(偶数)。

铅垂线内点法是目前比较成熟的判断点面包含关系的算法。它不但适用于任意形状的简单多边形，而且适用于带“洞”(或曰岛屿)的多边形，对于多层岛屿的情形，它仍然可以正确判断。

5.2.4 线与线的空间拓扑关系求解算法

线线之间的拓扑关系包括相离、共位、相交等。在这些关系的计算中，基础是判断两线段相交的算法。本节主要论述该算法，进而论述判断两折线相交的算法。

1. 两线段相交与否的判断方法

欲判断两条线段 $S_1(P_1, P_2)$、$S_2(P_3, P_4)$是否相交，可先设：

$$x1_{\max} = \max(P_1.x,\ P_2.x),$$
$$y1_{\max} = \max(P_1.y,\ P_2.y),$$
$$x1_{\min} = \min(P_1.x,\ P_2.x),$$
$$y1_{\min} = \min(P_1.y,\ P_2.y),$$
$$x2_{\max} = \max(P_3.x,\ P_4.x),$$
$$y2_{\max} = \max(P_3.y,\ P_4.y),$$
$$x2_{\min} = \min(P_3.x,\ P_4.x),$$
$$y2_{\min} = \min(P_3.y,\ P_4.y)。$$

式中，$P_i.x$ 和 $P_i.y$ 为点 P_i 的横、纵坐标。

若 $x1_{\max} < x2_{\min}$ 或 $y1_{\max} < y2_{\min}$ 或 $x1_{\min} > x2_{\max}$ 或 $y1_{\min} > y2_{\max}$，则 S_1、S_2 不相交。否则，需要进一步判断。为此设：

$$\mathrm{d}x = P_1.x - P_2.x$$
$$\mathrm{d}y = P_1.y - P_2.y$$

P_1P_2 的直线方程为 $f(x,y)=\mathrm{d}x(y-P_1.y)-\mathrm{d}y(x-P_1.x)$。凡在 P_1P_2 上的点必满足

$$\mathrm{d}x(y-P_1.y)-\mathrm{d}y(x-P_1.x)=0$$

而其他点使

$$\mathrm{d}x(y-P_1.y)-\mathrm{d}y(x-P_1.x)\neq 0$$

且在直线 P_1P_2 两侧的半平面内的点使上式异号。因此，判断 P_3，P_4 在 S_1 不同侧的充分必要条件是：

$$f(P_3.x,\ P_3.y)\cdot f(P_4.x,\ P_4.y)\leqslant 0$$

同理可写出直线 P_3P_4（即 S_2 所在的直线）的直线方程，进而可得判断 P_1，P_2 在 S_2 不同侧的充分必要条件。

显然，若两个线段的端点都在对方的不同侧，则此两线段必然相交。

2. 两折线相交与否的判断

容易想到的判断折线自相交的方法是：对于折线上的线段，顺次利用上述判断线段相交与否的方法，对每个线段建立直线方程并两两判断有无交点。该方法的优点是直观；缺点是计算烦琐、编程工作量大，且在时间上不是最优。下面介绍一种运算时间占优的基于单调链的算法。

先介绍单调链的概念。

对于某一折线段 $L=\{l_1,\ l_2,\cdots,l_n\}$，$l_i.x_i$ 是点 l_i 的横坐标，如果总有 $l_i.x_i\leqslant l_{i+1}.x_{i+1}$（或 $l_i.x_i\geqslant l_{i+1}.x_{i+1}$），称折线为关于 X 轴的单调（增/减）链。同样可定义关于 Y 轴的单调（增/减）链。由定义可知，单调链是简单折线，不自相交。

假设两折线为 $L=\{l_1,\ l_2,\cdots l_n\}$，$K=\{k_1,\ k_2,\cdots k_n\}$，判断两折线是否相交的算法如下。

第一步，把折线 L、K 都划分成单调链。

具体方法是：首先，求出每条折线的最小投影矩形（不妨设为 R），令 $D_X=\mathrm{abs}(R.\mathrm{left}-R.\mathrm{right})$，$D_Y=\mathrm{abs}(R.\mathrm{top}-R.\mathrm{bottom})$。

这里，R. left 是 VC＋＋的写法，其余雷同。

然后，对于 L 或 K，若 $D_X>D_Y$，则整个折线划分成关于 X 轴的单调链，否则折线划分成关于 Y 轴的单调链。设被划分为 n_l、n_k 个单调链。

如图 5.17 所示，折线 L 按照横坐标变化被划分为 3 个单调链，折线 K 按照纵坐标变化被划分为 1 个单调链。

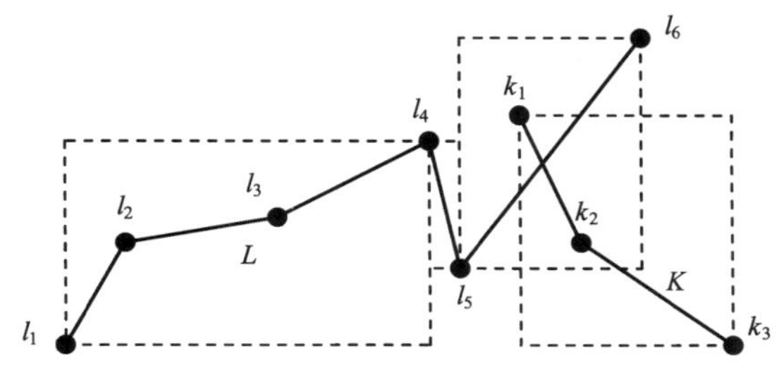

图 5.17　折线的单调链划分及其投影矩形

第二步，计算出 L、K 的每个单调链的最小投影矩形（如图 5.17 虚线所示的矩形）。

第三步，顺次比较 L 的单调链的一个投影矩形与 K 的单调链的一个投影矩形是否相交。若相交，再运用上述判断两线段是否相交的算法确定线段是否有交点。

在图 5.17 中，L 的最后一个单调链的投影矩形和 K 的单调链的投影矩形相交，故计算只限于线段 l_5l_6 与线段 k_1k_2、k_2k_3 之间。

5.2.5 线与面的空间拓扑关系求解算法

线面关系的重点之一是求线与面的相交部分，这在地图符号生成（如居民地符号内的晕线填充）、图形开窗等算法有重要用途。下面介绍求线段与多边形交线的算法。求折线与多边形交线的算法是该算法的扩展，本节不做讨论。

第一步，求多边形的最小投影矩形。

第二步，判断线段是否有端点在该最小投影矩形中。若不在，结论为“线段与多边形相离”，算法结束；否则，执行第三步。

第三步，顺次判断线段与多边形各边是否有交点，若有交点，则求出并保存交点坐标。

第四步，对交点坐标排序：计算各交点与线段一端点的距离，然后按照距离由小到大对交点编号排序。

图 5.18 中，对于线段 QH 与多边形的交点，依照与 Q 的距离升序排列为 $q_1q_2\cdots q_9q_{10}$；对于线段 KM 与多边形的交点，依照与 K 的距离升序排列为 $k_1k_2k_3$。

第五步，连接各个交点，得到位于多边形内部的交线。连接交点的规律是：在交点排序中，作为距离起算点的线段端点若位于多边形外，则连接交点 1-2、3-4、5-6……否则，连接交点 0-1、2-3、4-5…这里第 0 点即指作为距离起算点的线段端点。

如图 5.18 所示，QH 与多边形的交线为 q_1q_2、q_3q_4、q_5q_6、q_7q_8、q_9q_{10}；KM 与多边形的交线为 $K\ k_1$、k_2k_3。

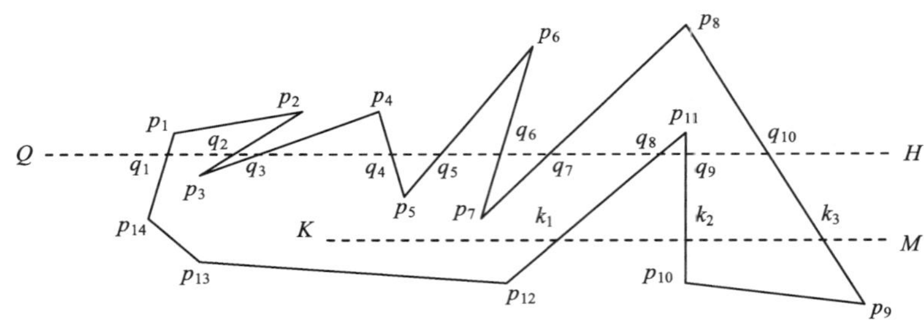

图 5.18 线段与多边形相交时的交点连接规律

5.2.6 面与面的空间拓扑关系求解算法

此处只对面面关系中任意两多边形（在这里面与多边形是一个概念，亦即多边形包括了其边界和内部）求交进行论述，其余如两多边形求并、求差等，由于方法类似，此处从略。

任意两多边形求交问题解决的基础是两个简单多边形求交、求差和求并的算法。由于这三类算法大体相似，下文只给出求交的详细解法。

1. 计算简单多边形交集的算法

设有两个简单多边形 $P=\{p_1,p_2,\cdots,p_m\}$，$Q=\{q_1,q_2,\cdots,q_n\}$，各多边形顶点 p_i、q_j 均按顺时针(或均按逆时针)排列，确定它们的交 $F = P\cap Q =\{k\mid k\in P\wedge k\in Q\}$。

第一步，求出多边形 P、Q 顶点的最大、最小 x、y 坐标：$XP_{\min}$、$YP_{\min}$、$XP_{\max}$、$YP_{\max}$、$XQ_{\min}$、$YQ_{\min}$、$XQ_{\max}$、$YQ_{\max}$。

第二步，若 $XP_{\max}\leqslant XQ_{\min}$ 或 $YP_{\max}\leqslant YQ_{\min}$ 或 $XP_{\min}\geqslant XQ_{\max}$ 或 $YP_{\min}\geqslant YQ_{\max}$，则两个多边形的交 $F = P\cap Q =\Phi$，结束算法。否则，执行第三步。

第三步，定义 $m\times n$ 的二维数组 A 用于记录两多边形的各边相交与否，P 的第 i 条边与 Q 的第 j 条边相交则记录 $A_{ij}=1$，否则 $A_{ij}=0$。又定义 $m\times n$ 的二维数组 B 用于记录两多边形各边交点坐标。

从 P 的第一条边出发，依次与 Q 的第 1 到第 n 条边比较，修改数组 A、B，直到所有线段全部遍历为止。

第四步，完成交集多边形的搜索。搜索数组 A，若 A 中元素全部为 0，则两多边形交集为空，转第五步。否则，若 $A_{ij}=1$，则 p_ip_{i+1} 与 q_jq_{j+1} 有交点，该交点必是交集多边形上的一点。可以从该点起，探测搜索交集多边形的下一点，方法是(以图 5.19 为例，以 k_4 为起点)：从该交点所在的 P 或 Q 的边出发(不失一般性，设从 P 的边 p_3p_4 出发)，向该边的一端 p_4 探测(规定该方向为探测的前进方向)，在靠近 k_4 处取一点，若该点在另一多边形 Q 内，则连接交点 k_4 和端点 p_4(或交点，该探测方向的线段上出现另外一个交点)的线段必然是交集多边形的边，否则向另外一端探测，并规定面向该端的方向为探测的前进方向。若探测前进方向上的 P 的端点位于多边形 Q 外(也即探测到了另外一个交点)，则沿新交点所在的多边形 Q 的边继续向前搜索，直至回到搜索的起点形成一个封闭多边形。

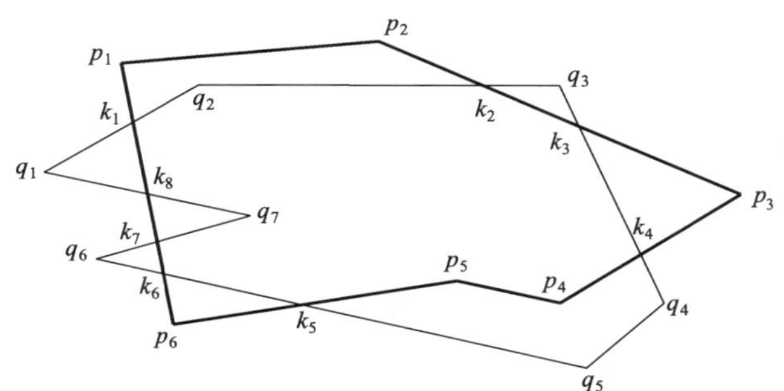

图 5.19　简单多边形求交

继续搜索数组 A，并把已经连接的交点的对应 A 中元素置为 0，跟踪多边形，直到 A 中元素全部为 0，跟踪得到的多边形集合(非空)就是 $F = P\cap Q$ 的解。若解集为空，转向第五步。

图 5.19 中，从 k_4 出发，搜索到的交集多边形为 $k_4p_4p_5k_5k_6k_7q_7k_8k_1q_2k_2k_3k_4$。

第五步，取 P 上(或 Q)一端点，判断该端点是否在 Q(或 P)中。若在，则交集为 P(或 Q)；否则，交集为空(图 5.20)。

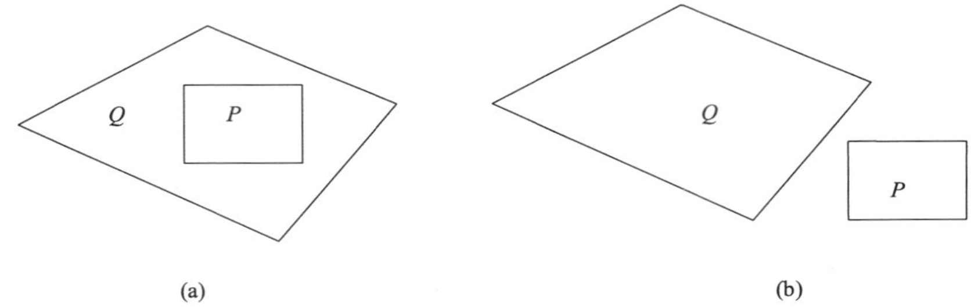

图 5.20　求交时多边形包含和相离的情形

需要注意的是：两多边形的交集可能为一到多个简单多边形。

2. 计算任意多边形交集的算法

对任意两个多边形求交问题叙述如下：平面上给定两个多边形 P、Q(它们可以是简单多边形，也可以是复杂多边形)，P 的外围多边形为 P_0，内嵌 $m(m\geqslant 0)$个岛屿多边形为 P_1、P_2、…、P_m，Q 的外围多边形为 Q_0，内嵌 $n(n\geqslant 0)$个岛屿多边形为 Q_1、Q_2、…、Q_n，各多边形顶点均按顺时针(或均按逆时针)排列，确定它们的交 $F = P\cap Q = \{q \mid q\in P\wedge q\in Q\}$。

复杂多边形求交的解法比较复杂，是简单多边形交、并、差等基本运算的混合运算，另外对数据结构的设计也有较高的要求。下面给出该算法的描述。

第一步，求出 P、Q 的外围多边形的交，若 $F = P_0\cap Q_0 = \Phi$，结束运算；

第二步，若非空，分别计算各个岛屿多边形(P_1、P_2、…、P_m 及 Q_1、Q_2、…、Q_n)与 F 的交集(运用上述两简单多边形求交的算法)F_{P1}、F_{P2}、…、F_{Pm}、F_{Q1}、F_{Q2}、…、F_{Qn}；

第三步，最终结果集合为 $P\cap Q=F-(F_{P1}\cup F_{P2}\cdots\cup F_{Pm}\cup F_{Q1}\cup F_{Q2}\cdots\cup F_{Qn})$。

如图 5.21 所示，两复杂多边形 P、Q 求交后的结果是虚线阴影部分的多边形，它由 $P_0\cap Q_0$ 去除 P_1 的部分组成。

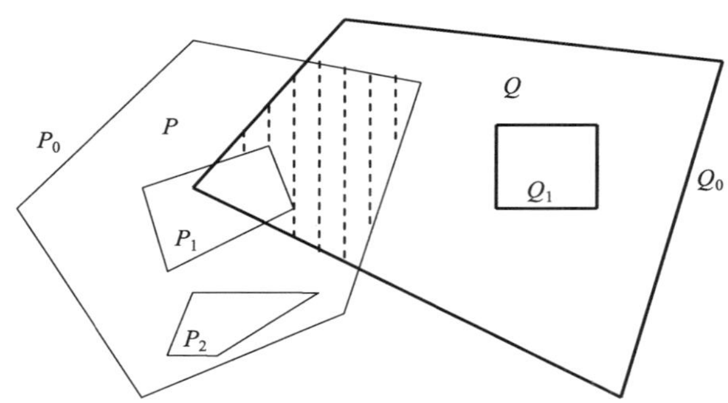

图 5.21　两复杂多边形求交

5.3 拓扑多边形自动生成算法

拓扑关系的存在是空间数据区别于其他数据的重要特征之一。空间数据拓扑关系的构建是空间数据库建立的一项关键技术,而弧段-多边形拓扑关系的建立又是其中的难点。弧段-多边形拓扑关系的建立通常有两种方法:一是人工构建,如美国人口调查局的DIME系统;二是自动构建,当前GIS开发多采用这种方法。

对拓扑多边形的自动构建算法,学者的研究侧重点各异,但基本都是从自动化程度、时间效率和算法的复杂性出发进行优化与改进。早期的算法一般都离不开人工干预(如输入内点、多边形编码等),这对全自动成图是不利的。齐华等提出的 Q_i 算法(齐华,1997;齐华和刘文熙,1996)在时间效率上有了较大的改进,自动化程度也较高,但时间效率仅体现在把 $\arctan x$ 的计算置换为 Q_i 函数值的计算,而多边形搜索、多边形拓扑关系的确定基本沿用原来的方法。

本节介绍一种基于方位角计算的多边形快速构建算法(闫浩文等,2000),该算法很好地解决了多边形构建及"岛屿"与"飞地"处理问题。整个算法结构清晰,简单易懂,程序设计易于实现。其基本思路是:弧段邻接关系确定;弧段方位角计算;多边形搜索;拓扑关系确定。

5.3.1 方位角的计算方法

坐标方位角是测量学中的一个基本概念,是指从坐标北方向起顺时针旋转到某一射线的角度。此处借用该概念并规定:把从平面直角坐标系的 x 轴正半轴起逆时针旋转到某一射线的角度称为该射线的坐标方位角,其取值范围为 $0°\sim360°$。

如有射线 AB,其首端点为 $A(x_A,y_A)$,其上另一点为 $B(x_B,y_B)$,坐标方位角用 α_{AB} 表示,则 α_{AB} 可按照下式计算:

$D_x=x_B-x_A$;

$D_y=y_B-y_A$;

(1) 若 $D_x=0, D_y>0$ 则 $\alpha_{AB}=90°$;

(2) 若 $D_x=0, D_y<0$ 则 $\alpha_{AB}=270°$;

(3) 若 $D_x>0, D_y>=0$ 则 $\alpha_{AB}=\arctan(D_y/D_x)$;

(4) 若 $D_x>0, D_y<0$ 则 $\alpha_{AB}=\arctan(D_y/D_x)+360°$;

(5) 若 $D_x<0$ 则 $\alpha_{AB}=\arctan(D_y/D_x)+180°$。

注:$D_x=0$, $D_y=0$ 时方位角不存在,这种情况本算法不予考虑。

5.3.2 拓扑邻接的两弧段间夹角的计算方法

一条弧段至少由两个点组成。拓扑邻接的两弧段间夹角是指从它们的公共端点 O 出发的两条射线(若公共端点是弧段的起点,射线指向弧段的第二点;若公共端点是弧段的末点,射线指向弧段的倒数第二点)所夹的有向角,其取值范围为 $0°\sim360°$。若弧段

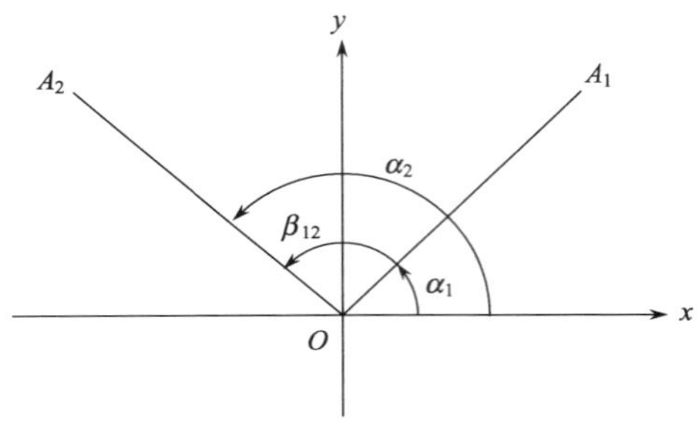

图 5.22　方位角及夹角计算

A_1、A_2 有公共端点，且在该端点两弧段的坐标方位角分别为 α_1、α_2，两弧段间夹角按照下列公式计算(示例如图 5.22 所示)。

若 $\alpha_2 \geqslant \alpha_1$，$\beta_{12}=\alpha_2-\alpha_1$；

若 $\alpha_2<\alpha_1$，$\beta_{12}=\alpha_2-\alpha_1+360°$。

式中，α_1 为起始弧段 A_1 在端点 O 的坐标方位角；α_2 为终止弧段 A_2 在端点 O 的坐标方位角；β_{12} 为端点 O 处从弧段 A_1 到 A_2 的夹角。

反之，β_{21}是端点 O 处从弧段 A_2 到 A_1 的夹角，且有 $\beta_{12}+\beta_{21}=360°$成立。

5.3.3　多边形搜索的最小角法则

一条弧段作为一个或两个多边形的组成边而存在，亦即从一条弧段出发最多可以搜索出两个正确的多边形。如图 5.23 所示，若从弧段 A_1 的一端 O 出发，并把它作为起始弧段，把与 A_1 的 O 端拓扑关联的其他弧段作为终止弧段，比较并找出与 A_1 夹角最小的终止弧段 A_2，并把 A_2 作为新的起始弧段，从它的另一端点出发重复以上过程继续搜索，直到回到出发弧段 A_1 的另一端为止，所有搜索出的弧段构成了一个多边形。同样，从 A_1 的 O 端开始，并把它作为终止弧段，把与它拓扑关联的其他弧段作为起始弧段，比较并找出与该弧段夹角最小的弧段，并把找出的弧段作为新的终止弧段，再从新弧段的另一端点出发重复以上过程继续搜索，直到回到出发弧段 A_1 的另一端为止，所有搜索出的弧段构成了另一个多边形。这样，从一条弧段出发可以跟踪出两个多边形，此方法可称为多边形搜索的最小角法则。

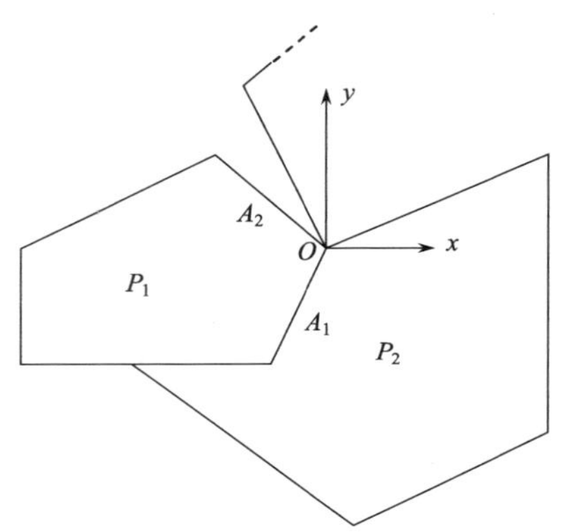

图 5.23　运用最小角法则搜索多边形

5.3.4　多边形的自动构建算法

1. 弧段间拓扑邻接关系的确定

1）弧段无邻接关系的处理

弧段是有向坐标串的集合，往往是从图形数字化而得并以文件形式保存的。有的数字化软件不对数字化的弧段进行分断处理和端点坐标匹配，从而出现了部分弧段的首末点与本应该邻接的弧段的邻接关系未被正确表达的现象。

为此，需要确定一个距离值 LIMIT 作为端点坐标匹配的限差，对弧段进行断开处理。设全部弧段中的最大、最小坐标分别是 X_{max}、Y_{max}、X_{min}、Y_{min}，L 是 X_{max}-X_{min} 与 Y_{max}-Y_{min} 的较小者，A 是最小弧段的长度，则根据实验 LIMIT 取 $L/1000$ 与 A 的小者为优。若某一弧段 M 的首(末)端点与其他弧段的首(末)端点及本弧段的末(或首)端点的距离均大于 LIMIT，搜索其他弧段的坐标，找出与该端点距离最近的点 P 及其所在的弧段 N，把弧段 N 以 P 为界分为两条弧段并把点 P 作为新弧段 M 的端点。对所有弧段的首末端点进行上述操作，完成弧段的断开处理。

2) 建立弧段拓扑邻接表

从第一条弧段的首端点出发，找出与其距离小于等于于 LIMIT 的弧段端点并记录其弧段编号和标记端点位置。某一弧段 N 的首端点与另一弧段相关联，在弧段拓扑邻接关系表中标记为 N；末端点与另一弧段相关联，标记为 $-N$。如图 5.24 所示的弧段图形，其弧段拓扑邻接关系见表 5.1。

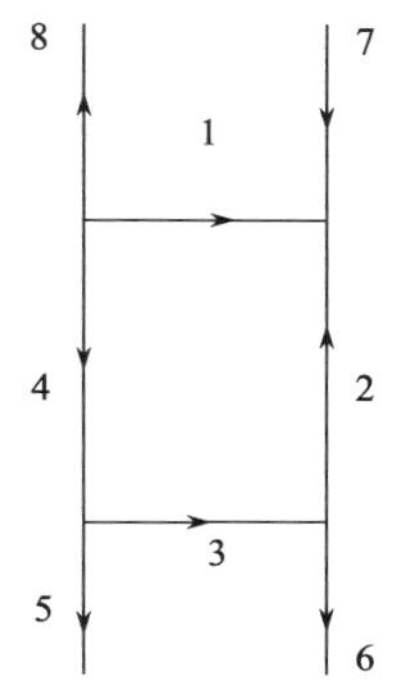

图 5.24　弧段拓扑邻接示意图

表 5.1　弧段拓扑邻接表

1	首	4,8
	末	−2,−7
2	首	−3,6
	末	−1,−7
3	首	−4,5
	末	2,6
4	首	1,8
	末	5,3

2. 方位角的计算

按照方位角计算公式计算并保存所有弧段首末端的坐标方位角。多边形的搜索不再进行方位角计算。

3. 多边形的搜索

多边形的搜索按照最小角法则进行。从编号为 1 的弧段的始端出发，查找弧段拓扑邻接表中与该端点关联的弧段，按照最小角法则可以搜索出两个多边形。依照上述方法，依次把其他弧段作为开始弧段，共可找出 $2N$(N 为总弧段数)个多边形。搜索过程中记录构成多边形的边号(一弧段首端与上一弧段关联用正边号，否则用负边号)和边数即形成多边形与弧端的拓扑关联表。图 5.25 被搜索后构成的拓扑关联表见表 5.2。

表 5.2　弧段与多边形的拓扑关联表

多边形号	弧段数	构成弧段
1	7	−1,4,−15,−14,−9,−8,−6
2	4	−1,3,18,11
3	1	−2

续表

多边形号	弧段数	构成弧段
4	1	−2
5	3	−3,4,5
6	4	−3,1,−11,−18
7	7	−4,1,6,8,9,14,15
8	3	−4,3,−5
9	5	−5,−15,−13,−12,−18
10	3	−5,−4,3
11	7	−6,−1,4,−15,−14,−9,−8
⋮	⋮	⋮
30	7	−15,−14,−9,−8,−6,−1,4
31	1	−16
32	1	−16
33	1	−17
34	1	−17

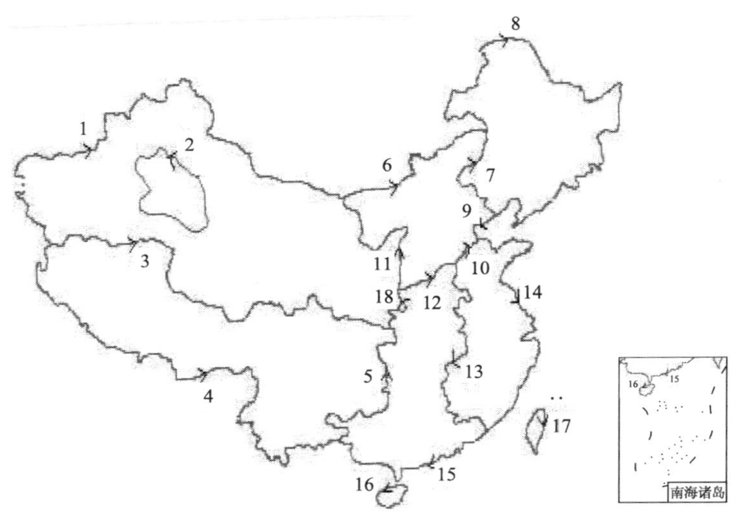

图 5.25　有向弧段示例

4. 多余多边形的消除

按照最小角法则搜索出的多边形部分是重复的(如“岛”被搜索了两次),部分是错误的(如外围轮廓多边形),这两种多边形需要去除。重复多边形的去除是从多边形与弧段的拓扑关联表中按照边数相等且边号绝对值相等的原则实现。错误多边形的去除按照下面原则进行:一个多边形与另一多边形有公共边,同时它又包含另一多边形的非公共边上一点,则该多边形是错误多边形。表 5.3 是表 5.2 消除多余多边形后的结果。

表 5.3 弧段与多边形的拓扑关联表

多边形号	弧段数	构成弧段
1	4	−1,3,18,11
2	1	−2
3	3	−3,4,5
4	5	−5,−15,−13,−12,−18
5	6	−6,−11,12,10,−9,7
6	2	−7,−8
7	3	−10,13,−14
8	1	−16
9	1	−17

5. 多边形拓扑关系的确定

1) 多边形拓扑邻接关系的确定

搜索多边形与弧段的拓扑关联表，若多边形 P_1 与多边形 P_2 有公共弧段，则它们拓扑邻接，记录其拓扑邻接关系形成多边形拓扑邻接关系表。

2) 多边形拓扑包含关系的确定

搜索多边形拓扑邻接关系表及多边形与弧段的拓扑关联表，若多边形 P_1 与 P_2 没有拓扑邻接关系且 P_2 上有一点在多边形 P_1 内(用铅垂线内点法)，则多边形 P_1 包含多边形 P_2。依照上述方法搜索所有多边形并记录其包含关系即形成多边形拓扑包含关系表。用铅垂线内点法判断一点在多边形内的依据是铅垂线与多边形交点的奇偶性，若交点个数为偶数，点在多边形外，否则点在多边形内。但是这种方法不能正确判定多边形的多重包含关系。如图 5.26 所示，判定的结果是多边形 P_1 包含多边形 P_2 又包含多边形 P_3，而实际上 P_1 与 P_3 的包含关系是错误的，应该消除。为此搜索多边形拓扑包含关系表，按照临近包含的原则修正包含关系。

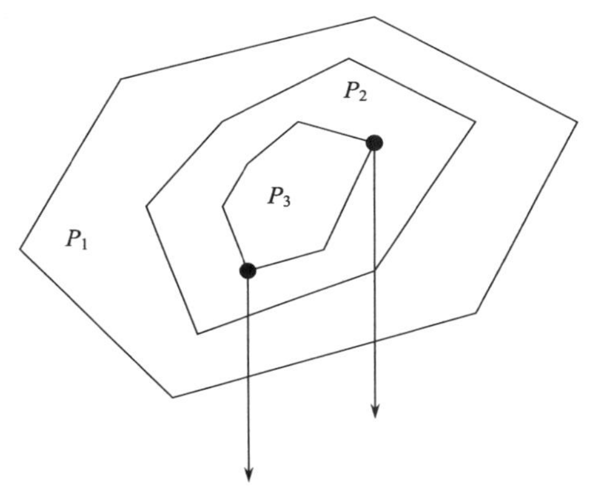

图 5.26 多边形包含关系判断的示例

这样，作为“飞地”的多边形与其他多边形的包含关系得以确认，作为“岛屿”的多边形亦在多边形与弧段的拓扑关联表中作为独立的多边形存在。

6. 多边形与内点的拓扑包含关系的确定

内点是在多边形内填充颜色、图案、符号的根据。若数字化时已为多边形生成了内点文件，则按照铅垂线内点匹配法建立多边形与内点的拓扑包含关系表。否则，要用程序自动生成内点。用程序自动生成内点的方法是：在多边形上任取一条线段的中点 $P(X, Y)$，然后生成四点：$P_1(X-1, Y)$，$P_2(X+1, Y)$，$P_3(X, Y-1)$，$P_4(X, Y+1)$，用铅垂线内点法判断，至少有一点在多边形内。

5.4　空间方向关系计算

5.4.1　空间方向关系的定义、性质

1. 空间方向关系的定义

空间方向存在于地理空间的两个目标之间，是在一定的方向参考系统中从一个空间目标到另一个空间目标的指向，通常用角度（定量）或东、南、西、北等（定性）术语表示。指向出发的目标称为参考目标（Reference Object），被指向的目标称为源目标（Primary Object），在美国的少数文献（Goyal，2000）中也把源目标称为目的目标（Target Object）。

空间方向关系是两个空间目标之间互为源目标和参考目标的相互指向关系。

空间方向关系和空间方向是两个有区别的概念，在述及空间方向时一定有源目标和参考目标之分，而空间方向关系则无源目标和参考目标的区分，而是包括了两个目标互为参考目标时的指向关系，就如拓扑空间关系中的拓扑邻近、拓扑关联、拓扑相离等是对等存在于两个目标之间一样。

设 A 为源目标、B 为参考目标，则 A、B 目标之间的空间方向表示为

$$\mathrm{Direction}=\mathrm{Dir}(A, B)$$

A、B 目标之间的空间方向关系表示为

$$\{\mathrm{Dir}(A, B), \mathrm{Dir}(B, A)\}$$

2. 空间方向的参考框架

Goyal（2000）认为，空间方向是一个有序对 $<A,B>$ 之间的二元关系，A 是待确定方向的目标，B 是作为参考的目标。闫浩文和郭仁忠（2001，2002a、2003b）认为，空间方向应该是一种三元组的关系 $<A,B,F>$，即还应该加上空间方向的参考框架（Reference Frames）。空间方向的参考框架是由于不同目的、用途和观点对空间进行的剖分。如果参考框架改变了，空间方向一般也会改变。Retz-Schmidt（1988）把参考框架（也称为方向参考系统）归纳为三类（图 5.27）：

（1）内部参考框架（Intrinsic Reference Frame）。该框架是一个目标在自身内部建立的方向参照系统，多用前、后、左、右等术语描述。例如，对于一个居民住宅，正门入口为前，阳台为后，卧室居左，其他房间、物品的空间方向可依此确定。

（2）直接参考框架（Deictic Reference Frame）。该框架是基于观察者的观点建立，一个观察者以他自己的前、后、左、右等对空间进行划分，建立空间方向判断的参照系统。

（3）外部参考框架（extrinsic reference frame）。地球表面上的外部参考框架的建立，选择不同的北方向，相应的外部参考框架也有区别。北方向一般有磁北方向、真北方向的区分。地球表面的外部参考框架经由投影转换到二维平面上，一般可以得到由四个主方向（东、南、西、北）描述的方向系统，该方向系统中的北方向称为坐标北。

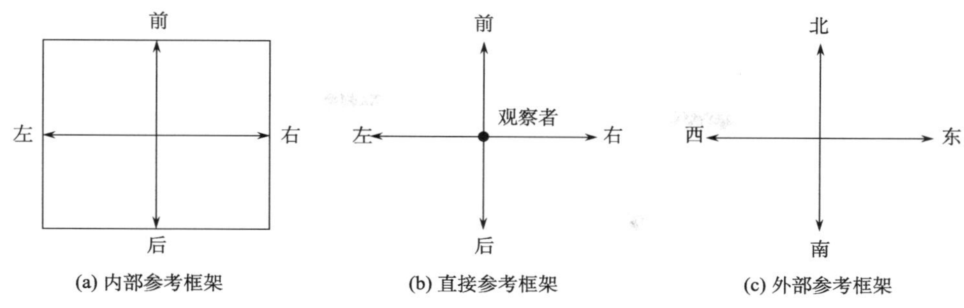

图 5.27　空间方向的三种参考框架

一般的,内部参考框架用于小尺度(Small-Scale)的地理空间,直接参考框架用于人们的日常方向判断描述。在 GIS 中,地理空间目标的空间方向参考框架是典型的外部参考框架。而且,GIS 中所指的地理空间是大尺度(Large-Scale)的,而不是小尺度的。

3. 空间方向关系的性质

空间方向的性质概括起来有以下 5 个方面:

性质 1　传递性(Transitivity),在参考框架 F 中,设主方向的集合为 $D=\{D_1, D_2, \cdots, D_n, n=2^{k+1}, k\geqslant 1\}$,空间方向计算函数为 f,若对空间方向三元组有 $f(A,B,F)=D_i$,$f(B,C,F)=D_i$,则必有 $f(A,C,F)=D_i$ 成立,这个性质称为空间方向的传递性。

性质 2　反射性(Reverseness),若对空间方向三元组有 $f(A,B,F)=D_i$,则必有 $f(B,A,F)=D_{n-i}$ 成立,这个性质称为空间方向的反射性。

性质 3　完整性(Wholeness),空间方向是全圆方向的覆盖,这个性质称为空间方向的完整性。

性质 4　平等性(Equality),空间方向没有大小的区分,是一种平等关系,这个性质称为空间方向的平等性。

性质 5　相对性(Relativity),空间方向的相对性有两个方面的意思,一是空间方向必然是某一参考框架下的空间方向,参考框架变化,空间方向一般也发生变化;二是空间方向存在于两个目标之间,是一个目标相对于另一个目标的指向,相对的指向关系改变了,空间方向也会发生变化。

空间方向的上述 5 个特性是进行空间方向计算和基于空间方向关系的空间查询、空间推理的基础。

4. 空间方向关系的定量描述和定性描述

人们表达空间方向有两种方式:定量描述和定性描述。

所谓定量描述就是用方位角、象限角等比率量标(Ratio)数据精确地给出目标间的方向关系值。方位角是指从正北方向起,直线顺时针旋转到某一位置时经过的角度,取值范围是 0°～360°。方位角是一个相对的概念,表现为对于两个点目标 A、B,AB 的方位角和 BA 的方位角相差 180°:$|\alpha_{AB}-\alpha_{BA}|=180°$。

如图 5.28(a)所示,平面两点 $A(X_A,Y_A)$、$B(X_B,Y_B)$,AB 的方位角为 α,设:

$dx = X_B - X_A$

$dy = Y_B - Y_A$

当 $dx=0$ 时，

(1) $dy>0, \alpha=0°$；

(2) $dy<0, \alpha=180°$。

当 $dx\neq 0$ 时，设 $\beta=\arctan(dy/dx)$，有

(3) $dx>0, \alpha=90°-\beta$；

(4) $dx<0, \alpha=270°-\beta$。

象限角[图 5.28(b)]是指某一射线的方向和四个主方向（直角坐标系的坐标轴）所夹的小于等于 45°的角。象限角和方位角可以相互换算，二者在表示空间方向上是等价的，可以视表达的方便与否而选用其一。

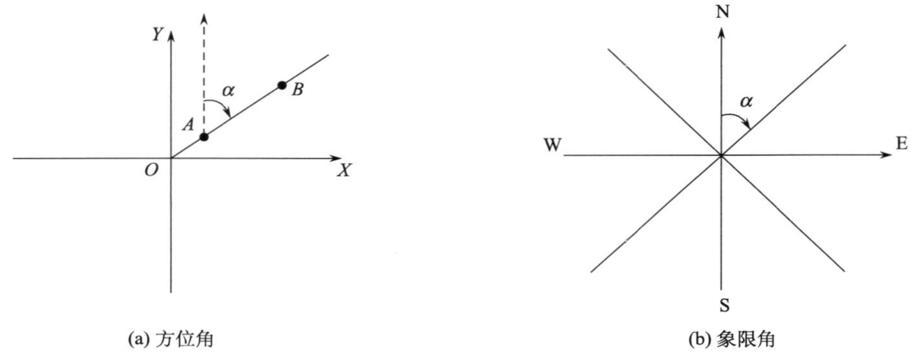

(a) 方位角

(b) 象限角

图 5.28　方向的定量描述

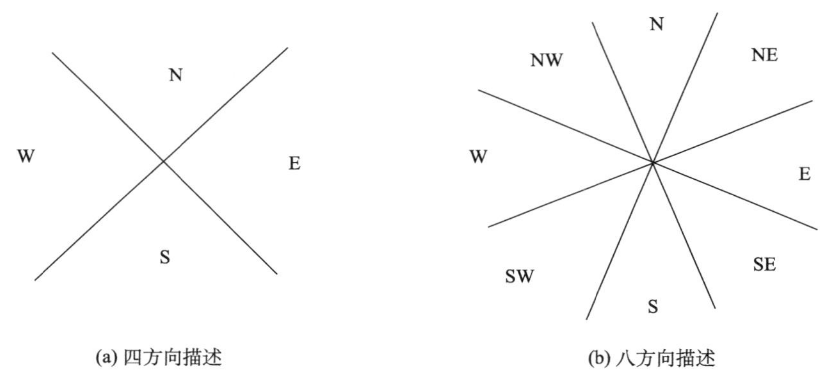

(a) 四方向描述

(b) 八方向描述

图 5.29　方向的定性描述

定性描述是用有序尺度数据（Ordinal）概略描述方向关系，如图 5.29 所示，在平面上四方向描述把空间方向分成北（N）、东（E）、南（S）、西（W），八方向描述把空间方向分成北（N）、东北（NE）、东（E）、东南（SE）、南（S）、西南（SW）、西（W）、西北（NW），十六方向描述则在八方向描述的基础上又增加了东北北（NNE）、东北东（ENE）、东南东（ESE）、西南南

(SSW)、东南南(SSE)、西南西(WSW)、西北西(WNW)、西北北(NNW)等八个方向。四方向、八方向和十六方向描述的实质是一种主方向(Cardinal Directions)描述，即把空间的全圆方向以主方向为准等分成几个区界，若一个方位角的值属于某个区界，就把目标间的空间方向关系归于这一类。四方向的主方向和区界的对应关系是：北→(315°,45°)、东→(45°,135°)、南→(135°,225°)、西→(225°,315°)；八方向的对应关系是：北→(337.5°,22.5°)、东北→(22.5°,67.5°)、东→(67.5°,112.5°)、东南→(112.5°,157.5°)、南→(157.5°,202.5°)、西南→(202.5°,247.5°)、西→(247.5°,292.5°)、西北→(292.5°,337.5°)；十六方向等依此类推。

不同的定性描述反映了人们对空间方向关系表达精确程度的不同需求。在三维空间，对方向的定性描述又增加了“上”、“下”的概念，以区别天顶方向和其反方向。

5.4.2 空间方向关系的分类体系

设二维空间两个目标是非空点的集合，p 是源目标，r 是参考目标，p、r 可以是点、线、面目标中的一种。点目标没有大小，只有定位的意义；线目标是连续但不自相交、可闭合的折线；面目标为简单多边形或简单多边形的嵌套，为闭集，包括面的边界和内部。基于以上条件，下面讨论 p、r 之间空间方向的分类。

(1) 无意义的空间方向(文献多称为 0 或 same)：此类空间方向关系对应于 $p \cap r=r$ 或 $p \cap r=p$，即两个空间目标是拓扑包含或共位关系。在实际应用中，一般认为在大尺度地理空间中这种情况下的空间方向描述没有意义，不作进一步的讨论。图 5.30 是空间方向无意义时两目标对应的 6 种空间拓扑关系存在形式。

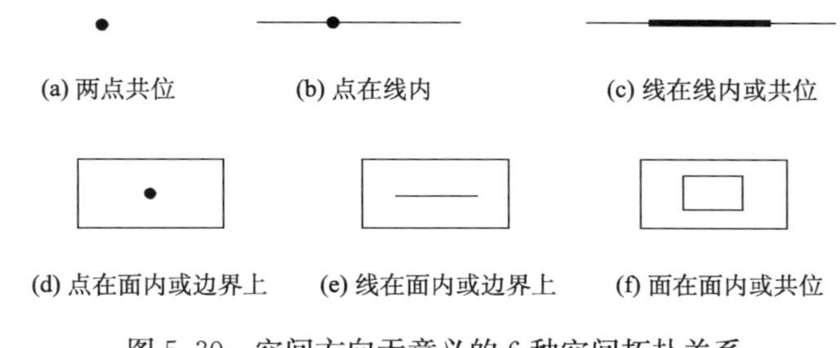

图 5.30 空间方向无意义的 6 种空间拓扑关系

在这里区分源目标和参考目标没有什么必要。p 对 r 的空间方向无意义，r 对 p 的空间方向也必然无意义。之所以把拓扑包含和共位关系时的空间方向归为没有意义，是因为在这些情况下用外部参考框架已经不足于描述两目标的空间方向关系，而只能借助于它们的内部参考框架，即把问题归结到小尺度地理空间。在大尺度地理空间，用空间拓扑、空间距离等足以描述此情况下目标的空间关系。故此认为在研究大尺度地理空间的 GIS 中，这种空间方向没有意义。

需要强调的是，此处两目标的空间方向关系无意义是在大尺度地理空间的外部参考框架下遵循人们空间方向描述习惯而得到的结论，在内部参考框架下它仍然是有意义的。

(2) 整体对整体的空间方向：其对应于两目标拓扑相离和拓扑相邻两种情形。

第一，当 p、r 是拓扑相离关系，两目标都保持其整体性，空间方向是参考目标 r 的整体对源目标 p 的整体的指向。由于拓扑相离关系是空间目标间出现频率很高的一种空间关系(Florence and Egenhofer，1996)，故这种整体对整体的空间方向描述形式也是人们使用最多的。图 5.31 是平面上点、线、面目标拓扑相离的 6 种情况。

第二，当 p、r 是拓扑相邻关系，两目标在视觉上仍然保持完整，空间方向是参考目标 r 的整体对源目标 p 的整体的指向。图 5.32 是平面上线、面目标拓扑相邻的 3 种情况。

(3) 整体对部分的空间方向：这类情形与点目标无关，存在于线线、线面、面面目标拓扑相交时。

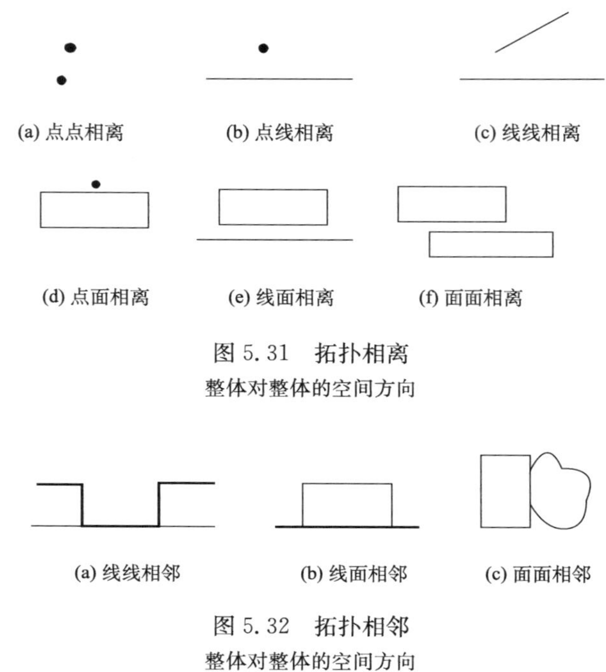

图 5.31　拓扑相离
整体对整体的空间方向

图 5.32　拓扑相邻
整体对整体的空间方向

(1) 线线目标相交(指穿越相交，与相邻关系有区别)，在视觉上两目标以交点为界分断，有 n 次穿越相交，源目标被分成 $n+1$ 段，即 $n+1$ 个子源目标[图 5.33(a)源目标被分为 3 个子目标]。对于线线目标穿越相交并出现线线相邻时，在相邻的部分线目标仍然保持连续[图 5.33(b)]。

(2) 线面目标相交，包括陷入相交和穿越相交。无论哪种方式相交，线目标被面目标包含的部分空间方向无意义。线面目标无论哪一个是源目标，穿越相交时，总是源目标被分为几部分，参考目标保持完整，空间方向体现在参考目标整体和源目标部分之间[图 5.34(a)]。陷入相交时，无论哪一个是源目标，空间方向体现在线目标不包含于面目标的部分和面目标整体之间，即线目标总表现为部分[图 5.34(b)]。

(3) 面面目标相交，包括陷入相交和穿越相交，$p\cap r$ 的空间方向无意义。参考目标总是保持完整，有意义的空间方向体现在参考目标整体和 $p-r$ 各部分之间(图 5.35)。

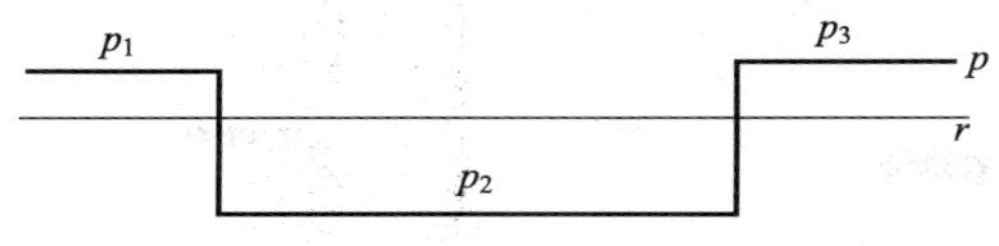

(a) 穿越相交，源目标被分成3段

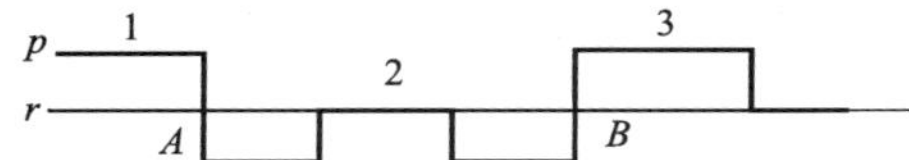

(b) 穿越相交，出现线线相邻时不把线目标分断，A、B为分断点

图 5.33　线线目标相交

整体对部分时空间方向的两种情形

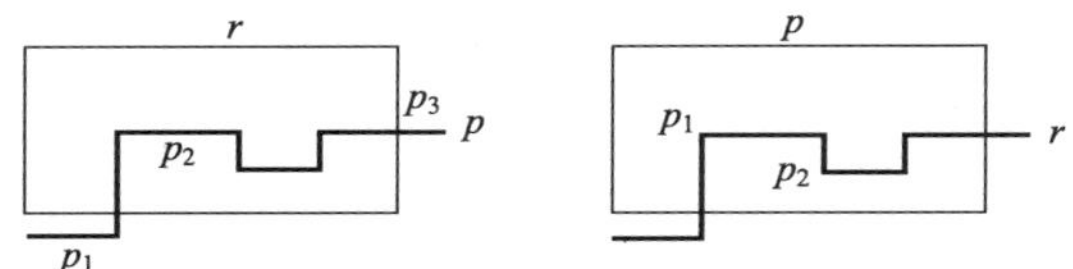

(a) 穿越相交，源目标分为几部分，参考目标保持完整

(b) 陷入相交，总是线目标被分为几部分

图 5.34　线面目标相交

整体对部分时空间方向的两种情形

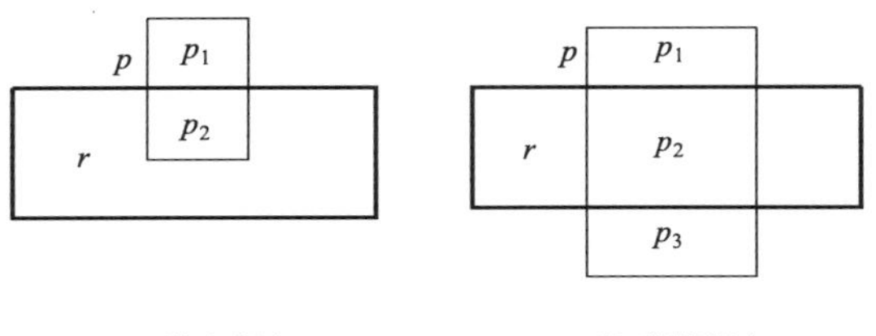

(a) 陷入相交　　　　(b) 穿越相交

图 5.35　面面目标相交

整体对部分时空间方向的两种情形

5.4.3　空间方向关系形式化描述模型

空间方向关系形式化描述模型研究一直是空间方向关系研究的难点和重点。到目前为止，空间方向关系描述模型的研究成果主要有 3 类，共 7 种，分别是：

(1) 锥形模型(Peuquet and Zhan,1987)和四半区域模型(Abdelmoty and Williams,1994),四半区域模型本质上和锥形模型是一致的,主要差别是对方向区域的划分。

(2) 基于投影的模型:矩形模型(Papadias,1994;Frank,1996;Shekhar and Liu,1998)、方向关系矩阵模型(Goyal,2000)、2D String 关系模型(Chang et al.,1987)以及最小外接矩形模型(Mukerjee and Joe,1990)。其中,2D String 关系模型和最小外接矩形模型因为计算烦琐,结果又存在错误,已经很少使用;方向关系矩阵模型较矩形模型在方向计算精度上有所提高。

(3) 方向 Voronoi 图模型(Yan et al.,2006):该模型克服了空间目标的形状和大小对空间方向关系的影响,在任何情况下总能得到精确的计算结果。

基于上述分析,本节将详细阐述锥形模型和方向关系矩阵模型的基本原理,方向 Voronoi 图模型放在下一节进行论述。

1. 锥形模型

锥形模型的基本思想是:用从一个目标出发指向另外一个目标的锥形区域来确定两目标之间的空间方向关系。根据精度的不同要求,该模型可以将方向区域划分为四方向、八方向、十六方向等。

以四方向锥形模型为例,该模型通常把尺寸较大(或较引人注目)的一个目标作为参考目标,较小的一个作为源目标,两目标所在的平面用从参考目标质心(Centroid)出发的两条互相垂直的直线划分为四个无限的锥形区域。每个锥形顶点的角平分线都指向一个主方向(东、南、西、北)。如果源目标落在某一个主方向所在的锥形区域内,则该模型的结论是源目标在参考目标的该主方向上。图 5.36(a)中,P_2 落在主方向为东的三角形区域,锥形模型的结论是 P_2 在 P_1 的东面。

当两目标间的距离与它们的尺寸(Size)相比较大的时候,锥形模型一般能够得出正确的结论。反之[图 5.36(b)],或者两目标出现相交、缠绕[图 5.37(a)]、包罗[图 5.37(b)]等情形时,结论常常会出现偏差。

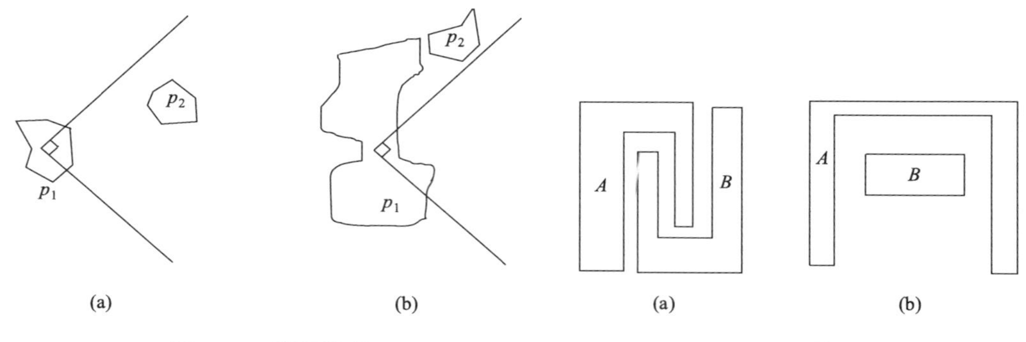

图 5.36 锥形模型

图 5.37 锥形模型的缺陷

锥形模型设计的初衷是探测一个目标是否在一个给定的方向上,故其不用顾及地理空间目标间的许多复杂情况,对两个目标拓扑相离且距离较远的情况,判断结果比较准确。但在两目标距离相对于自身大小很近或出现包罗、缠绕、交叠等复杂空间关系时,锥形模型的效果并不理想。

2. 方向关系矩阵模型

方向关系矩阵模型的思想是：如果参考目标是多边形，其 MBR 把平面划分为 9 个区域，称为 9 个方向片(Direction Tiles)，每一个方向片对应一个主方向，参考目标所在的方向片称为 same 方向，这样对于参考目标 A 的方向集为 $\{N_A, NE_A, E_A, SE_A, S_A, SW_A, W_A, NW_A, O_A\}$(图 5.38)，源目标 B 总会落在一到多个方向片中。对 9 个区域和源目标分别求交，构建式(5.5)的方向关系矩阵，元素的值不会全部为空。根据非空元素的位置可以判断源目标和参考目标的方向关系。

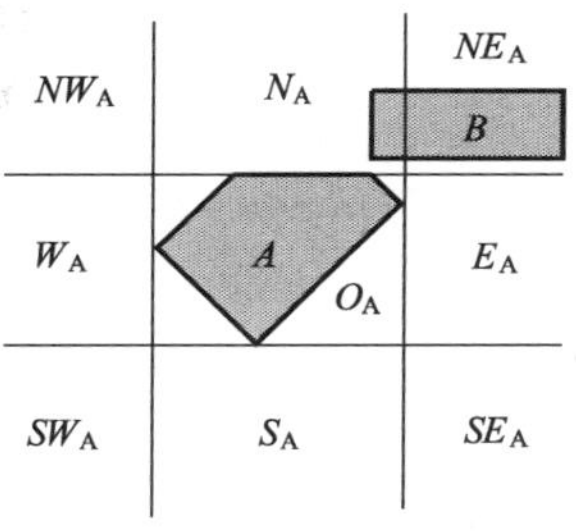

图 5.38　方向关系矩阵模型

$$\mathrm{Dir}(A,B)=\begin{bmatrix} NW_A\cap B & N_A\cap B & NE_A\cap B \\ W_A\cap B & O_A\cap B & E_A\cap B \\ SW_A\cap B & S_A\cap B & SE_A\cap B \end{bmatrix} \tag{5.5}$$

$$\mathrm{Dir}(A,B)=\begin{bmatrix} \dfrac{\mathrm{Area}(NW_A\cap B)}{\mathrm{Area}(B)} & \dfrac{\mathrm{Area}(N_A\cap B)}{\mathrm{Area}(B)} & \dfrac{\mathrm{Area}(NE_A\cap B)}{\mathrm{Area}(B)} \\ \dfrac{\mathrm{Area}(W_A\cap B)}{\mathrm{Area}(B)} & \dfrac{\mathrm{Area}(O_A\cap B)}{\mathrm{Area}(B)} & \dfrac{\mathrm{Area}(E_A\cap B)}{\mathrm{Area}(B)} \\ \dfrac{\mathrm{Area}(SW_A\cap B)}{\mathrm{Area}(B)} & \dfrac{\mathrm{Area}(S_A\cap B)}{\mathrm{Area}(B)} & \dfrac{\mathrm{Area}(SE_A\cap B)}{\mathrm{Area}(B)} \end{bmatrix} \tag{5.6}$$

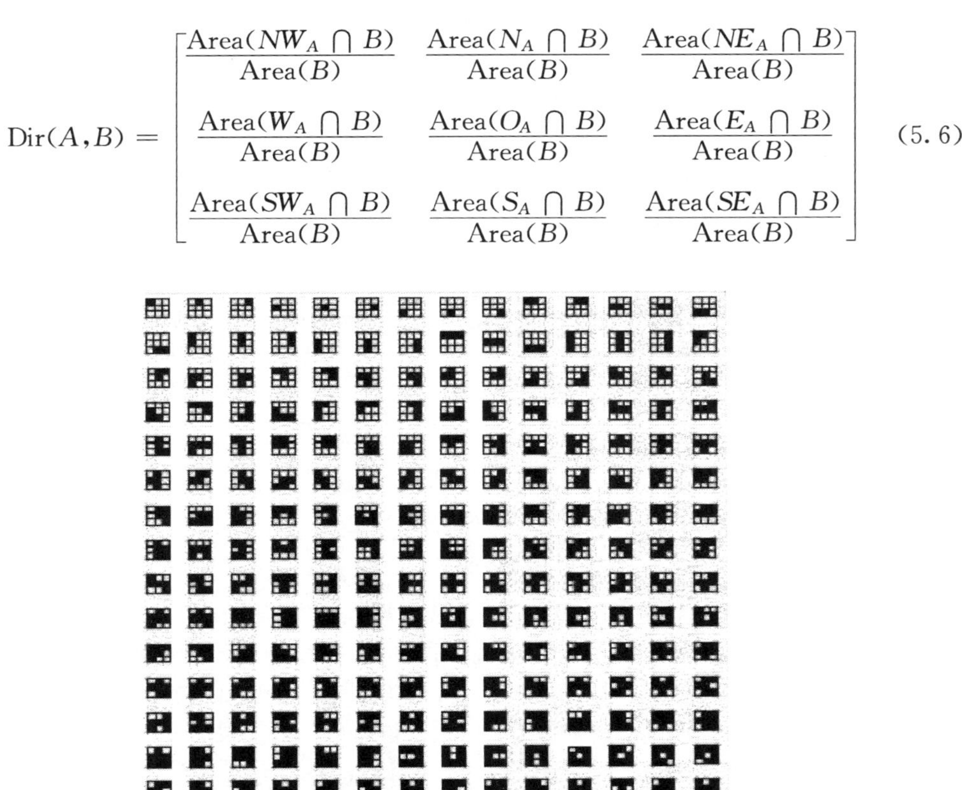

图 5.39　218 种空间方向关系的标像描述

Goyal(2000)对 3×3 的矩阵进行了分析，认为在 $2^9=512$ 种取值组合中只有 218 种情况是有意义的，并建立了一种标像描述矩阵用以直观表示源目标相对于参考目标的空间位置，图 5.39 中的黑色和白色分别代表源目标在方向片上非空与空。Goyal(2000)认识到了矩阵模型存在的缺陷，对式(5.5)进行了改进，用源目标在某一方向片区的面积比例代替交集，给出了式(5.6)的表达。

Goyal(2000)把方向关系矩阵模型推广到参考目标为点、铅垂线段、水平线段和任意线面的情况，对平面进行了不同的划分(图 5.40)，并建立了相应的方向计算矩阵。

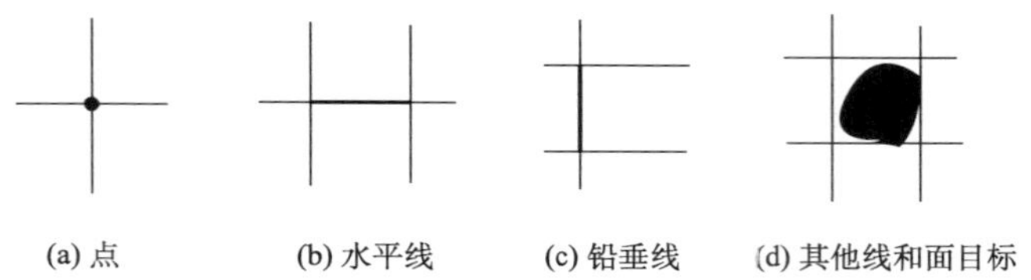

(a) 点　　(b) 水平线　　(c) 铅垂线　　(d) 其他线和面目标

图 5.40　基于不同类型参考目标的空间方向参考框架

对于方向关系矩阵没有考虑到源目标位于划分线和划分线交点的情况(图 5.41)，该模型用图 5.42 的位串记录每个区域边界与源目标交集的结果。如果某区域与源目标交集为非空，$X_0=1$，其他 8 位为 0；否则，$X_0=0$，根据源目标与该区域交集的具体情况计算其他 8 位的值。对于每一个区域的位计算结果，求出其 9 位之和，建立其方向关系矩阵式(5.7)，该矩阵中的每一个元素对应着一个空间方向。

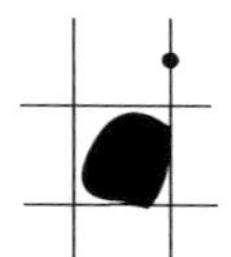

图 5.41　源目标位于划分线和划分线交点的情况

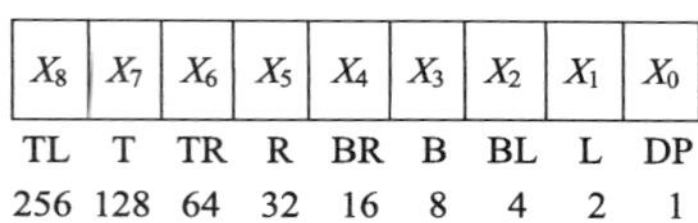

X_8	X_7	X_6	X_5	X_4	X_3	X_2	X_1	X_0
TL	T	TR	R	BR	B	BL	L	DP
256	128	64	32	16	8	4	2	1

图 5.42　用于记录每个区域边界与源目标交集的位串记录

$$\mathrm{Dir}(A,B)=\begin{bmatrix} X_{\mathrm{NW}} & X_{\mathrm{N}} & X_{\mathrm{NE}} \\ X_{\mathrm{W}} & X_{\mathrm{O}} & X_{\mathrm{E}} \\ X_{\mathrm{SW}} & X_{\mathrm{S}} & X_{\mathrm{SE}} \end{bmatrix} \tag{5.7}$$

方向关系矩阵模型的优点是能够描述两个空间目标间方向关系的细节，并以关系矩阵的形式保存起来，可以为空间推理提供支持。该模型的缺点是：

(1) 用目标或其部分所在的区域来代替目标本身，使判断出现较大偏差甚至错误。

(2) 该模型把空间方向以参考目标为中心划分为八个区域(除去自身所在的区域)，这种方向区域划分方法与人们空间方向认知思维上的锥形区域不符，二者有一个重叠区，导致计算结果在某些情况下发生错误。如图 5.43 中阴影为方向关系矩阵模型的 NE 区域与八方向锥形模型的 E 区域重叠部分，按照方向关系矩阵模型，图 5.43 中源目标 B_1、B_2 均在参考目标 A 的东北面，显然在此情况下用锥形模型判断的结果更准确(B_1 在 A 的东北面，B_2 在 A 的东面)。

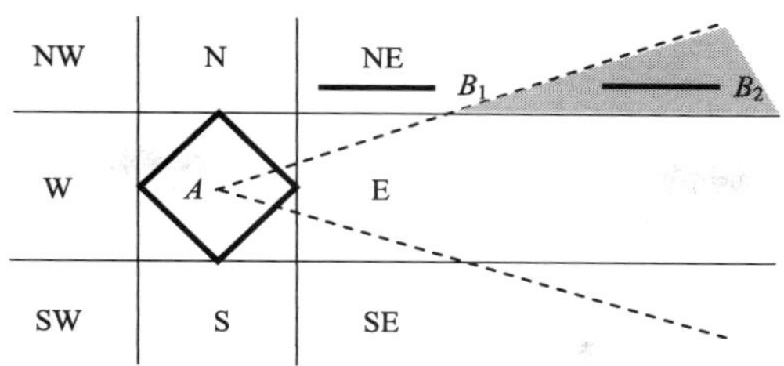

图 5.43　方向区域划分不当，导致方向关系矩阵模型计算结果出现错误

(3) 该模型的方向划分是固定的（八方向），不如锥形模型灵活，可以根据不同的精度，将方向区域划分为四方向、八方向、十六方向等，因此，该模型只能在描述精度不超过八方向的情况下得到满意的结果。

(4) 模型的结果不能逆推，即由 Dir(A,B)不能推出 Dir(B,A)，Dir(B,A)需要重新设置参考框架进行计算。

5.4.4　方向 Voronoi 图模型

1. 基本概念的定义

为了论述问题的方便，定义如下几个基本概念。

目标特征点：是指目标上表示图形结构特征的点。点目标的特征点是它自己，线目标的特征点包括线的起点、终点和中间的转折点，面目标的特征点是其边界多边形的顶点。

可视点：被考察的两目标 A、B，A 有 m 个特征点连接次序为 $p_1,p_2,\cdots,p_m$，B 有 n 个特征点连接次序为 $q_1,q_2,\cdots,q_n$。A 目标的一个特征点 p_i 与 B 目标的特征点共有 n 条连线，若这 n 条连线中存在一条线段 p_iq_j，除了 p_i、q_j，它与 A、B 上特征点顺次连接的线段没有别的交点，则定义 p_i、q_j 是可视的，称 p_i 是目标 A 上相对于目标 B 的可视点，p_i 可视于 B。反之，称 p_i 是 B 的不可视点，p_i 不可视于 B。图 5.44(a)中 p_1、p_2、p_3、q_1、q_2、q_4 是可视点。

可视链：指一个目标上的可视点按照其临近关系自然延伸连接成的曲线。一个目标 A 上的可视链记为 C_A，它一般为线段或折线，特殊情况下为一点。图 5.44(b)中 A 的可

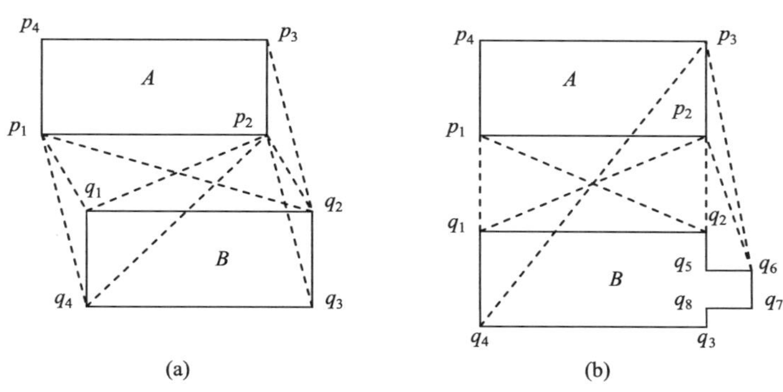

图 5.44　两目标的可视性

视链是 $p_1p_2p_3$，B 的可视链是 $q_1q_2q_6$。

可视区域：把两个目标上的可视链临近的两端连接起来形成的区域，称为两个目标的可视区域。可视区域一般为多边形，特殊情况下为一条线段。目标 A、B 的可视区域标记为 F_{AB}。图 5.44(a)中 $F_{AB}= p_1p_2p_3q_2q_1q_4p_1$，图 5.44(b)中 $F_{AB}= p_1p_2p_3q_6q_2q_1p_1$。空间方向的判断有赖于两目标间的可视区域。

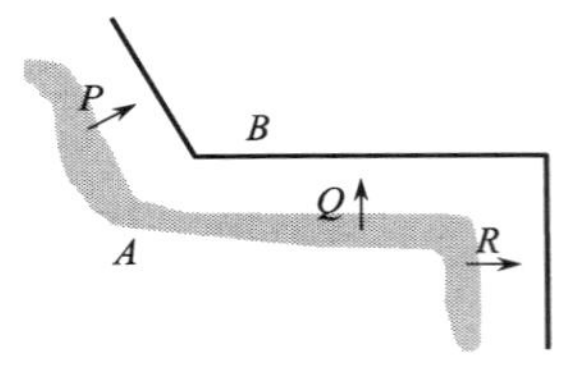

图 5.45　空间目标间存在多条指向线

2. 用 Voronoi 图描述空间方向关系的证明

传统的空间方向关系描述模型将目标间的空间方向单一化，认为目标间的指向线只有一条；而两目标的空间方向具有复杂性和多样性，指向线也应该有多条(图 5.45)，亦即只有使用多个方向的集合，才能够准确描述目标间的空间方向，如可以将图 5.45 中两目标的空间方向描述为：$\mathrm{Dir}(A, B)=\{NE, N, E\}$。

鉴于寻找目标间的指向线比较困难，可以把指向线用其法线代替，下面的论证提供一种寻找两目标指向线的法线的方法。

定义 5.1　如图 5.46(a)，一个目标上的特征点 A 和另外一个目标上的边 BC 组成 $\triangle ABC$，则 AB、AC 称为 $\triangle ABC$ 的腰，BC 称为 $\triangle ABC$ 的底边，$\angle A$ 称为顶角，$\angle B$、$\angle C$ 称为底角。

定义 5.2　如图 5.46(a)，底角均为锐角的三角形称为第一类三角形；如图 5.46(b)，一个底角为直角的三角形称为第二类三角形；如图 5.46(c)，一个底角为钝角的三角形称为第三类三角形。

定理 5.1　如图 5.46 所示，$\triangle ABC$ 中，点目标 A 和线目标 BC 的空间方向指向如果用一条直线来表示，则该直线就是 $\angle A$ 的平分线 AD。

证明：点目标 A 和线目标 BC 的空间方向关系是 A 与 BC 上每一点空间方向关系之和，其指向线族的边界是 AB、AC，AB、AC 与 AD 的角度偏差均为 $\angle A/2$，故如果用一条指向线来描述，则 AD 是最合适的。命题得证。

引理 5.1　如图 5.46(a)、图 5.46(b)，对于第一、二类三角形，顶角角平分线 AD 的垂线 GH 和过两腰的中位线 EF 的交角 $\angle EGH$ 小于 45°。

证明：这里证明第一类三角形，第二类三角形的证明可仿效第一类三角形，此处从略。

$\because \angle AGH$ 为直角，

$\angle AEG=\angle ABC<90^{\circ}$

若 $\angle A$ 是锐角，则 $\angle EAG=\angle A/2<45^{\circ}$

$\therefore \angle EAG+\angle AEG<135^{\circ}$

$\angle AGE>45^{\circ}$

$\therefore \angle EGH<45^{\circ}$

如图 5.46(d)，若 $\angle A$ 是钝角

$\because \angle EGH+\angle GEH=\angle AHG$

而 $\angle EAG=\angle A/2>45^{\circ}$

$\therefore$ 在 RT$\triangle AHG$ 中有 $\angle AHG<45^{\circ}$

得证$\angle EGH<45°$。

引理 5.2　如图 5.46(c)，对于第三类三角形，顶角角平分线 AD 的垂线 GH 和过一腰 AB 中点的垂线 EJ 的交角$\angle EGH$ 小于 45°。

证明：不失一般性，如图 5.46(c)，设底角$\angle C$ 为钝角，进行证明。

∵ $\angle EAG=\angle A/2<45°$

∴在 RT$\triangle AEG$ 中有$\angle AGE>45°$

得证$\angle EGH=90°-\angle AGE<45°$

同样可以证明顶角角平分线 AD 的垂线和过腰 AC 中点的垂线交出的小角小于 45°。

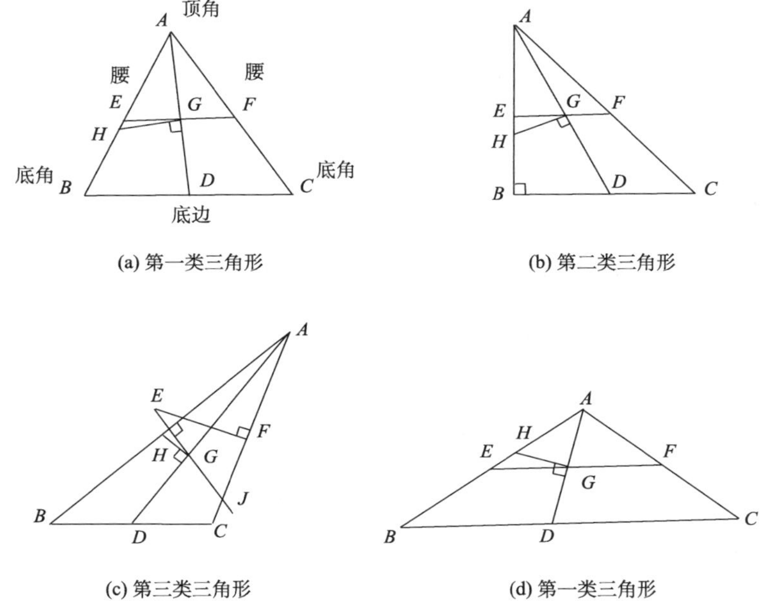

图 5.46　理论上的证明

引理 5.3　对于任意两条不相交的线段，取其端点作为点集构造 Delaunay 三角网，用引理 5.1、引理 5.2 的方法构造的如图 5.47 中的折线图形 $ABCD$ 能够在八方向描述中准确描述两线段的空间方向关系。

证明：如图 5.47 所示，任意两条不相交的线段 EF、GH 可能平行[图 5.47(c)]、垂直[图 5.47(b)]或以其他方式存在[图 5.47(a)]。对于两线段平行，作它们邻近端点的垂直

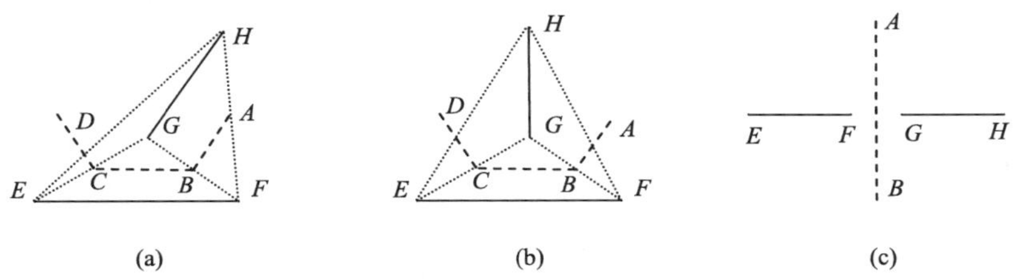

图 5.47　两线段空间方向关系的描述方法

平分线；对于垂直或以其他方式存在的，总能构造图 5.47 中点虚线所表示的 Delaunay 三角网，然后用引理 5.1、引理 5.2 的方法生成三角形的中位线和过一腰中点的垂线连成的折线图形 $ABCD$。由引理 5.1、引理 5.2 可知，线段 AB、BC、CD 分别和对应三角形中顶角角平分线的垂线相交的小角小于 45°，故用它们可以代替顶角角平分线描述每个三角形顶点和底边的方向关系，由于两线段 EF、GH 及其端点都分别参与了这种图形的构造，所以该图形能够在八方向描述中准确描述两线段的空间方向关系。

引理 5.4 对于任意两条不相交的曲线，构造其特征点的 Delaunay 三角网，用引理 5.1、引理 5.2、引理 5.3 的方法构造的如图 5.48 中的图形能够在八方向描述中准确地表达两曲线的空间方向关系。

由引理 5.3 可以直接推出引理 5.4。

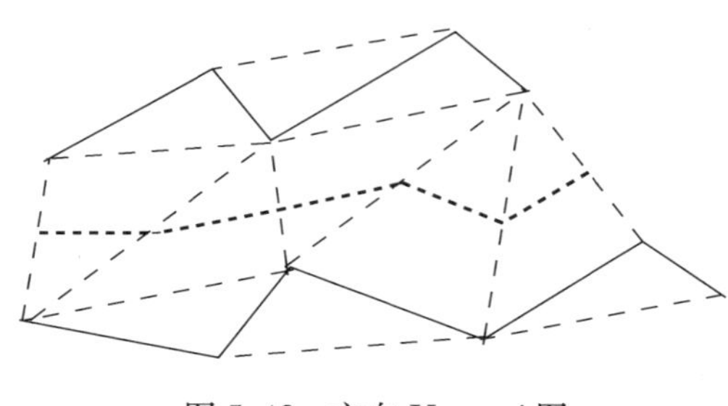

图 5.48 方向 Voronoi 图

定义 5.3 用引理 5.4 的方法构造的图形称为两曲线的方向 Voronoi 图。

注意：在图 5.48 所示的三角网中，三点位于一个目标上的三角形并不参与方向 Voronoi 图的生成。

引理 5.5 在八方向描述中，对于两相邻曲线，相邻部分规定为其方向 Voronoi 图的一部分，公共顶点三角形的方向 Voronoi 图为公共顶点所在角的角平分线，其他三角形的方向 Voronoi 图依照引理 5.1、引理 5.2 构造，这样所得的图形在八方向描述中能够准确地表达两曲线的空间方向关系。

证明：对于两相邻曲线，相邻部分作为其方向 Voronoi 图描述空间方向的结论是显然的；公共顶点三角形的方向 Voronoi 图为公共顶点所在角的角平分线，在引理 5.1 中已经证明所以结论成立。

定理 5.2 在八方向描述中，两目标的空间方向关系可以用它们可视链的方向 Voronoi 图准确描述。

由上面论述可有结论：对于二维空间的两个目标，其方向 Voronoi 图是它们指向线法线的良好近似，可以代替指向线用于描述它们的空间方向关系。

3. 模型设计的总体思路

人的空间认知思维是定性的，但目前的计算机无法从两目标图形中模拟人的思维过程直接提取定性的空间方向关系信息，而必须遵循先定量计算后定性描述的次序，在得到定量化的计算结果（一般是方位角）后，按照定性描述的要求（四方向、八方向、十六方向等）把比率尺度的量化数据转换为有序尺度的定性数据，应用于空间目标的方向关系判断。这一认知过程可以分为下面 3 个子过程，其逻辑结构框架如图 5.49 所示。

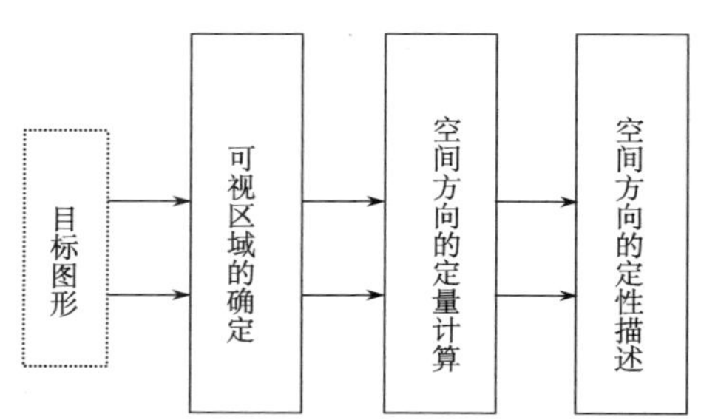

图 5.49 空间方向判断的逻辑结构框架

(1)可视区域的确定:从目标图形信息中提取可视点,构造可视区域;

(2)空间方向的定量计算:以可视区域信息为输入信息,生成两目标的方向 Voronoi 图,对方向 Voronoi 图进行处理,并把方向 Voronoi 图转换为方位角信息;

(3)定性描述结论的确定:对计算结果给出合乎人们理解习惯的表达方式。

4. 可视区域的确定

确定可视区域的流程如图 5.50 所示。

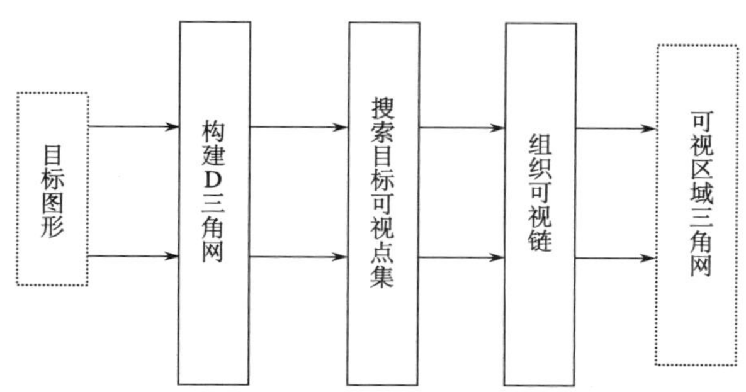

图 5.50 确定可视区域的流程

可视区域的确定是为计算空间方向关系作准备。其构造由三个主要部分组成,即

1) 构建 Delaunay 三角网

Delaunay 三角网的构建可采用第 2 章介绍的渐次插入算法。对特征点描述的数据结构定义为:

```
class Point
{
    int index; //点的索引
    float x,y; //点的坐标
    int type;//标识该点属于哪个目标点集:1-参考目标点集 S1;2-源目标点集 S2;
             //3-点集 S1、S2 共有
}
```

2) 搜索目标可视点集

可视点是两目标的邻近点,在 Delaunay 三角网中可视点就是那些由两个目标的特征点共同组成的三角形的顶点。故搜索目标可视点集的方法为:顺次搜索三角形数组,如果一个三角形三个顶点的“type”值满足下面两个条件之一:

(1)既有 1,又有 2;

(2)有 3(表示两个目标点集有公共点)。

则这个三角形是满足要求的三角形,剔除三点均为非可视点的三角形,剩余三角形的集合为可视点组成的三角形集合。

3）组织可视链

组织可视链的一般原则如下：

(1)可视链必然是同一个目标上可视点的连接；

(2)空间距离邻近的特征点才可能连接为可视链的一段；

(3)空间距离邻近且为原存储的数据中的相邻点，必为可视链的一段；

(4)当一个目标被另一个目标视觉包围时，在外围目标上空间距离邻近但不是原存储的数据中的相邻点，如图 5.51 中的 P、Q 两点，分两种情况处理：

第一种，如图 5.51(a)，PQ 不是可视链，判断依据是以 PQ 所在的三角形的顶点 A 为起点，过对边中点 F 的射线 AF 与外围目标没有交点；

第二种，如图 5.51(b)，PQ 是可视链，判断依据是射线 AF 与外围目标交于点 H。

可视链重新组织后要从三角形数组中剔除不在可视区域中的三角形，并修改三角形数组中的对应数据项。

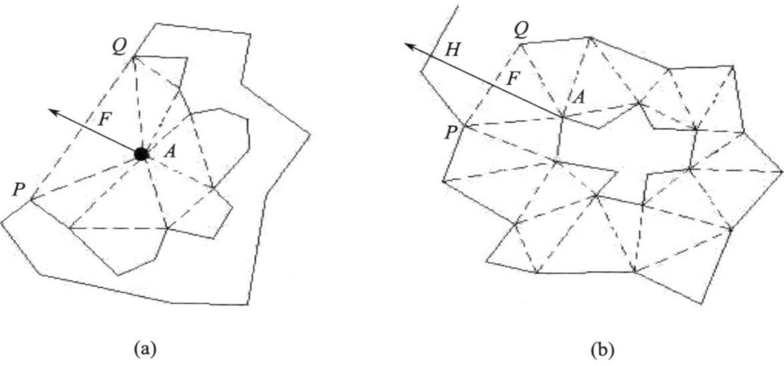

图 5.51　可视链的组织

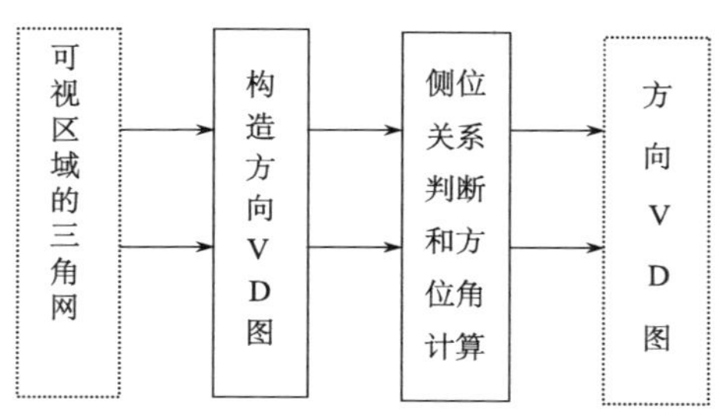

图 5.52　空间方向的定量计算流程

5. 空间方向的定量计算

空间方向定量计算的基本过程为：基于可视区域的 Delaunay 三角网构造两目标的方向 Voronoi 图，结合目标和 Voronoi 边的侧位关系以特定的数据结构把方向 Voronoi 图保存下来。其流程如图 5.52 所示。

1）生成方向 Voronoi 图

方向 Voronoi 图的构造算法如下：

第一步，搜索起始三角形。

首先搜索可视区域中有无最外层三角形，其特征是只有一个邻近三角形。若有最外层三角形则它就是起始三角形，如图 5.53(a)中的$\triangle ABC$；若无最外层三角形，则以任意三角形作为起始三角形。无最外层三角形有两种情形，一是一个目标为另外一个目标包围[不是拓扑包含，如图 5.53(b)]，二是一个目标为另外一个目标视觉包围，如图 5.53(c)所示。两种情形下的所有三角形都有且只有两个相邻三角形。

第二步，计算方向 Voronoi 图的连接点。

方向 Voronoi 图的连接点包括第一、二类三角形腰的中点、第三类三角形一腰中点的垂线和另一腰的交点、两相邻目标公共边界的起讫点和共点相邻时的公共点。这里有两点需要说明：

(1)由于三角形的角平分线和过该角的中线相差的角度很小，对空间方向关系定性描述的影响可以忽略不计，故对于两相邻目标公共边界的起讫点的方向 Voronoi 图没有必要用烦琐的算法求角平分线与对边的交点，而直接用起讫点和对边中点的连线代替[图 5.53(d)]，这样既保持了方向 Voronoi 图的空间连续性，同时也不失方向描述的精度。

(2)对于第三类三角形，若它有两个相邻三角形，则其方向 Voronoi 图仍然用中位线，因为根据心理学的理论，中间的区域不容易引起人的注意，不是视觉敏感区域；若它只有一个相邻三角形，求其一腰中点垂线与另一腰的交点[图 5.53(e)]。

第三步，生成方向 Voronoi 图。

如果两个目标相离，其方向 Voronoi 图是可视区域中的三角形边的中点、边缘第三类三角形一腰垂线与另一腰交点的连线，如图 5.53(a)、图 5.53(b)、图 5.53(c)、图 5.53(e)所示。

如果两个目标相邻，其方向 Voronoi 图是相邻边界(点)、相邻边界起讫点和其对边中点的连线，以及其他相离部分的方向 Voronoi 边构成，如图 5.53(d)。

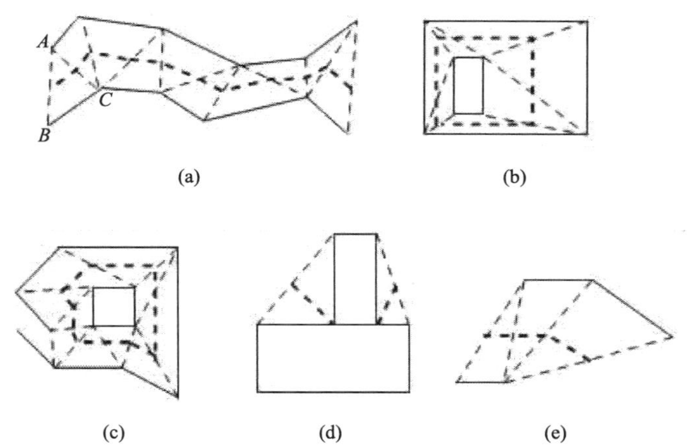

图 5.53　方向 Voronoi 图的构造

2) 点与有向线段的侧位关系判断

如图 5.54 所示，设有平面内一点 $Q(X_Q, Y_Q)$ 和有向线段 AB，AB 的起点坐标为 $A(X_A, Y_A)$，终点坐标为 $B(X_B, Y_B)$，计算式(5.8)：

$$K = (X_B - X_A) \times (Y_Q - Y_B) - (X_Q - X_B) \times (Y_B - Y_A) \tag{5.8}$$

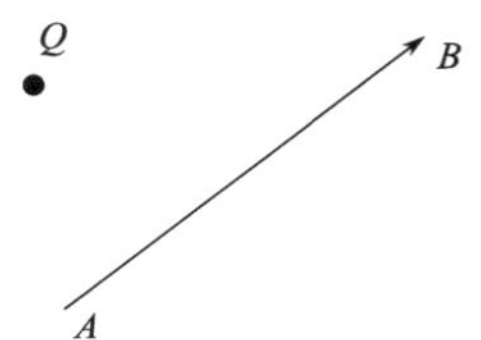

图 5.54　点与有向线段的侧位关系

若 $K>0$,则 Q 在 AB 所在直线的左侧;若 $K<0$,则 Q 在 AB 所在直线的右侧;若其值等于 0,则 Q 在 AB 所在直线上。点在直线上的情况,其空间方向关系无意义,在此不作讨论。

3) 空间目标与方向 Voronoi 边的侧位关系判断

(1) 若方向 Voronoi 边是三角形的中位线,取该三角形位于源目标上的一个顶点,判断该点与方向 Voronoi 边的侧位关系;

(2) 若方向 Voronoi 边是边缘第三类三角形一腰垂线与另一腰交点的连线,判断方法与(1)相同;

(3) 若方向 Voronoi 边是两个目标的公共邻接边,从源目标上寻找不属于该 Voronoi 边的邻近点判断。

判断侧位关系时,每条 Voronoi 边的起讫点与整个方向 Voronoi 图点位坐标的记录顺序相一致。

上面得到的点与方向 Voronoi 边的侧位关系就代表了局部范围内源目标和方向 Voronoi 边的侧位关系。在算法实现中,方向 Voronoi 边的生成和空间源目标与它的侧位关系判断、方位角的计算同时进行。

4) 方位角计算

方向 Voronoi 边的数据结构定义如下:

```
class VoronoiSegment
{
float xStart,yStart,xEnd,yEnd;//Voronoi 边的起点与终点坐标
BYTE direction; //Voronoi 边与局部范围内源目标的侧位关系
int length; //Voronoi 边的长度
float azimuth; //与 Voronoi 边对应的目标指向线的方位角
}
```

对于 VoronoiSegment 类中的 direction 数据项,因为它记录的侧位关系和空间方向定性描述的精度有关,为了使记录的侧位关系能适应较高精度的要求,并使方向运算方便易行,这里规定该字节的记录格式(图 5.55)。该字节分为两部分,把 0~3 位叫做第一方向区界,4~7 位叫做第二方向区界。对于一点和一条线段的侧位关系这样记录:

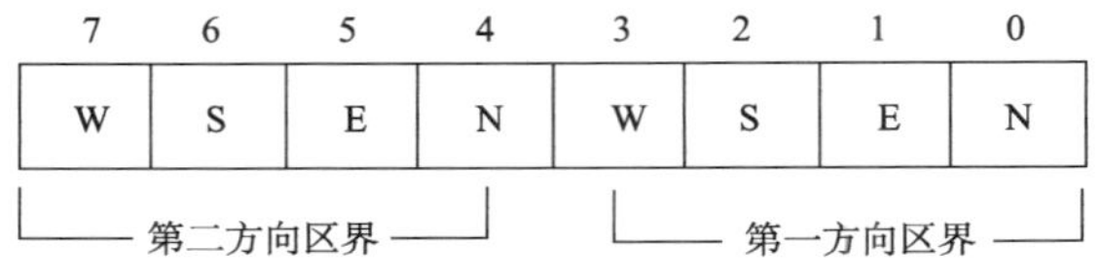

图 5.55　方向区界记录侧位关系

(1) 如果是四方向描述,只用第一方向区界中的 1 位,图 5.55 中对应位为 1 表示点在线段的该方向一侧,如点在线北侧,0 位为 1,其他位为 0。

(2) 如果是八方向描述，用第一方向区界中的 1 位或 2 位，如点在线北侧，0 位为 1，其他位为 0；如点在线西北侧，0 位、3 位为 1，其他位为 0。

(3) 如果是十六方向描述，两个方向区界同时使用，如点在线北侧，0 位为 1，其他位为 0；如点在线西北侧，0 位、3 位为 1，其他位为 0；如点在线西北西侧，0 位、3 位、7 位为 1，其他位为 0。

依照上述方法可以知道，一个字节能够满足 32 方向的侧位关系描述。该字节在记录侧位关系的同时，实际上就保存了两目标的空间方向定性描述信息。对方向区界使用的程度对应着空间方向关系描述的精度。

把判断侧位关系时求得的局部范围内源目标上一点的坐标(x, y)和与其邻近的 Voronoi 线段 AB 的起点坐标 $A(x_1, y_1)$、终点坐标 $B(x_2, y_2)$代入式(5.8)进行计算，得到 $K>0$ 或 $K<0$。设该 Voronoi 线段的方位角为 α_{AB}，则垂直于 AB、由参考目标指向源目标的射线的方位角 α 为：

(1) $x_1 \neq x_2$ 且 $y_1 \neq y_2$：若 $K>0$，则 $\alpha = \alpha_{AB} - 90°$，若 $\alpha<0$，$\alpha = \alpha + 360°$；若 $K<0$，则 $\alpha = \alpha_{AB} + 90°$，若 $\alpha > 360°$，$\alpha = \alpha - 360°$。

(2) $x_1 = x_2$ 且 $y_1 < y_2$：若 $K>0$，则 $\alpha = 270°$；若 $K<0$，则 $\alpha = 90°$。

(3) $x_1 = x_2$ 且 $y_1 > y_2$：若 $K>0$，则 $\alpha = 90°$；若 $K<0$，则 $\alpha = 270°$。

(4) $y_1 = y_2$ 且 $x_1 < x_2$：若 $K>0$，则 $\alpha = 0°$；若 $K<0$，则 $\alpha = 180°$。

(5) $y_1 = y_2$ 且 $x_1 > x_2$：若 $K>0$，则 $\alpha = 180°$；若 $K<0$，则 $\alpha = 360°$。

计算得到的方位角保存在 VoronoiSegment 类的 azimuth 数据项中。

6. 空间方向的定性描述

空间方向关系的数据结构

用于保存空间方向关系的数据结构定义如下。

```
struct Direction
{
int Dnum; //定性描述的方向数:4-四方向、8-八方向、16-十六方向
float * Percent; //每个方向上 Voronoi 边占 Voronoi 边总长度的百分比
}
```

1) 方位角的归类

四方向、八方向和十六方向的描述是一种概略方向描述，每个方向对应一个方位角的划分区界。在上述所得的方向 Voronoi 图中，每一条边对应地计算出了一个这样的方位角。属于同一区界的多个方位角对应的 Voronoi 边在空间上是不连续的，但由于它们指代了同一空间方向，故需要把它们归结为一类。下面通过八方向定性描述的例子说明归类的过程。

八方向描述中主方向和方位角区界的对应关系是：

北→(337.5°, 0°]∪(0°,22.5°]、东北→(22.5°,67.5°]

东→(67.5°,112.5°]、东南→(112.5°,157.5°]

南→(157.5°,202.5°]、西南→(202.5°,247.5°]

西→(247.5°,292.5°]、西北→(292.5°,337.5°]

图 5.56 中的粗线是计算得到的两目标的方向 Voronoi 图,各 Voronoi 边长度及其对应的两目标间指向线的方位角如表 5.4 和表 5.5。把同一主方向的 Voronoi 边归为一类,归类后的结果如表 5.6 和表 5.7,其中长度百分比是指同一主方向的 Voronoi 边占 Voronoi 边总长度的比值。

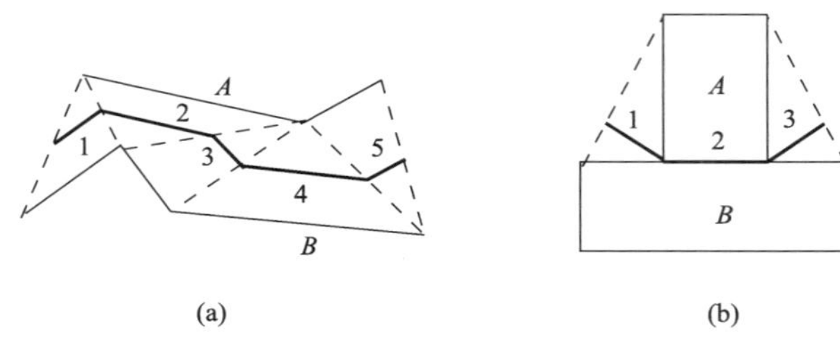

图 5.56 空间方向的定性描述

表 5.4 图 5.56(a)的方位角计算

边号	1	2	3	4	5
长度	15	18	5	22	6
方位角/(°)	325	15	66	2	311

表 5.5 图 5.56(b)的方位角计算

边号	1	2	3
长度	11	19	13
方位角/(°)	55	0	321

表 5.6 图 5.56(a)的方位角归类

方向	N	NE	E	SE	S	SW	W	NW
长度比例/%	83	8	—	—	—	—	—	9

表 5.7 图 5.56(b)的方位角归类

方向	N	NE	E	SE	S	SW	W	NW
长度比例/%	44	26	—	—	—	—	—	30

2) 方向关系描述

对于图 5.56(a)中的空间方向关系,用自然语言描述为:源目标 A 的 83%在 B 北面,8%在 B 东北,9%在 B 西北。对于图 5.56(b)中的空间方向关系,用自然语言描述为:源目标 A 的 44%在 B 北面,26%在 B 东北,30%在 B 西北。

7. 方向 Voronoi 图模型的优缺点

方向 Voronoi 图模型描述空间方向关系的优势主要体现在以下几个方面：

(1) 不受目标形状、位置、距离、分辨率等的影响，总能得到正确的计算结果；

(2) 无须进行源目标和参考目标的区分，求出 Dir(A,B)就可以根据空间方向关系的自反性推导出 Dir(B,A)；

(3) 考虑了两目标方向关系的各个侧面，即用多个方向的集合来描述目标间的方向关系，摒弃了传统模型把空间方向单一化的缺陷；

(4) 容易与当前基于 Voronoi 图的空间拓扑关系研究成果相融合。

该模型的不足主要表现在：

(1) 模型的计算复杂；

(2) 对于两目标距离较远的情况，该模型往往不如锥形模型直观、简洁。

8. 扩展方向 Voronoi 图模型

在地理空间中，空间目标在很多情况下都是以群(组)的形式出现。由于该类地物自身具有的复杂性及多样性，要精确量算其空间方向关系，必然要面临许多困难。

方向 Voronoi 图模型与传统模型相比，最大的优势在于不受目标形状、位置、距离等的影响，在任何情况下总能得到精确的计算结果。因此，可以对方向 Voronoi 图模型进行适当地扩展，使其适用于群(组)目标间的空间方向关系判定。该过程的具体步骤如下：

第一步，建立参考目标群与源目标群中所有子目标的特征点集合；

第二步，对特征点集合进行 Delaunay 三角剖分；

第三步，构建可视区域；

可视区域是这样一些三角形的集合，即每个三角形的 3 个顶点中必须既有属于参考目标群的特征点，又有属于源目标群的特征点。构建好可视区域后，剔除不在可视区域中的三角形。

第四步，生成方向 Voronoi 图，对空间方向进行定量计算与定性描述。

如图 5.57 所示，折线 CD 为 A、B 两个群(组)目标间的方向 Voronoi 图。

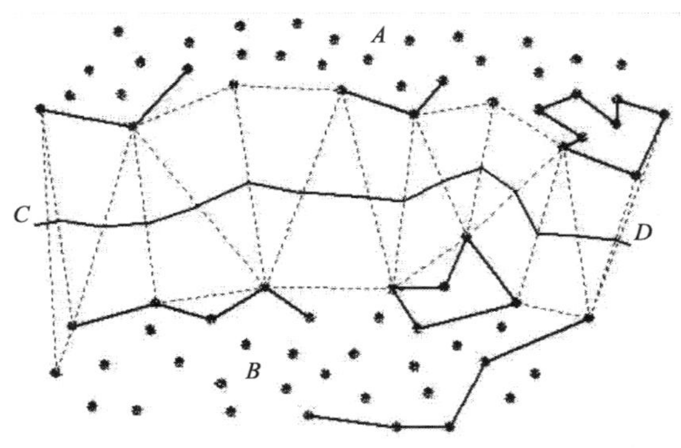

图 5.57 空间群(组)目标间的方向 Voronoi 图

群(组)目标一般可以分为点群、线群、面群、混合群(点、线、面)4 类,在构建可视区域时,当一个群(组)目标被另一个群(组)目标视觉包围时,在外围目标上空间距离邻近但不是原存储的数据中的相邻点,需要分如下 3 种情况对不同类型群(组)目标的可视链进行判定。

1) 外围目标为线(面)群

如图 5.58 中的 B、C 两个相邻点,以 B、C 所在$\triangle ABC$ 的顶点 A 为起点,过对边中点 F 作射线,判断该射线是否与外围线(面)群中的子目标相交,若相交,则 BC 是可视链;否则,BC 不是可视链。

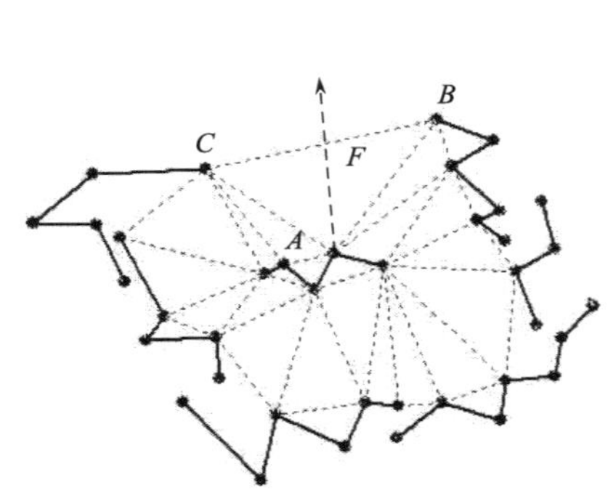

图 5.58 外围目标为线(面)群时的可视链判定

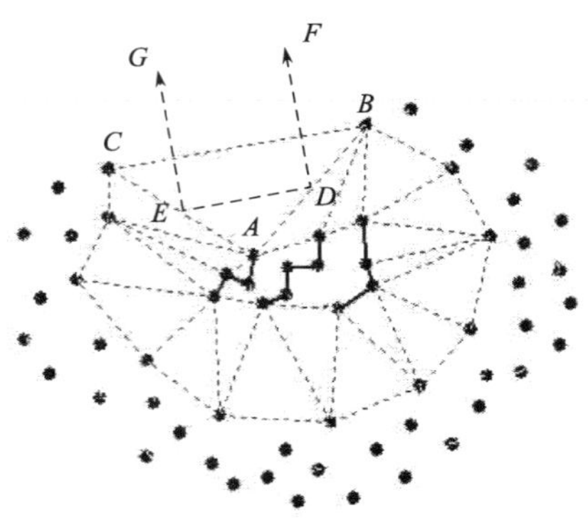

图 5.59 外围目标为点群时的可视链判定

2) 外围目标为点群

首先,计算外围点群各可视链的平均长度值 lengthAverage;然后,判断两个相邻点(如图 5.59 中的 B、C 两点)之间的距离是否小于 2×lengthAverage,若小于,则 BC 是可视链;否则,连接 B、C 所在$\triangle ABC$ 两腰 AB、AC 的中点 D、E,并以 D、E 为起点,分别做垂直于线段 DE 的射线 DF、EG,判断外围点群中是否有子目标落在开区域 $GEDF$ 内,若有,则 BC 是可视链;否则,BC 不是可视链。

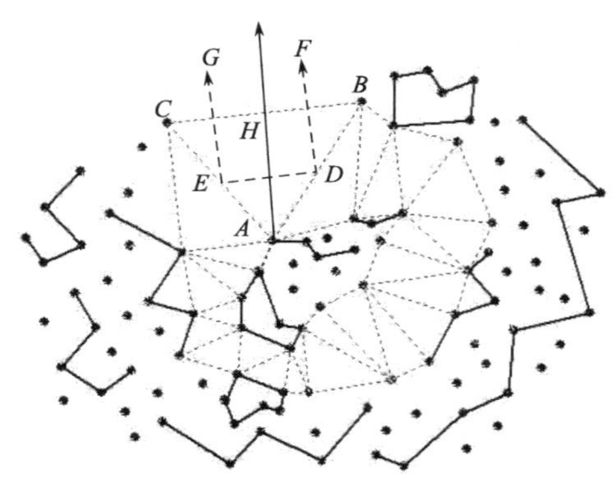

图 5.60 外围目标为混合群时的可视链判定

3) 外围目标为混合群

首先,计算外围混合群各可视链的平均长度值 lengthAverage;然后,判断两个相邻点(如图 5.60 中的 B、C 两点)之间的距离是否小于 2×lengthAverage,若小于,则 BC 是可视链;否则,以 B、C 所在$\triangle ABC$ 的顶点 A 为起点,过对边中点 H 做射线,判断该射线是否与外围混合群中的线(面)目标相交,若相交,则 BC 是可视链;否则,连接 B、C 所在$\triangle ABC$ 两腰 AB、AC 的中点 D、E,并以 D、E

为起点，分别做垂直于线段 DE 的射线 DF、EG，判断外围混合群中是否有点目标落在开区域 $GEDF$ 内，若有，则 BC 是可视链；否则，BC 不是可视链。

5.5 多尺度地图空间相似关系

5.5.1 多尺度地图空间相似关系的源起与意义

多尺度矢量地图数据库是国家空间数据基础设施（National Spatial Data Infrastructure，NSDI）的关键内容，是一个社会政治、经济、军事、环保、交通、通信等领域信息化建设的空间定位基础。传统的地理空间矢量数据库建设采用“多库多版本”方式，其弊端是：建库工作重复、数据冗余度大且一致性不易保障、数据库更新困难、网络传输受限、任意尺度数据的实时获取困难等（王家耀，1993）。理想建库方式是“一库多版本”，即预先构建某一较大比例尺的矢量数据库，然后借助于地图自动综合技术，实时由该数据库自动生成其他较小比例尺的矢量数据库。但由于地理空间信息在地图上多尺度表达时的复杂性、传统手工地图综合过程自身的不确定性等因素，使得地图综合过程难以用计算机可接受的形式化方式描述，导致地图自动综合的部分重要理论问题还没有解决，从而使运用“一库多版本”方式构建 NSDI 目前还无法实现。多尺度地图综合结果的质量评价就是地图自动综合面临的难点问题之一，多年来困扰着地图学家，成为地图综合真正实现自动化的一大障碍。

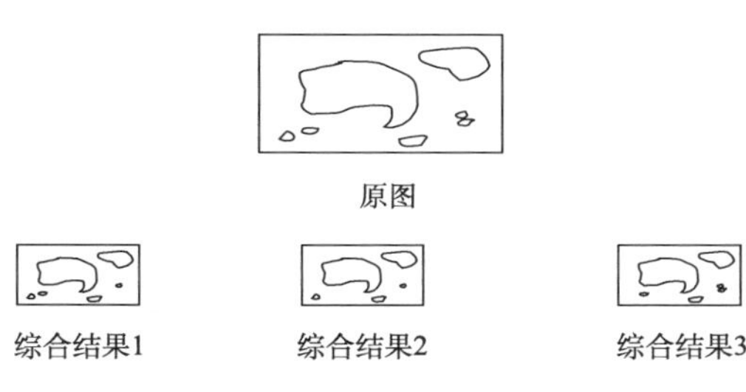

图 5.61 由同一幅地图得到的不同综合结果

在手工地图综合阶段，地图综合结果由质量检查人员运用“原图与结果图比对相似程度”的方法借助于实践经验来判断。其基本方法是：质量检查人员把制图员的综合结果与自己心中的标准图形相比较，然后决定综合结果的质量优劣。借助于计算机的自动地图综合，对同一幅地图或同一个地图目标而言，如果运用不同的算法，一般也可能得到不同的综合结果。如图 5.61 所示的多边形地图，由于运用合并和删除算法的差异，就得到了三种综合结果。对“究竟哪种结果更优?”这一问题，目前的研究成果还不能彻底解决。因此，现有的地图综合软件中，对于多尺度地图综合结果的评价还停留在模拟地图阶段，即仍然由质量检查人员应用“比对法”来人工完成。这对于提高空间数据质量、加快数据生产周期等十分不利。

计算机环境下的自动地图综合过程，本质上是对手工地图综合的模拟。因此，在数字化环境下，地图综合结果的评价问题，其实质是如何实现原图与结果图比对的全自动化，也就是说如何自动计算原图和综合结果图之间的相似性。而该问题的解决，依赖于多尺度地图空间相似关系的定义、描述、模型设计、计算等一系列问题。因此，要解决多尺度地图数据生产结果的自动评价问题，就必须系统地研究多尺度地图的空间相似关系理论。

当然，地理空间相似关系研究的意义远非多尺度地图表达所能包容，它对于完善空间关系理论体系（Tobler，1970；Miller，2004；Goodchild，2006）、空间查询与分析（郭仁忠，1997）、空间推理等具有十分重要的作用。

5.5.2 多尺度地图空间相似关系的定义、性质

空间相似关系作为空间关系的一个子集，是空间信息科学(GeoSciences)的理论基础之一(Egenhofer and Mark，1995；李德仁，1997；Goodchild，2006)，但是其研究只是在近十多年才为地图学和地理信息科学界所关注。相关成果有线、面目标化简前后的相似性表达(Ramer，1972；Imai and Irim，1988)、空间相似关系的描述与计算方法(丁虹，2004)、基于栅格数据的面状目标空间方向相似性(郭庆胜和丁虹，2004)、多尺度空间对象拓扑相似关系的表达与计算(吕秀琴和吴凡，2006)等。纵览现有的研究成果，一个有趣的问题是：尽管学者们对空间相似关系进行了一些研究，但并没有给出其明确的定义。这显然不利于空间相似关系理论体系的建立。

从本质上看，所谓相似就是指事物之间在特征方面的1-1对应(周美立，1993；梁俊雄，1999)。借鉴已有研究思路(李家莼，2000)，下面从集合学的角度给出空间相似关系的定义(YAN，2010)。

定义5.4 设有地理空间两个目标 A_1、A_2，其特征集合分别为 C_1、C_2，且 C_1、C_2 均非空。若 $C_1 \cap C_2 = C_\cap \neq \Phi$，称相似特征集 $C_\cap$ 为目标 A_1、A_2 的空间相似关系。

定义5.5 两个空间目标之间的空间相似关系强弱可以用相似度来衡量，其值域为[0,1]。相似度的大小具有模糊性，非常难以精确计算(樊坚，1992)。

从两个目标的空间相似关系定义可以得出如下推论：

推论1 $C_\cap$ 越大，两目标的相似度越大。

推论2 $C_\cap$ 为 Φ 时，两目标没有相似特征，其相似度为0。

推论3 $C_1 = C_2 = C_\cap$，两目标的特征完全相同，其相似度为1。

由定义5.4可以进一步推广，得到多个目标的空间相似关系。

定义5.6 设有地理空间 k 个目标 A_1、$A_2 \cdots A_k$，其特征集合分别为 C_1、$C_2 \cdots C_k$，且 C_1、$C_2 \cdots C_k$ 均非空。若 $C_1 \cap C_2 \cdots \cap C_k = C_\cap \neq \Phi$，称相似特征集 $C_\cap$ 为目标 A_1、$A_2 \cdots A_k$ 的空间相似关系。

上述定义5.4、定义5.6都是针对同一尺度空间的不同目标而言。下面把其推广到同一地图目标在不同尺度空间的相似关系。

定义5.7 设有目标 A，在比例尺为 S_1、$S_2 \cdots S_k$ 的地图上分别表达为目标 A_1、$A_2 \cdots A_k$，其相应特征集为 C_1、$C_2 \cdots C_k$，且 C_1、$C_2 \cdots C_k$ 均非空。若 $C_1 \cap C_2 \cdots \cap C_k = C_\cap \neq \Phi$，称相似特征集 $C_\cap$ 为目标 A 在不同比例尺表达下的空间相似关系。

空间相似关系具有如下性质：

性质1 反身性：即一个空间目标一定与自己相似。

性质2 对称性：即 A 目标与 B 目标的相似特征也是 B 目标与 A 目标的相似特征。

性质3 非传递性：即由 A 目标与 B 目标特征相似且 B 目标与 C 目标特征相似不能推出 A 目标与 C 目标特征相似。

如图5.62所示，图中用于探测相似关系的特征为{形状，用地类型}，则(a)、(b)、(c)的特征集分别为 C_a = {矩形，居民地}，C_b = {矩形，菜地}，C_c = {不规则多边形，菜地}。$C_a \cap C_b$ = {矩形}，表明(a)、(b)中的目标具有相似关系；$C_b \cap C_c$ = {菜地}，表明(b)、(c)中

的目标具有相似关系；但是不能推出(a)、(c)中的目标具有相似关系，因为 $C_a \cap C_c = \Phi$。

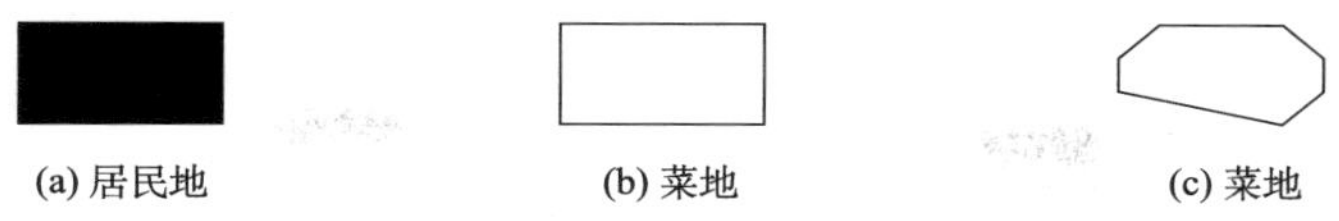

图 5.62　空间相似关系的非传递性

性质 4　多尺度自相似性：同一目标在不同比例尺的地图上表达为不同形式，它们之间具有相似性。

性质 5　自相似的尺度依赖性：同一目标在不同比例尺的地图上的相似度大小和地图比例尺变化具有函数依赖关系，且比例尺变化越大，目标之间的相似度越小。

性质 4、性质 5 的例子如图 5.63、图 5.64、图 5.65 所示。

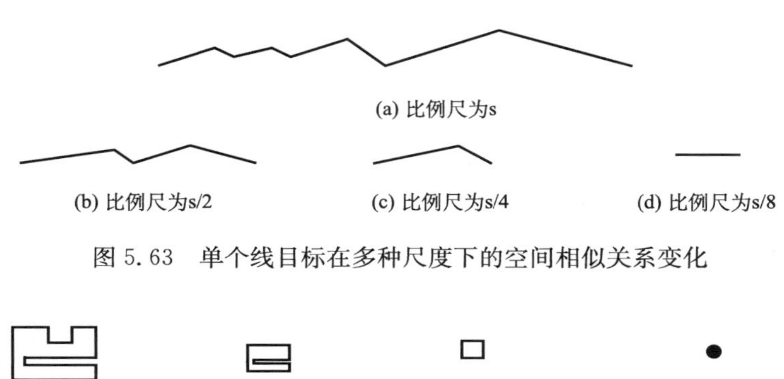

图 5.63　单个线目标在多种尺度下的空间相似关系变化

(a) 比例尺s　(b) 比例尺为s/2　(c) 比例尺为s/4　(d) 比例尺为s/8

图 5.64　单个面目标在多种尺度下的空间相似关系变化

5.5.3　多尺度地图空间相似关系的分类体系

以讨论的地图目标是同一尺度的还是多尺度的为依据，空间相似关系可以划分为两类：水平相似关系和垂直相似关系。水平相似关系存在于同一尺度空间下的不同目标之间，不再赘述；该方面的典型应用是空间相似检索和查询。垂直相似关系是指同一目标在多尺度状况下的相似关系。

对于多尺度地图空间目标而言，关注焦点在于地图上目标在多尺度状况下的图形及属性变化两方面，所以选择目标的图形和属性作为其空间相似关系的分类标准是合适的。对于地图上单个目标的图形特征，进一步可以区分出空间维数、大小、形状、长度、面积等特征子集；对于其属性特征，可区分出语义、时间等特征子集(如图 5.63 的单个线目标，图 5.64 中的单个面目标)。但是，在地图的多尺度表达中，还需要同时考虑目标与目标之间的空间关系维护问题，即需要考虑群(组)目标，这时其图形特征可增加拓扑关系、距离关系、方向关系、相关关系特征子集(如图 5.65 中的点群目标)。由此可得到多尺度地图空间相似关系的分类体系框架，如图 5.66 所示。

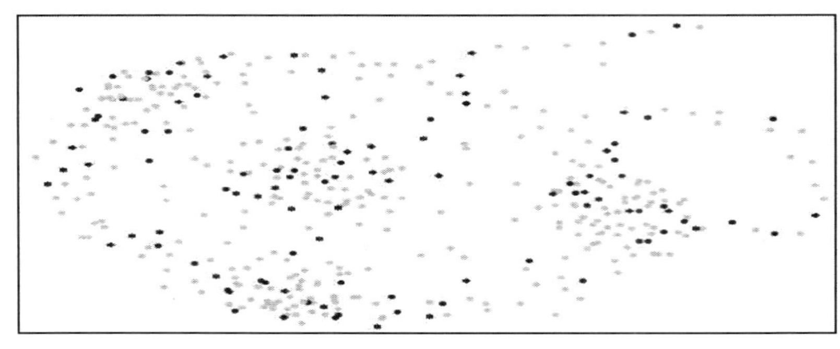

(a) 比例尺为1：1万

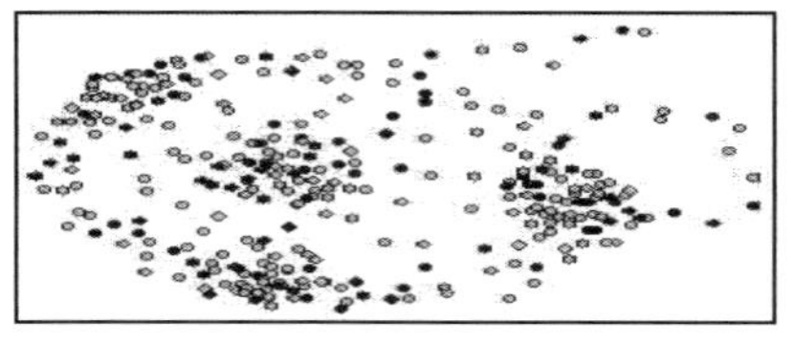

(b)比例尺为1：2万

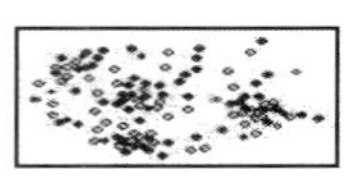

(c) 比例尺为1：5万

图 5.65　点群在多种尺度下的空间相似关系变化

根据上面的分类体系，讨论地图目标的空间相似关系就可以具体到特征层面。如图 5.62(a)和图 5.62(b)存在维数相似、大小相似、形状相似、面积相似；图 5.62(b)和图 5.62(c)存在语义相似；图 5.63(a)、图 5.63(b)、图 5.63(c)、图 5.63(d)存在维数相似、形状相似、语义相似(图 5.64 也有与图 5.63 同样的结论)。对于图 5.65 的群(组)目标，则存在拓扑相似、距离相似、方向相似、语义相似。

诚然，图 5.66 中的目标图形特征和属性特征子集不可能也没必要涵盖其全部内容，而仅仅是多尺度地图空间相似关系的一个分类体系框架，具体的特征项可以针对多尺度地图表达中的具体问题进行增减。

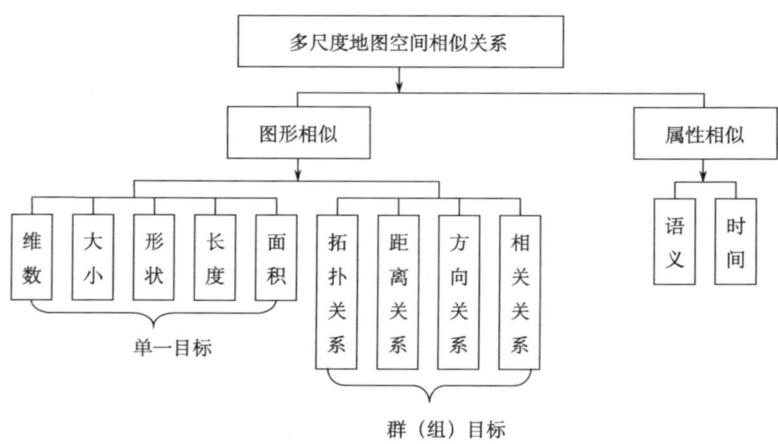

图 5.66　多尺度地图空间相似关系的分类方法

主要参考文献

陈军,赵仁亮.1999. GIS空间关系的基本问题与研究进展.测绘学报,28(2):95~102

丁虹.2004. 空间相似性理论与计算模型的研究.武汉大学博士学位论文

樊坚.1992. 相似关系——类比方法的基础.自然辩证法研究,8(8):48~50

郭仁忠.1997. 空间分析.武汉:武汉测绘科技大学出版社

郭庆胜,丁虹. 2004. 基于栅格数据的面状目标空间方向相似性研究.武汉大学学报(信息科学版),29(5):447~450

胡勇,陈军.1997. 基于Voronoi图的空间邻近关系表达和查询操作.见:中国GIS协会第二届年会论文集,28(2):346~356

李德仁.1997. 关于地理信息理论的若干思考.武汉测绘科技大学学报,22(2):3~5

李家莼.2000. 从图形相似到事物相似.四川工业学院学报,19(2):126~128

梁俊雄.1999. 相似关系的基本概念及其弱等价性质.系统工程理论与实践,28(7):106~111

吕秀琴,吴凡.2006. 多尺度空间对象拓扑相似关系的表达与计算.测绘信息与工程,31(2):29~31

齐华.1997. 自动建立多边形拓扑关系算法步骤的优化与改进.测绘学报,26(3):254~260

齐华,刘文熙.1996. 建立结点上弧-弧拓扑关系的 Q_t 算法.测绘学报,25(3):233~235

王家耀. 1993. 普通地图制图综合原理.北京:测绘出版社

闫浩文等.2000. 基于方位角计算的拓扑多边形自动构建快速算法.中国图象图形学报A,5 (7):563~567

闫浩文,郭仁忠.2001. 空间方向关系分类研究.测绘工程,10 (4):13~15

闫浩文,郭仁忠.2002a. 用Voronoi图描述空间方向关系的理论依据.武汉大学学报(信息科学版),27(3): 306~310

闫浩文,郭仁忠.2002b. 空间方向关系基础性问题研究.测绘学报,31(4):357~360

闫浩文,郭仁忠.2002a. 基于Voronoi图的空间方向关系形式化描述模型研究(一). 测绘科学,27(1):24~27

闫浩文,郭仁忠.2002b. 基于Voronoi图的空间方向关系形式化描述模型研究(二). 测绘科学,27 (3):4~7

闫浩文,郭仁忠.2003a. 空间方向关系形式化模型研究.测绘学报,32(1):42~46

闫浩文,郭仁忠.2003b. 基于Voronoi图的空间方向关系形式化描述模型.武汉大学学报(信息科学版).28 (4):468~471

闫浩文.2003. 空间方向关系理论研究.成都:成都地图出版社

周美立.1993. 相似学.北京:中国科学技术出版社

Abdelmoty A I, Williams M H. 1994. Approaches to the representation of qualitative spatial relationships for geographic databases. Geodesy,40:204~216

Chang S K,Shi Q S, Yan C W. 1987. Iconic Indexing by 2-D Strings. IEEE Transactions on Pattern Analysis and Machine Intelligence, 9(6): 413~428

Egenhofer M, Mark D. 1995. Naive Geography. Spatial Information Theory—A Theoretical Basis for GIS. *In*:International Conference COSIT'95. Semmering, Austria. FRANK A. & KUHN W. Eds. Lecture Notes in Computer Science,988: 1~15

Florence III J, Egenhofer M J. 1996. Distribution of topological relations in geographic database. *In*: ASPRS/ACSM. Annual Convention and Exposition Technical Papers. 315~325

Frank A. 1996. Qualitative spatial reasoning: cardinal directions as an example. International Journal of Geographic Information Systems. 10(3): 269~290

Goodchild M F. 2006. The law in geography, Technical report in GIS. the GIS Institute, University of Zurich

Goyal R K. 2000. Similarity assessment for cardinal directions between extended spatial objects. PhD Thesis. The University of Maine

Haowen YAN. 2010. Fundamental theories of spatial similarity relations in multi-scale map spaces, Chinese Geographical Science, 20(1): 18~22

Hong J. 1994. Qualitative distance and direction reasoning in geographic space. PhD Thesis. The University of Mine

Imai H, Iri M. 1988. Polygonal approximation of a curve-formulations and algorithms. *In*: G. T. Tousaint (Ed.), Computational morphology, Elsevier Science publishers:71~86

Miller H J. 2004. Tobler's first law and spatial analysis. *In*: the Annal of the American Cartographer:284～289

Mukerjee A, Joe G. 1990. A qualitative model for space. Eighth National Conference on Artificial Intelligence. Boston,MA. 2:721～727

Papadias D,Theodoridis Y, Sellis T. 1994. The retrieval of direction relations using R-trees. *In*: Database and Expert Systems Applications—5th International Conference, DEXA' 94. Athens, Greece. D. Karagiannis. Ed. Lecture Notes in Computer Science. New York: Springer-verlag, 856: 173～182

Peuquet D, Zhan C X. 1987. An algorithm to determine the directional relationship between arbitrarily-shaped polygons in the plane. Pattern Recognition, 20(1): 65～74

Ramer U. 1972. An iterative procedure for the polygonal approximation of plane curves. Computer vision graphics and image processing,1:244～256

Retz-Schmidt G. 1988. Various views on spatial prepositions. AI Magazine, 9(2): 95～105

Shekhar S, Liu X. 1998. Direction as a spatial object:a summary of results. The Sixth Interational Symposium on Advances in Geographic Information Systems. Washington, 69～75

Tobler W R. 1970. A computer movie simulating urban growth in the Detroit region. Economic Geography, 46:234～240

Yan H W,Chu Y D,Li Z L. 2006. A quantitative description model for directional relations based on direction groups. Geoinformatica, 10(2):177～195

第 6 章　地图自动综合算法

当地图由大比例尺向小比例尺变换时，地图图面要素的拥挤、叠置几乎不可避免，从而使人们对地图的阅读出现了困难。为解决此问题，必然需要对图面表达内容进行合理的取舍，使地图在有限的平面上表达足够丰富的、容易阅读的信息量。这个对地图内容进行合理取舍的过程称为地图综合；并把计算机环境下通过软件，较少或不借助于人工干预的地图综合称为地图自动综合。地图综合是地图编绘的重要环节。

地图自动综合技术的研究开始于 20 世纪 60 年代。在几十年的发展过程中，专家们提出了地图综合的多种模式，同时借助于人工智能、几何学、信息论及心理学等学科，提出了众多的地图综合算法。在地图自动综合理论中，综合算法是一个基础。为此，本章将以点群、等高线、道路网以及居民地为例，详细论述有关地图自动综合的算法理论。

6.1　点群综合算法

6.1.1　点群的描述参数

点群是地图要素的一种分布形式。如各等级的控制点的集合、中小比例尺地形图上小板房的集合等，都是地图上点群分布的例子。从文献（Ahuja，1982，1989；郭仁忠，1997；Yukio，1997）可知，如下的参数可以用于描述一个区域内点群的信息。

(1) 点的个数：在区域 S 中点的个数（图 6.1）。

(2) 权值（Van Kreveld et al.，1995；Langran and Poiker，1986）：用来代表点在点群中重要程度的值（图 6.2）。

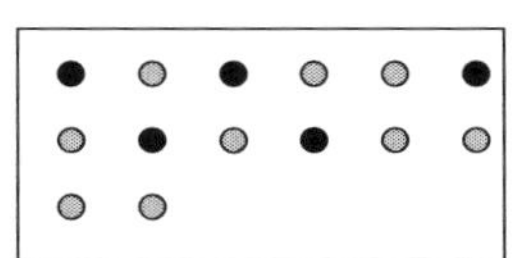

图 6.1　点的个数

在这个点群中有 14 个点

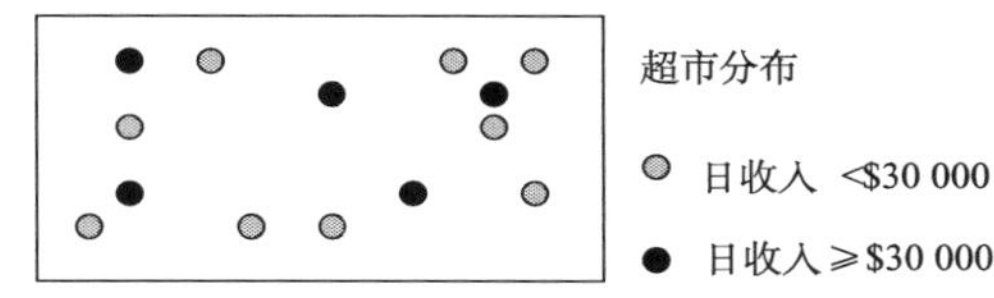

图 6.2　权值

黑色与灰色的点（代表商店）具有不同的权值

(3) 邻居点（图 6.3）：与给定点有邻近关系的点。这些点可能是 Voronoi 邻居、给定半径内的邻居、k 阶邻近邻居（Ahuja，1982，1989）等。

(4) 分布范围（郭仁忠，1997）：包含区域 S 内所有点的一个或多个多边形（图 6.4）。

(5) 区域绝对密度（Yukio，1997）：单位面积内点的个数，或者点间的平均距离。

(6) 区域相对密度（Yukio，1997）：特定位置的区域绝对密度与整个区域 S 中绝对密度之和的比。

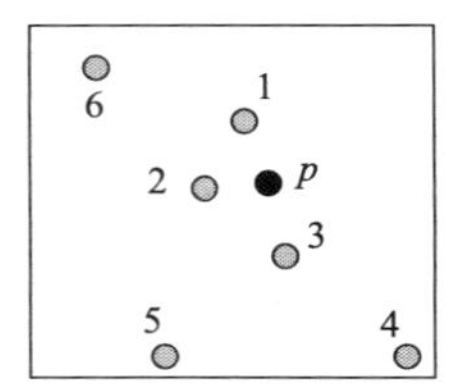

图 6.3　邻居点

点 1,2 和 3 是 p 的邻居点

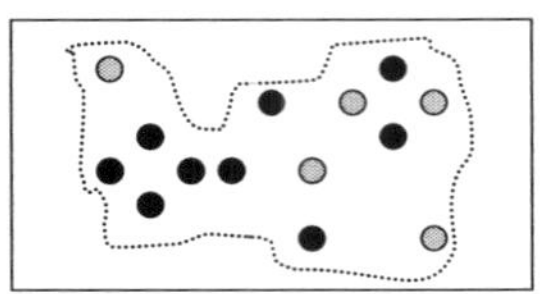

图 6.4　分布范围

用包含点的多边形表示

(7) 分布中心(郭仁忠,1997):一个或多个区域相对密度高于周围的区域(图 6.5)。

(8) 分布轴:从那些呈线性延伸的点群中提取出的一条或者多条轴线(图 6.6)。

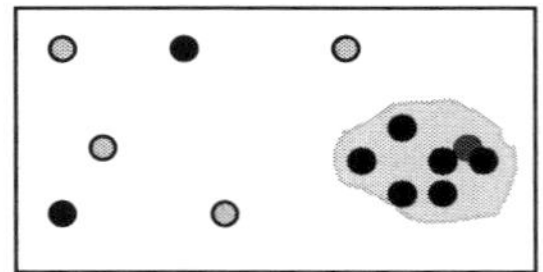

图 6.5　分布中心

灰色区域

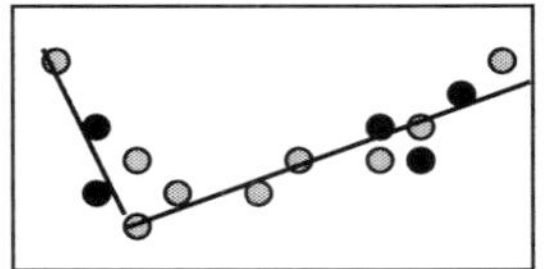

图 6.6　分布轴线

穿过点群的直线

当地图从大比例尺向较小比例尺转换时,往往涉及点状要素的取舍问题,即哪些点可以保留,哪些点必须删除。为此,必须回答的一个问题是:点群综合中取舍点的原则是什么? 根据文献(艾廷华和刘耀林,2002;闫浩文和王家耀,2005),至少有两条原则需要遵循:

(1) 点群的空间特征在综合后应该得到保持;

(2) 较重要的点应该尽可能被保留下来。

点群综合需要遵循的上述两条原则,具体来说就是要求在自动综合过程中正确传输地图上的 4 类信息:统计信息、拓扑信息、度量信息及专题信息。

(1) 统计信息:即点群中点的数目;

(2) 拓扑信息:即点群中点的拓扑关系;

(3) 度量信息:即点群中点的距离、方位关系;

(4) 专题信息:即点群中点的属性信息。

上述 8 种度量参数,各用于描述不同的信息,它们和这 4 类地图信息之间的对应关系如表 6.1 所示。

表 6.1　各类地图信息的描述参数

地图信息的类型	参数
统计信息	点的个数
专题信息	权值
拓扑信息	邻居点
度量信息	区域绝对密度、区域相对密度、分布范围、分布中心、分布轴

由表 6.1 可知，统计信息只涉及点的个数，专题信息只考虑点的权值。对于拓扑和度量信息，它们都有多种度量标准，有独立的，其中也有一些方法是相关的(如区域绝对密度和区域相对密度)。

6.1.2 基于 Voronoi 图的点群综合算法

以上论述和分析给出了点群描述的方法、点群综合的评价指标体系，这些内容是点群综合算法的理论依据。基于此，Yan 和 Weibel(2008)提出了一种基于 Voronoi 图的点群综合算法，下面对其进行详细叙述。

1. 点群描述参数的选择

由上述分析可知，地图综合中需要传输 4 类信息，每类信息需要合适的参数来表达与描述。因此，在设计点群综合算法时，一个自然的想法是把地图要素包含的 4 类信息都顾及，并为每类信息选取合适的参数。表 6.2 给出了基于 Voronoi 图的算法中为各类信息选择的参数。选择这些参数的原因及其计算方法归纳如下。

表 6.2 基于 Voronoi 图的为各类信息选择的描述参数

信息类型	选用的描述参数
统计信息	点的个数
专题信息	重要性程度值
拓扑信息	Voronoi 邻居
度量信息	区域相对密度、分布范围

(1) 点的个数。在地图综合中，保留多少目标可以用基本选取定律或者选择法则(Töpfer and Pillerwizer，1966) 来计算，该法则已为地图学界公认。

$$n_t = n_s \times \sqrt{\frac{s_1}{s_2}} \tag{6.1}$$

式中，n_s 为原图上点的个数；n_t 为目标图上点的个数；s_1 为原图比例尺的分母；s_2 为目标图比例尺的分母。

(2) 重要性程度值。为了评估整个区域内重要性程度的变化，在式(6.2)中定义了点的平均重要性程度值。

$$\overline{I} = \frac{\sum_{i=1}^{n} I_i}{n} \tag{6.2}$$

式中，$\overline{I}$ 为平均重要性程度值；I_i 为第 i 个点的重要性程度值；n 为区域内点的个数。

利用第 i 个点的重要性程度值和其 Voronoi 多边形的面积，可以计算出该点的选择概率：

$$P_i = \frac{I_i \times A_i}{\sum_{k=1}^{n} (I_k \times A_k)} \tag{6.3}$$

式中，P_i 为第 i 个点的选取概率；A_i 为第 i 个点的 Voronoi 多边形的面积；I_i 为第 i 个点的重要性程度值。

在式(6.3)中，分子 $I_i \times A_i$ 表示第 i 点所在区域的重要性程度的权值；该权值越大则第 i 点越有可能在综合后的地图上被保留(对于所有点来说，分母是常量)。

(3) Voronoi 邻居。点邻近的概念可以有很多定义方式：固定半径邻居，k 阶最近邻居，Voronoi 邻居等(Ahuja，1982)。本章的算法中将采用 k 阶 Voronoi 邻居，其定义如下：

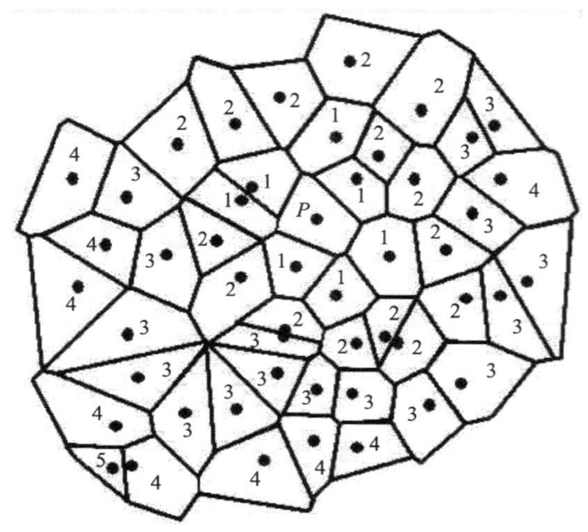

图 6.7　k 阶 Voronoi 邻居的定义
在 Voronoi 多边形内的数字 $k=1,2,\cdots,5$ 表示相应各点是点 P 的 k 阶 Voronoi 邻居

第一，点 P 是其自身的 0 阶 Voronoi 邻居；

第二，如果点 Q 的 Voronoi 多边形和 P 的$(k-1)$阶 Voronoi 邻居共享一条公共边，Q 就是 P 的 k 阶 Voronoi 邻居。其中 $k=1,2,\cdots,n$。

图 6.7 给出了点 P 的 1～5 阶 Voronoi 邻居。

算法中选择 Voronoi 邻居作为拓扑信息的描述参数是由于 Voronoi 邻居与其他类型的邻居相比有如下优点：

第一，它的求解过程无需参数而其他类型邻居的计算必须对参数预先设定；

第二，与给定半径邻居算法不同，它不随比例尺和密度的变化而变化；

第三，与 k 阶最近邻居不同，它的邻居的数目是不固定的；

第四，每两个点的邻居关系是对称的(见图 6.7，点 P 和它的 k 阶邻居互为邻居)。

(4) 区域相对密度。这个概念是用来在综合的前后评估密度的变化。第 i 点的区域相对密度定义如下：

$$r_i = \frac{R_i}{\sum_{k=1}^{n} R_k} \tag{6.4}$$

式中，r_i 为第 i 点的区域相对密度；n 为点的个数；R_i 为第 i 点的区域绝对密度，其定义如下：

$$R_i = \frac{1}{A_i} \tag{6.5}$$

式中，A_i 为包含第 i 点的 Voronoi 多边形的面积。

区域绝对密度的定义是由 Yukio(1997)提出的“一定区域内的局部密度与整个区域的局部密度的比值”中变化来的。而在此处该定义是点的 Voronoi 多边形面积的倒数。与前者相比，后者定义的优点是可以提供每个点的绝对(或者相对)区域密度而前者不能。这就使得在综合前后比较点到点的密度变化成为可能。

(5) 分布范围。由 Ahuja(1989)提出的点群的边界是一个由外围点连成的多边形

［图 6.8(a)］。可是这个方法在地图综合上不能直接应用，因为地图上的点群分布范围通常要比 Ahuja 方法中的大。以控制点（或超市、医院，因为它们在地图上通常以点状符号来表示）为例，每个控制点在测量中用来控制广阔的面积范围，因此用 Ahuja 的方法计算出的多边形不能很好地描述这些点潜在的“影响力”。因此，需要找到一个包含所有点并且能覆盖所有点的影响面积的更大的多边形［图 6.8(b)］。

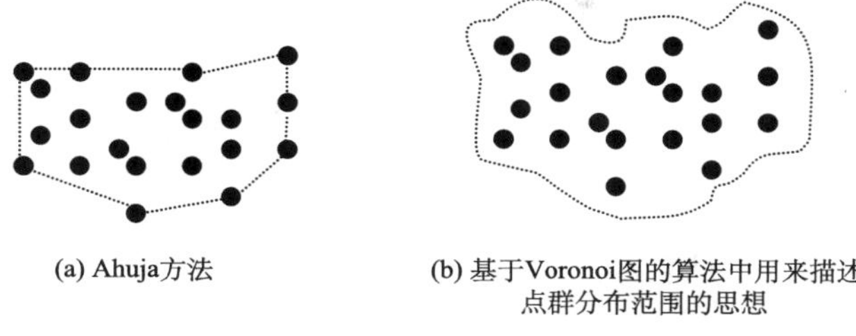

图 6.8　点群分布范围的描述

2. 算法描述

为了使基于 Voronoi 图的算法的讨论简明易懂，此处通过一个实例（图 6.9，图 6.10）来逐步介绍新算法的过程。在图 6.9 中，原图比例尺为 1∶10 000；原图中点的个数为 24；目标图比例尺为 1∶20 000；每个点的重要性程度值为 1 或 2。

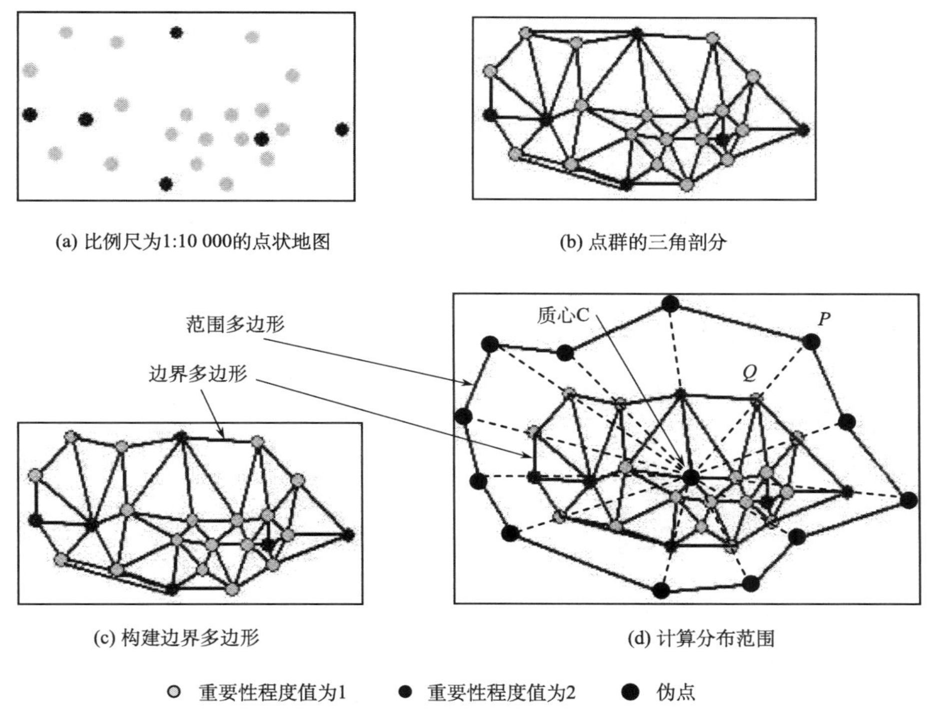

图 6.9　计算点群分布范围（即范围多边形）的过程

本图并非准确依比例尺绘制

基于 Voronoi 图的算法需要以下三个过程。

1）计算分布范围

该过程包括以下四个步骤：

第一步，根据 Delaunay 三角剖分原理对点群进行剖分[图 6.9(b)]。在 Delaunay 三角网中，如果位于外壳的三角形的边的长度大于给定值（通过实验，给定值应该大于两倍的所有的三角形边长的平均值），该三角形将从三角形队列中删除（这样是为了确保获得一个更合理的点群分布范围）。

第二步，构建一个由外部三角形的边界点组成的多边形[图 6.9(c)]。此处，这个多边形称为点群的边界多边形。

第三步，构建一个用来描述点群分布范围的范围多边形。范围多边形的每个顶点（如图 6.9(d)的顶点 P）必须在连接边界多边形的质心（C）和边界多边形对应顶点（Q）的直线段（CQ）的延长线上，延长线（QP）的长度是连接顶点 Q 且在边界多边形内部的三角形边长之和的平均值（在此例中，有两条与 Q 相连的内部边）。

第四步，重新构建点群。根据构建 Voronoi 图的规则，包含边界多边形顶点的 Voronoi 多边形是发散的，即它们的面积是无限的。而根据前面对分布范围的讨论可知，每个点有它的影响范围，且这个范围的面积实际上是有限的。因此，为了构建点的合适的影响面积，把范围多边形的所有顶点加入到原来点群中形成一个新的点群[图 6.9(d)]。这些新加的点（如图 6.9(d)中的点 P）在算法中称为“伪点”。

2）借助 Voronoi 图对点进行迭代删除

该过程包含以下五个步骤：

第一步，构建新点集的 Voronoi 图：先将新点集三角剖分[图 6.10(a)]，通过三角网很容易计算出各点的 Voronoi 图。包含范围多边形顶点的 Voronoi 多边形是发散的，且由于其为伪点所有，因而在地图综合的过程中没有被用到。故在求得 Voronoi 图后将其暂时删除。

第二步，通过式(6.3)计算每个点的选择概率 P_i。

第三步，增序排列所有点的选择概率。

第四步，借助于点的选择概率和邻近关系，标记将要被删除的点：每个点可能处于下面三种状态之一：“自由”、“固定”或“已删除”。开始时，将所有点标记为“自由”点。然后从最小被选取概率的点开始，在选择概率队列中测试每个点。如果一个点满足下面三条规则，则将其标记为“已删除”点：

(1) 该点的状态被标记为“自由”；

(2) 该点在“自由”点中的选择概率最小；

(3) 该点的 1 阶 Voronoi 邻居没有被标记为“已删除”点。

如果一个点被标记为“已删除”，只意味着该点是最终被删除的候选点，但并非立刻从点集中删除。每个“已删除”点的 1 阶 Voronoi 邻居点被标记为“固定”点[图 6.10(b)]。“固定”点不能被标记为“已删除”点，除非它在下一次迭代删除过程中被设置为“自由”点。

重复此步骤直到没有点可能被标记为“已删除”点[图 6.10(b)]。最后，除了被标记为“已删除”点外，将所有点标记为“自由”点。

第五步，终止删除过程。设目标图中点的理论个数为 n_t[式(6.1)]。如果“自由”点的个数(设其为 n_1)小于 n_t，结束算法；否则，以“自由”点和范围多边形上的点作为新的点集，从第一步开始新一轮的迭代删除[图 6.1(c)]。

如果一个点在迭代过程中被标记为“已删除”点，它的邻近点就应该被标记为“固定”点，不可以在本次迭代过程中删除。也就是说，在同一个迭代过程中一个点和其邻居不能被同时删除。这是基于以下原因：

(1) 在实际地图综合中，如果比例尺的变化幅度较小，邻近地物的删除通常是不被接受的(如从 1∶1000 到 1∶25 000)。例如，图 6.7 中，在从 1∶10 000 到 1∶25 000 的地图综合过程中，点 P 被删除，其周围的任何一点都不应该被删除。

(2) 在点群综合中，同时删除一点及其 1 阶最近邻居可能会使那些远距离点变成直接的邻居，从而导致很远的点之间突然具有了邻近关系。从理论上讲，这明显与地理学第一定律相违背：“事物是普遍联系的，但相近的事物比相远的事物更具联系性”(Tobler，1970)。例如，图 6.10(b)，如果点 P 和它的 1 阶最近邻居 P_1 和 P_2 被删除，P_3 和 P_4(它们互为 3 阶最近邻居)就会变为 1 阶最近邻居而突然紧密相关；反之，如果只有点 P 被删除，则 P_1 和 P_4，它们互为 2 阶最近邻居，将变成 1 阶最近邻居。后者的变化显然更加自然和易于接受。因此，该算法的删除策略在地图综合中可以尽可能地保持点之间的邻近关系。

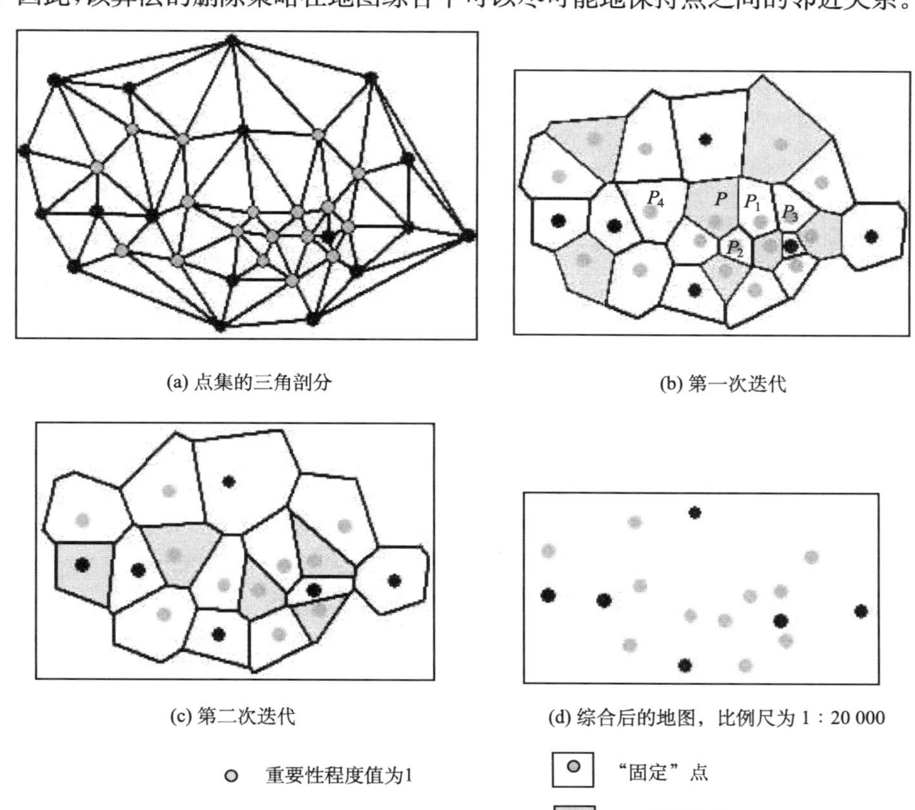

图 6.10　基于 Voronoi 图的算法中点删除的原理

本图并非准确依比例尺绘制

3）确认目标图中保留的点的个数

基于 Voronoi 图的算法认为，在同一迭代过程中被标记为“已删除”的点在理论上应该具有相同的被删除概率（这个思想有别于圆增长算法中为点群排出删除队列）。就是说，在同一迭代过程中被标记为“已删除”的若干点，将被同时删除或者保留。在最后一次迭代删除完成后，“自由”点的个数(n_1)少于通过基本定律计算出的点的个数(n_t)。但是在最后一次迭代之前，“自由”点的个数(n_2)大于 n_t。因此，与 n_t 最接近的点的个数应该被选择为目标图的点的个数：如果 $n_t - n_1 > n_2 - n_t$，那些在最后一次迭代之前被标记为“已删除”的点将从点群中永久删除；反之，将迭代后所有被标记为“已删除”的点永久删

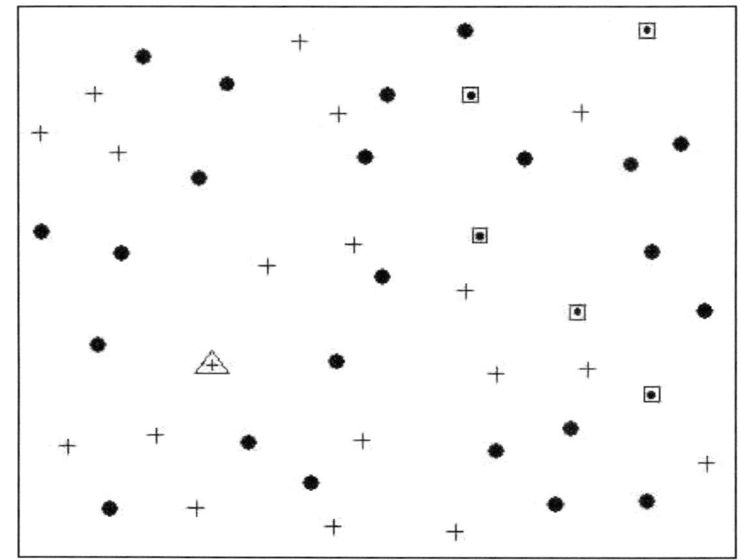

(a) 原始数据，比例尺为 1∶10 000

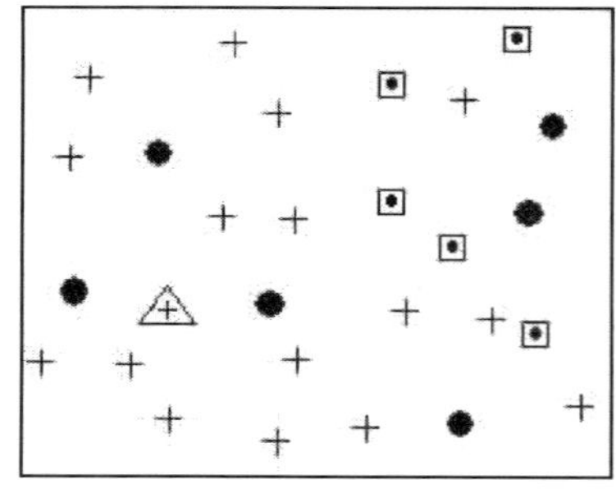

(b) 综合后地图，比例尺为1∶20 000

(c) 综合后地图，比例尺为1∶50 000

第一类控制点，重要性程度值为8　　第二类控制点，重要性程度值为4

第三类控制点，重要性程度值为2　　第四类控制点，重要性程度值为 1

图 6.11　基于 Voronoi 图的点群综合结果

地图没有严格依比例尺绘制

除，见图 6.10，该点群综合过程进行了两次迭代[图 6.10(b)，图 6.10(c)]。很容易得出 $n_t=17$，$n_1=24-7-5=12$，$n_2=24-7=17$。因此只有那些在第一次迭代中被标记为“已删除”的点被永久地删除。

最后，删除伪点便得到了结果[图 6.10(d)]。

如图 6.11 所示是利用该算法综合得到的一个结果图，实验数据为某地的测量控制点，在研究区内，控制点数为 47，四类控制点的权值分别为 1、2、4、8。

6.2 等高线综合算法

6.2.1 等高线的概念及性质

等高线是地形图上反映地形、地貌的基本手段，在几何形式上呈现为由地面上相同高程的点连成的闭合曲线。地图上的等高线是地面上等高线在图纸上投影后的微缩表达。两条相邻等高线之间的高程之差叫做等高距。不同比例尺的地形图上等高距一般不一样；等高距通常随地图比例尺的缩小而增大。

等高线除了表达通常意义上的地形变化，还可以用约定的符号形式表示山顶、洼地、山脊、山谷、鞍部等地貌形态(图 6.12)。

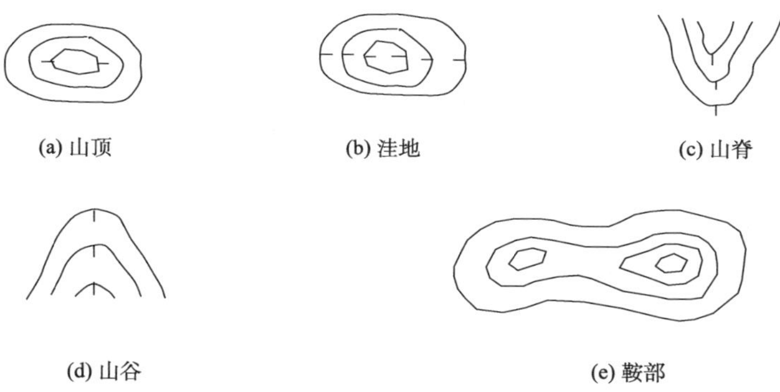

图 6.12 典型地貌的等高线表示方法

等高线有两个重要特性：

(1) 不同高程的等高线不会相交，除非地表是悬崖或峭壁才能使某处线条太密集出现重叠；

(2) 等高线密集，意味着相应地面坡度陡峭；反之，意味着相应地面坡度平缓。

对地形图地貌的综合可以看作顾及地貌基本形态、保持基本地形特征的等高线综合过程。在综合过程中通过对等高线进行一定程度的选取、化简、合并、移位等操作来满足目标比例尺和用图的要求。

6.2.2 等高线树

等高线空间关系的描述，目前多采用树结构来表达(毋河海，1995；张琳琳等，2005)。

等高线树表达的是等高线之间的层次关系，如父层等高线与子层等高线之间的隶属关系、包含关系，父层中或子层中诸等高线之间的邻近关系和兄弟并列关系等。这些关系在树结构中体现为网络嵌套关系。

等高线树具有许多方面的应用。如在数字高程模型(Digital Elevation Model，DEM)的生成中顾及地性线(山脊线、山谷线)时，等高线树可以提供等高线之间的关系信息，由此能够建立相邻等高线之间的坡降线，使得以隐含的方式顾及地性结构成为可能。平面上利用一组等高线的有机联系来表达地貌的立体形态，包括组成地貌基本形态的山顶、山脊、斜坡、鞍部和谷地等。同样，通过分析等高线本身组成地貌结构的基本点和线，如山顶、山脊线、斜坡变换线和谷地线等地貌结构点和结构线，对实施等高线图形综合具有实际意义。

要推导出等高线之间的拓扑关系，目前较好的有两种方法。第一种方法是毋河海(1995)提出的，基本思想是：建立等高线树的实质是确定父层等高线对子层等高线的包含关系；因此，可以建立自上而下的、树根朝上的自然状等高线树。包含是相对于封闭区域而言的。所以，为了确定等高线的包含关系，关键是如何形成父层等高线的封闭多边形图形，由此可以导出它们所包含的子层等高线多边形。基本实现手段是：采用等高线图形设色分类的方法，将同一高程的等高线图形进行分类，进而用"分而治之"的方法逐一解决，由此建立等高线树。第二种方法是张琳琳等(2005)在第一种方法基础上的发展，她们吸取了前者计算图廓距的方法，不同的是没有进行图形分类，而是利用相邻 3 个高程的拓扑关系来消除闭合方向的二义性。

下面结合文献成果(毋河海，1995；张琳琳等，2005)讨论等高线树生成的方法。

1. 等高线树构造问题的分析

二维平面上两物体之间的空间关系一般有 3 种：拓扑关系、度量关系和顺序关系。等高线的空间关系主要指其拓扑关系。闭合的等高线可以看作面；面与面之间的拓扑关系有包含和相离两种。只要确定了闭合等高线之间的这种拓扑关系，就会形成如图 6.13(a)所示的相同高程的等高线相离、不同高程的等高线相嵌套的形式。人们往往凭经验就可从等高线的图形上看出它所要表述的空间关系；而计算机语言的表达是盲视的，它在计算机中表现为数据的存储与组织方式，并且蕴含了属性信息，如高程、首曲线、计曲线等，因此等高线的空间关系最好通过建立等高线树来实现[图 6.13(b)]。

既然闭合的等高线可以看作一个面，由此，线与线的关系就可转换为面与面的关系；面与面关系的判断在计算机中容易实现。因此图幅中各种类型的等高线如何形成多边形(即面)成为问题的关键。

现实世界中的等高线是连续的，但地图只是现实世界中地形的部分描述，在图廓处等高线是被截断的；所以，在此情况下单纯依靠等高线无法围成封闭的多边形，而需要人为地将其闭合起来。常用的一种好方法是沿图廓边闭合等高线形成多边形。但是，由于数据库中保存的原始等高线矢量数据往往是无序的，即各条等高线坐标点的存储方向都是任意的(有的形成逆时针环；有的形成顺时针环)；若不能知道各条等高线前进的时针方向，在等高线构成多边形时会出现歧义。为了建立等高线间的层次结构，必须知道哪些等高线坐标串构成了逆时针方向的环，哪些等高线坐标串构成了顺时针方向的环。不能唯

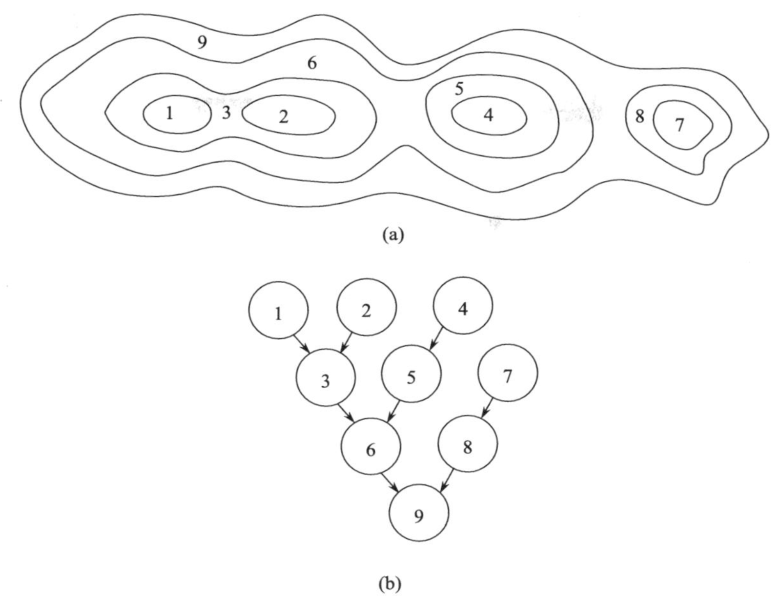

图 6.13　等高线树示例

一确定等高线的前进方向，则可能出现图 6.14 中的情形。而在实际地形图中，地貌的结构是唯一的，由此必须用相应的算法确定出等高线唯一正确的闭合方向。

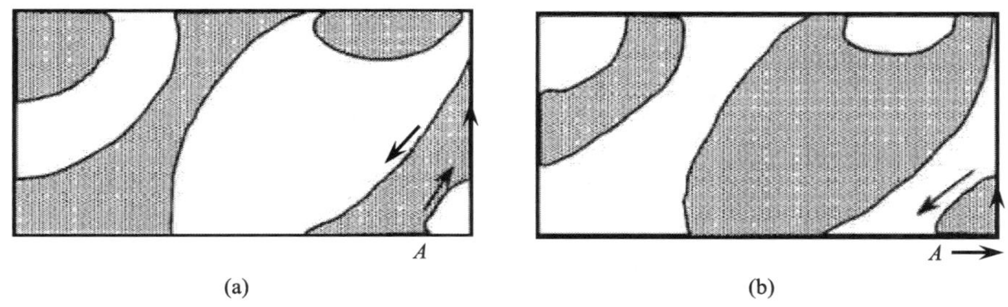

图 6.14　从图上同一点 A 出发，若出发方向不同，沿同一时针方向可形成不同的多边形

为了区别正向地貌与负向地貌，不妨这样假定：

(1) 对于正向地貌，闭合等高线内所嵌套的是高程较高的等高线。如果设等高线前进方向为逆时针方向，那么沿等高线前进方向线的左侧为较高的地方，右侧为较低的地方。

(2) 对于负向地貌，闭合等高线内所嵌套的是高程较低的等高线；如果设等高线前进方向为逆时针方向，那么沿等高线前进方向线的左侧为较低的地方，右侧为较高的地方。

2. 等高线的自动封闭

对于图 6.14 中封闭的等高线，闭合方法比较简单，文献(郭庆胜等，2000)已作了阐述：假设该封闭等高线内部高程值大于外部高程值，在构造等高线树之前需要确定此等高线坐标数据是否按逆时针方向排列，如果不是就要调整其方向。判断的方法是对该封闭等高线，在 X 方向找到 X 值最小的点，作为原点，以此点为起始点，比较它与按原始数据顺序相邻的前一个点连起的射线以及与后一个点连起的射线与 Y 轴的夹角大小，如果前者大，那么原来数字化的方向是顺时针，需要调整为逆时针；反之就不用。

对与图廓边相交的等高线（图 6.14）的闭合及空间关系构造问题，研究成果很多。下面介绍其一（张琳琳等，2005）。

基本思路：等高线闭合关系的确立是建立等高线空间关系的关键。在地貌形态连续变化的地区，高程相邻的等高线在拓扑上属于嵌套关系，在形态上具有不同程度的相似性。在地形判读时，根据等高线的结构特征，可以知道何处高程大，何处高程小；反过来，如果从数据中获得每根等高线的高程，即知道图上何处高程大，何处高程小，那么据此可以得到等高线的弯曲闭合方向，也就是等高线的走向。所以，对于在图廓处断开的等高线，可根据与图廓边相交时该条等高线与相邻等高线的高程关系来判断其走向。

前提条件：原始数据中，对所有因为遇到冲沟、陡崖等地貌符号而产生的等高线断裂已进行了处理。

算法的思路：首先规定等高线的前进方向的左侧为高程较大的地区，此时，山头表示为反时针封闭图形。按距图廓原点（左下角点）沿图廓（逆时针方向）的距离，对每条等高线首末点进行排序，并确保首点距离小于末点。任选高程分别是 H、$H-\Delta H$ 和 $H+\Delta H$（其中 ΔH 为本幅图上等高距）的相邻 3 条等高线，判断中间高程 H 的每一条等高线与邻近等高线的高程关系，从而将中间高程的等高线进行闭合及方向的调整。这里分 3 种情况：邻近的等高线高程较大；邻近的等高线与本条等高线同高；邻近的等高线高程较小。具体方法如下：

以图 6.15 为例，要判断某一高程为 H 的等高线的闭合方向，将与其相邻的较大高程（$H+\Delta H$）和较小高程（$H-\Delta H$）的等高线全部显示在图中，待判闭合方向的等高线以虚线表示。其步骤如下：

第一步，计算待判线与图廓相交的首末点距图廓左下角的距离，并按从小到大排序：1、2、3、4、5、6 等。

第二步，判断中间高程（虚线所示）的当前线的首点（初始值为 1）是否被追踪过。如果未被追踪，则记录此线为原首线。接下来寻找另外一条等高线，该等高线的首点或末点距离图廓左下角的距离应小于当前线的首点和末点距离图廓左下角的距离的较小者，且该等高线的首点或末点距离当前等高线的距离最小[见图 6.15(a)中的线 AB]。然后比较当前线与寻找到的等高线的高程关系。如果这样的等高线无法找到，是因为所有线的首、末点距离都是指它与左下角的距离。此时不以左下角作为距离原点，按顺时针方向以图廓的其他角点作为原点，直到找到满足条件的等高线。

此步骤分以下两种情况：

(1) 如果距离小于它并且离它最近的点[见图 6.15(a)中的点 A]所在线的高程比它大，则从当前线的末点开始，在本高程线中寻找首点与图廓左下角距离大于此点与图廓左下角距离且未被追踪的线，依次首末连接，最后与初始点闭合，再调整为逆时针方向[如图 6.15(a)中箭头所示]，闭合完成。

(2) 如果距离小于它并且离它最近的点[见图 6.15(b)中的点 A]所在线的高程比它小或相同，进行以下步骤：

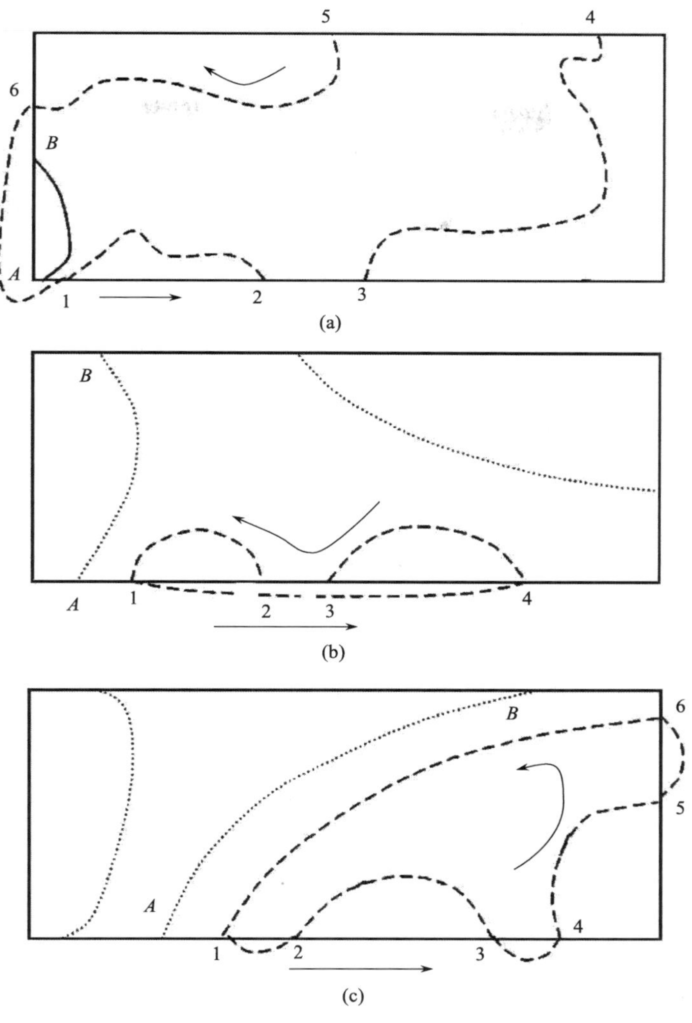

图 6.15　图廓处等高线的闭合方法

第一步，分别在当前高程和低一个高程里寻找距离大于当前线的末点[见图 6.15(b)]中的点 2 并且离它最近的未被追踪过的点。

第二步，比较这两个点，若高程较小的等高线(高程为 $H-\Delta H$)上的点最近，则停止追踪，记录最末点，执行第三步。若当前等高线高程(高程为 H)上的点最近，如图 6.15(b)中的点 3，则连上，把下根线作为当前线，再从第一步开始循环，直到在当前等高线中找到的点已被追踪过，停止并记录最末点，执行第三步。

第三步，从原首线的首点开始，在当前等高线里寻找距离大于此首点、小于最末点且未被追踪过的等高线。依次按逆时针连上，闭合完成，如图 6.15(b)和图 6.15(c)所示。

本算法主要针对正向地貌，其优点是根据相邻高程来判断，理论上和实验中可靠性高。由于等高线比较复杂，仅考虑单根在图廓处的截断是无法确定其闭合方向的。所以靠 3 个高程来判断就比较可靠准确；因为一旦确定某条等高线的左侧和右侧等高线的高程孰大孰小，也就确定了等高线的闭合方向。

3. 等高线树构造的基本方法

建立等高线树的主要目的是为等高线自动综合服务。考虑到等高线成组综合中追踪地性线的需要,等高线树的结构要利于矢量情况下线的查询;所以用多链表形式在计算机内存储,把已闭合的每条等高线当做树的一个结点,将与某一山头有嵌套关系的一组等高线用一个链表表示。这样在提取地性点时,在已经找到某结点对应等高线的地性点的条件下,只需在它的下一个结点对应等高线中去寻找对应地性点,而不会错误追踪到和它具有并列关系的等高线上(图 6.13);这样就提高了追踪的正确性,缩短了计算的时间。

结点的父子关系(即嵌套关系)利用闭合等高线的最小投影矩形(MBR)的包含关系来确定。每一结点在计算机中以如下结构存储:

```
class CTreeleaf
{
        int m_h; //结点的索引
        CLine m_leaf; //等高线
        CTreeleaf *m_nextleaf; //下一个结点
}
typedef vector <CTreeleaf> CMytree;
```

用一组有一定间隔的等高线来反映地面的起伏形态是一种很科学的方法。从构成等高线的原理来看,它可以反映地面高程、山体、谷地、坡形、坡度、山脉走向等地貌基本形态及其变换,能为读者提供可靠的地形基础。等高线空间关系的表达有各种方法,而用等高线树不仅确定了等高线的方向及嵌套关系,而且把闭合后的等高线看成面,生成等高线树,使各山头和洼地独立出来,对地形进行了初步的描述。

4. 等高线树的应用

等高线空间关系的初步确立有着重要的意义及应用,主要表现在以下几个方面。

1) 弯曲形态的确定

将连续的等高线分割成若干性质单一的区间:凸段和凹段,即对应着山脊或山谷区域。这样需要对曲线上相邻 3 点计算中间点的二阶导数,所以只有在等高线方向调整后才能正确区分凸凹段。

2) 地性特征线的提取

等高线空间关系的确立与等高线树的生成,为提取地性结构线提供了便利的条件和基础。以提取谷地线为例,从最大高程的等高线开始,向下寻找谷地顶点时的搜索范围,借助于等高线树来进行就可以大大缩小搜索时间;因为只须在本山头所嵌套的下一级闭合等高线中寻找。如果仅依赖于距离进行限制,那么有可能追踪到邻近山头所嵌套的多级等高线上的点。利用等高线树可避免这种错误出现的可能,将大大提高搜索的正确性及效率。

3）地貌的分层设色

地貌的分层设色是根据地面高度划分的高程带，逐层设置不同的颜色。由于等高线的层次关系已经建立，分层设色就很容易做到，这样使地图在一览之下就可以快速获得高程分布及其相互对比的印象。

6.2.3 单线综合算法

单线综合是指不考虑或很少考虑一条等高线与其他等高线之间的空间关系，把该等高线作为单一的曲线进行处理。该类算法相对比较成熟，其主要成果有 Douglas-Peucker 算法、逐点前进法、垂距算法、角度算法、小波算法、光栏法等（闫浩文等，2007）。下面主要以 Douglas-Peucker 算法与逐点前进法为例进行论述。

1. Douglas-Peuker 算法

Douglas-Peuker 算法是一种常用的曲线综合方法，其基本思想是：

假设曲线由点列（P_0，P_1，…，P_n）表示，首先将 P_0 与 P_n 连接起来构成一条直线段，计算偏离该直线段的最远点，即最大偏离点，如果该点与直线段的偏差小于或等于限差，则用一直线段 P_0P_n 来代替原曲线，而将其他中间点删除，抽样结束。如果该点的偏差大于限差，则保留该点，将曲线以该点为界分成两段，将这两段分别作为独立的曲线，重复上述步骤。如图 6.16 所示，该算法的具体实现过程如下：

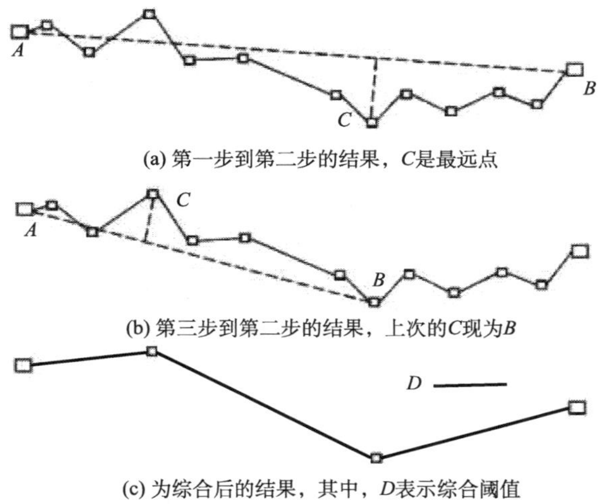

图 6.16　Douglas-Peuker 算法提取特征点

第一步，对离散的矢量点列 $P_1(x_1, y_1)$，$P_2(x_2, y_2)$，…，$P_n(x_n, y_n)$，设 $A= P_1(x_1, y_1)$，$B= P_n(x_n, y_n)$，用线段连接 AB；

第二步，在 AB 范围内的点列中寻找与 AB 线段具有最大距离的点，记为 C；

第三步，判断 C 点到 AB 的距离是否小于阈值，若否，则把 AC、BC 段的折线分别看

作为原 AB，同时将原 C 点按顺序依次放入特征点列中，返回到第二步；

第四步，将 P_1、特征点列、P_n 提取为特征点，算法结束。

该算法从整体到局部，即采用由粗到细的方法来确定曲线综合后保留特征点的过程。其计算简单，程序实现容易，具有平移、旋转的不变性，给定曲线与限差后，抽样结果一定。

2. 逐点前进法

Douglas-Peuker 算法是从曲线的两端开始查找特征点，是由远到近的查找方法。而逐点前进法是从曲线的一个端点出发，逐点前进、由近到远来查找特征点。相比而言，该算法具有更高的运行效率(王晏民，2002)。以图 6.17 为例，其具体步骤如下：

第一步，对离散的矢量点列 $P_1(x_1,y_1)$，$P_2(x_2,y_2)$，…，$P_n(x_n,y_n)$，设 $A=P_1(x_1,y_1)$，$B=P_3(x_3,y_3)$，用线段连接 AB，并将 A 放入特征点列的首位；

第二步，在 AB 范围内的点列中寻找与 AB 线段具有最大距离的点，记为 C；

第三步，判断 C 点到 AB 的距离是否小于阈值，若否，则设 $A=C$、$B=B^+$(B^+ 表示 B 的下一个特征点)，并将 C 按原顺序放入特征点列，用线段连接 AB，返回到第二步；

第四步，判断 B 是否等于 $P_n(x_n,y_n)$，若否，则设 $B=B^+$，用线段连接 AB，返回到第二步；

第五步，将 B 放入特征点列的末尾，算法结束。

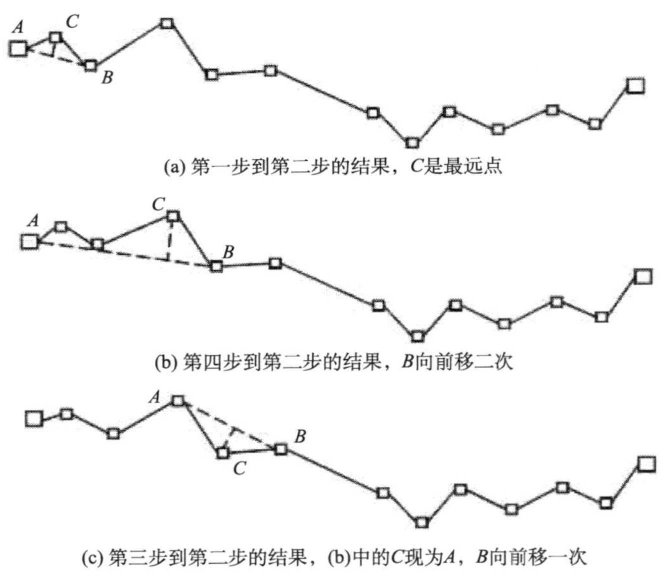

图 6.17　逐点前进法提取特征点

上述两种算法仅利用垂向距离作为约束条件来决定曲线内各点的取舍。限制距离 Limit$D=0$ 时，综合后的曲线与原曲线相同；Limit$D=\infty$时，综合后的曲线只保留原曲线的起始点和终止点，曲线内点全部被剔除。两种极端情形下曲线的综合效果完全不同。而实际应用中往往要求在一定精度条件下取得较好的综合效果，精度限制是曲线综合的前提条件。

曲线综合的精度一般用位移矢量和偏差面积来衡量，前者指原始曲线上点与综合后曲线的偏差距离；后者指原始曲线与综合后曲线之间的面积之差。在 Douglas-Peuker 算法中，垂向限距可以控制位移矢量的大小，但无法控制偏差面积的误差范围。如图 6.18 所示，设点 A 为曲线 PQ 上离线段 PQ 距离最大的内点，其距离 d 小于给定的垂向限差，利用 Douglas-Peuker 算法进行 PQ 弧段的综合时 PQ 的内点将全部被删除，综合后只有 P、Q 两点保留，位移矢量仍满足精度要求，而偏差面积与 PQ 的弧长有关。当曲线上的点全在由 P、Q 构成的直线的一侧时，偏差面积近似地正比于 P、Q 间的距离 $|PQ|$，$|PQ|$ 较大时会带来较大的面积偏差。此外，在处理线密度较大的复杂等高线图时，容易造成综合前不相交而综合后相交的情形。为解决此类问题，在算法中增加了“径向距离约束”条件（杨得志等，2002），即当进行 PQ 弧段综合时，如果 PQ 的内点离 PQ 连线的距离都小于垂向限差，此时图 6.18 所示的点 A 是否保留，取决于 $|PA|$ 或 $|AQ|$ 的距离值，若 $|PA|$ 或 $|AQ|$ 的长度大于设定的径向距离 r，则保留点 A，继续进行子弧段 PA 与 AQ 的递归综合过程。

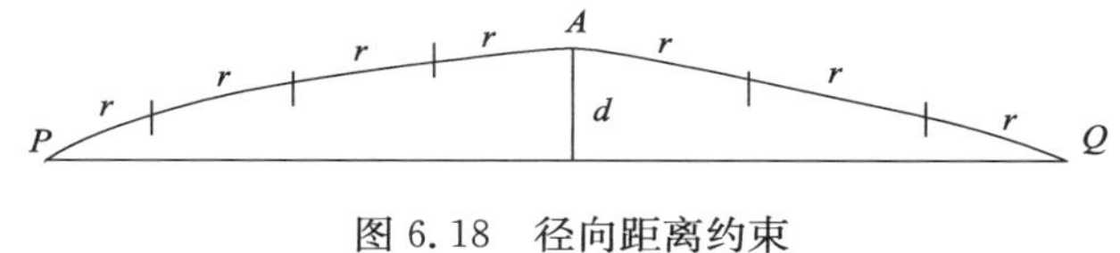

图 6.18　径向距离约束

6.2.4　地貌形态综合算法

单线综合算法处理过程简捷，对单条等高线简化有很好的效果。但是该类算法主要强调的是线型简化，没有顾及等高线间的相互关系；有的算法虽然顾及自身特征及力求化简后避免自交现象的产生，但不可避免地会产生邻近曲线的相交现象，从而造成地形表达上在一定程度上的逻辑混乱，引起部分地形表达的失真。

等高线以成组的方式表达地形，因此等高线的简化适于以成组的整体方式进行。地貌形态综合算法正是从等高线组的角度出发，来研究等高线综合问题。该类算法又分为直接法和间接法。下面分别论述这两类综合算法。

1. 直接综合法

直接法是指对等高线的形态、结构、空间关系及地性线等进行提取，试图从根本上把握等高线与具体地貌之间的关系，进而得到较小比例尺下的等高线。该类综合方法认为，地性线在地貌形态的综合中起着重要的作用，在对等高线进行成组综合的过程中，一组等高线的弯曲形态可以由地性线描述，可以通过生成地性线的特征点的综合达到等高线的综合，基本过程是：首先进行无序等高线数据的预处理，然后进行等高线和特征点的识别并从中确定和选择谷地点，接着进行谷地线自动跟踪和谷地重要性计算，最后实施等高线的综合（为便于分析当前综合方法，现假定制图区域的地貌形态以正向为主）。其具体算法步骤如下：

第一步，针对无序数字化等高线矢量数据，进行预处理调整工作(图 6.19)。从图廓西北角开始，顺时针沿图廓方向搜索，凡遇到新等高线的一个端点，就在文件中记录下这条等高线数据，并以当前点作为该新等高线的首点来确定方向。若与数字化方向相反，则将原数字化的点序颠倒后记录。按这种方式搜索完一周后，意味着所有的开曲线已经被整理。对于正向地貌闭曲线，直接处理成逆时针数字化方向。

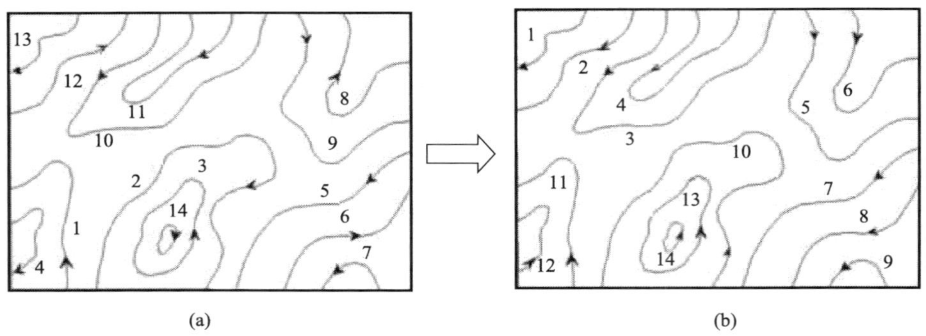

图 6.19　无序等高线矢量数据预处理

第二步，等高线上重要点和特征点的识别。当等高线上某一点处的曲率超过某个临界值时，认为它是一个重要点。这个重要点很可能是追踪地性线时所需要的特征点。采用分段三次多项式拟合各已知点，形成等高线连续图形的数学模型如下：

$$x = P_0 + P_1 z + P_2 z^2 + P_3 z^3$$

$$y = Q_0 + Q_1 z + Q_2 z^2 + Q_3 z^3$$

然后用该多项式参数方程拟合等高线上的已知点。

第三步，重要点包含特征点，特征点是重要点的子集。用求导的方法计算并记录各重要点的曲率，然后用适当的临界值筛选出曲率绝对值较大的点，这些点即可构成大部分特征点。要正确选择谷地点，必须保证曲率符号与所代表的地性符号严格的对应。

第四步，谷地线的自动跟踪方法是从高程较低的某条等高线上的某一谷地点出发，搜索较高相邻等高线上的谷地点(可能出现谷地线分叉与合并现象，需要分情况进行处理)。谷地重要性以谷地线的长度(折叠累加长)为指标进行衡量。

第五步，采用最大张角迭代法删除等高线上需要删除的谷地弯曲。

如图 6.20 所示，找到需删除点的共切线点 T_1、T_2，在 T_1、T_2 的某一邻域内，选择 C_1、C_2 点，在 C_1、C_2 之间用一条新的曲线来代替老曲线(仍可采用三次多项式来拟合)。

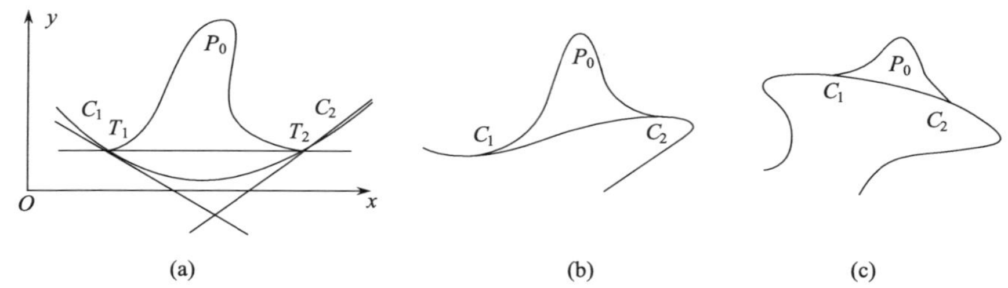

图 6.20　最大张角迭代法综合过程

2. 间接综合法

间接综合法一般借助于DEM来完成等高线的综合。等高线是以离散的形式表达地貌特征的，等高线的简化实际上是对所表达的地形简化；反之亦然，简化的地形可以生成简化的等高线。其实现的基本思路是：首先把原始等高线数据转换为DEM，然后把该DEM转换为较小比例尺下的DEM，最后用新的DEM生成较小比例尺下的等高线。下面结合文献（张海堂等，2004；朱文博等，2008）介绍利用间接法进行地貌综合的主要过程。假设已经将原始等高线数据转换为DEM，则算法的具体步骤描述如下。

第一步，构建三角网。

构建Delaunay三角网的算法已经非常成熟，常见的算法包括分割-合并算法、逐点插入法、三角网生长法、凸包插入法等，各有其优、缺点；但大部分算法都可以解决此处的高程点构网问题。需要注意的是，构网过程中需要设计良好的数据结构，用以记录三角形的点、边及相邻三角形之间的拓扑关系。

第二步，三角网化简。

三角网的化简有许多方法，如渐进网格法（Hoppe，1996）、最大独立点集法和基于顶点树的层次动态简化方法（张锦，2002）等。下面介绍前两种方法。

渐进网格是任意网格的连续多分辨率表示，可通过递归地对网格执行边折叠操作实现。边折叠操作如图6.21所示，(a)为折叠前，(b)为折叠后的图形。其操作就是将一条边折叠为一个点，同时删除包含该边的两个三角形（边界只有一个三角形），并把该边关联的两顶点1阶邻域（即直接相邻）内的所有三角形重新进行三角化。新点可以是折叠边的中点、某一顶点等。为了简化计算，可以直接将折叠边的一个端点折叠到另一个端点。

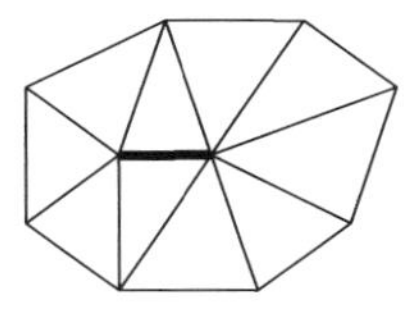

(a) 粗实线边将被折叠

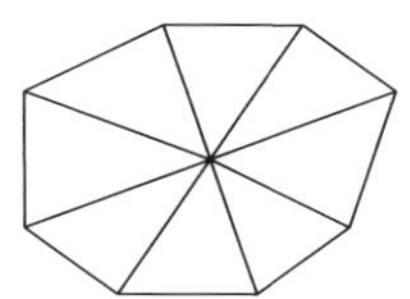

(b) 折叠后

图6.21　渐进网格的基本原理

最大独立点集法构造地形层次结构的主要思想是：从初始最细节水平开始，通过移去一些不相邻的三角形顶点（即具有最大独立性的点集）得到下一级的三角网顶点，实现下一层次的粗糙水平。在这一过程中，需要特别指出的是如果移去的点为地形特征点，则可能改变地形的形状，因此可通过固定地形特征点的方式，以保证重要点集不被删除。

该算法的具体过程是：最细节的层次水平记为DT_0，对应的全部点集记为V_0。从DT_0开始，通过去掉V_i（度数至多为常数d）中的最大独立点集I_i得到下一粗糙水平的点集V_{i+1}即可。如果V_i中的两个顶点不相邻，则其是独立的（如图6.22中的方形点）。这些点由于与所要保留的点不相关联，因此具有相对的独立性，可被删除。对保留下的点集V_{i+1}应用Delaunay准则重新三角化即为该粗糙水平DT_i。循环进行上述过程，依次删去独立点集，直到达到所希望的细节层次。

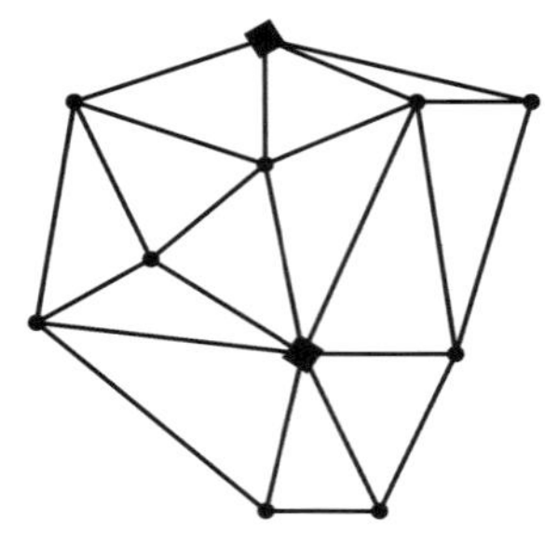

(a) 方形点将被删除

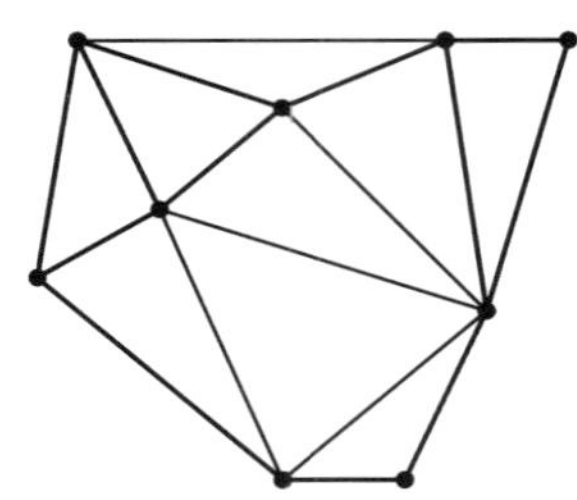
(b) 重新构网

图 6.22 最大独立点集法重新构造地形层次

第三步,生成等高线。

给定高程值,利用线性插值的方法在已建立的三角网上对等高线进行插值,连接插值点,就生成等高线。在进行等高线插值搜索时,等高线通过三角网的三角面会有以下三种情况:

(1) 等值点不在三角形三个顶点的 Z 坐标值的最小值与最大值之间,则等高线不通过该三角形。

(2) 等值点与三角形三个顶点的 Z 坐标的最小值或最大值相等,则等高线只通过该三角形的一个顶点。

(3) 等值点在三角形三个顶点的 Z 坐标值的最小值与最大值之间,则等高线通过该三角形。这分两种情况处理:其一,等值点等于三角形三个顶点中 Z 坐标不为最小值或最大值的顶点的 Z 坐标,则等高线从该顶点进入,从该顶点的对边穿出;其二,等值点不等于三角形的顶点的 Z 坐标,则等高线从三角形的一边进入,从另两边中高差大的一边穿出。

6.2.5 等高线综合算法的分析与比较

单线综合算法针对曲线进行化简,在平坦地区、大比例尺情况下具有很大优势,可以在保留特征点的前提下,大大压缩数据,化简等高线形状。同时它处理速度快、算法简单易实现。而在地形复杂、比例尺转换跨度系数较大时,势必会造成等高线之间内在联系的破坏。从而导致所反映的地形、地貌严重歪曲。基于单线方式的等高线综合,虽然可以避免等高线自相交问题,对于线之间的相交,仍需要进行额外的判断与处理,此时可能已对地貌的反映造成变形。

地貌形态综合算法的技术路线着眼于等高线的成组处理。地形、地貌的综合反映是依靠成组的等高线来完成的。在空间关系的表达上,可借助成组等高线来获取山顶、山脊线、斜坡变换线和谷地线的地貌结构点和结构线,进而反映地貌基本形态,如山顶、山脊、斜坡、谷地和鞍部等。等高线成组自动综合算法从技术上分为间接法与直接法两类。

间接法对输入的高程数据,首先转换成一定格式、一定密度的数字高程模型

(DEM1)。根据比例尺、比例尺跨度系数、地理地貌特征，对 DEM1 进行自动综合，得到密度较稀的数字高程模型(DEM2)，最后根据 DEM2 生成新尺度下的等高线。采用间接法的优势是：存放在数据库中的 DEM 不仅可以用于自动综合的目的，而且便于生产许多副产品(渔网立体图、剖面图、坡度图等)，便于进行地理信息系统中的各种空间分析。采用间接法的缺点是：在输入数据为等高线的条件下，由于原始数据转换成 DEM，数据量大为减少，在从 DEM1 综合至 DEM2 的过程中，信息量进一步降低。最后由 DEM2 得到等高线，即在不增加信息量的前提下提高了信息密度，必然产生伪信息，结果将导致综合前后等高线的符合程度较小。具体变形大小将取决于 DEM1 的密度和比例尺跨度系数。

直接法是在输入二维原始比例尺的等高线数据及相关信息的条件下，直接输出目的比例尺二维等高线数据的一种方法，其优势是：处理目的明确，原始地形、地貌信息得到最大程度的利用，信息量的损失少，即处理前后的等高线符合程度良好；其缺点是：处理过程不经过 DEM，相关副产品无法得到。算法的表述与实现过程较为复杂，可能与预期目标差距较大。

6.3 道路网综合算法

6.3.1 道路网的描述方法

1. 道路密度

道路密度一般是指一定区域内道路长度与该区域面积的比值，可理解为一种线密度，数学表达为

$$D = \frac{L}{A} \tag{6.6}$$

式中，D 为道路密度；A 为区域面积；L 为区域内道路的总长度。

2. 道路网眼密度

将道路纵横交错形成的简单多边形(即无岛屿嵌套、无飞地、无边界自相交的多边形)称为“道路网眼”，如图 6.23 所示。以网眼为单位计算的密度称为“网眼密度”，指包含网眼的最小区域内道路总长度与区域面积的比值。设有包含网眼的任意小的区域 ε，再借助式(6.6)，网眼密度表达为

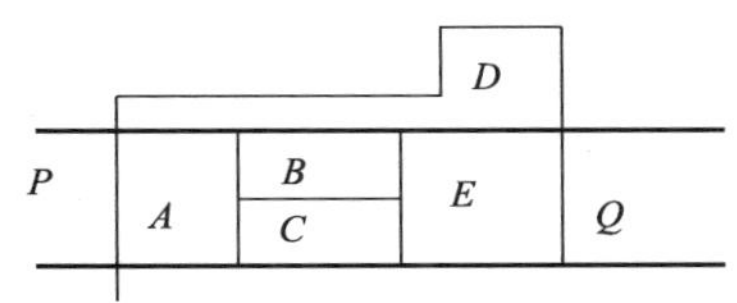

图 6.23 道路网眼示例

A、B、C、D、E 是网眼，P、Q 不是网眼

$$D = \frac{P + L + \Delta}{A + A_\varepsilon} \tag{6.7}$$

式中，P 为网眼边界上路段总长度；L 为网眼内悬垂路段的总长度；Δ 为区域 ε 内的路段总长度；A 为网眼的面积；A_ε 为区域 ε 的面积。

当 $\varepsilon \to 0$ 时，因为 $\lim\limits_{\varepsilon \to 0} \Delta = 0$，故

$$\lim_{\varepsilon \to 0} D = \lim_{\varepsilon \to 0} \frac{P + L + \Delta}{A + A_{\varepsilon}} = \frac{P + L}{A} \tag{6.8}$$

胡云岗等(2007)认为，道路网络中的路段分为网眼边界路段和悬垂路段。在实际计算中，式(6.8)中的网眼密度可简化为

$$D = \frac{P}{A} \tag{6.9}$$

即在计算网眼密度时，网眼内部的悬垂路段可以被忽略。其原因是：

(1) 悬垂路段选取时不考虑道路网的连通性，仅依据几何与语义属性进行取舍，可以首先取舍悬垂路段；

(2) 如果需要舍弃一个网眼上的边界路段，那么该网眼内的所有悬垂路段可能已经被舍弃了，这时考虑的仍然是网眼边界上的路段，因而简化是合理的。

3. 道路网眼的形式化拓扑描述

道路网的几何特性是线，因而一般情况下道路网拓扑形式化描述就是点、线的拓扑形式化描述。同时道路网制图综合问题不同于普通的路径分析等操作，要考虑的一个重要因素是必须保持道路网眼的空间分布特性，因而需要对道路网眼进行拓扑形式化描述。

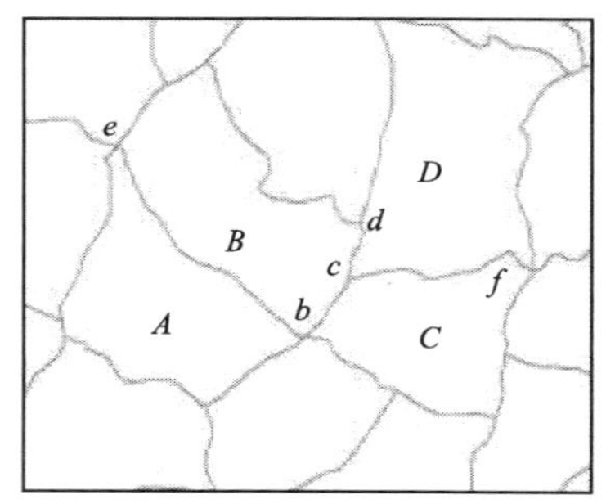

图 6.24　相接成分示意图

从几何特性上分析，道路网眼实质上就是道路因为相交而形成的多边形，若将其看成简单面，道路网眼的拓扑形式化描述就转化为面的形式化描述。由于道路网眼并非确实存在的地理目标，只是人们为了更好地认识道路网特性而抽象出来的面，因此相对于一般的地理面目标其拓扑关系比较简单，只存在相离和相接两种关系。进一步分析其相接情况，相接成分可能是一条道路，如图 6.24 中 AB 之间的关系，也有可能是一个结点，如图 6.24 中 AC 之间的关系，前者称为 1 维相接成分，后者称为 0 维相接成分。因此可采用简单四元组模型和相接成分对道路网眼间拓扑关系进行简单的形式化描述，其形式化表示为式(6.10)。图 6.24 中道路网眼 $ABCD$ 之间的拓扑关系如表 6.3 所示。

$$\text{道路网眼间拓扑} = \{\mathfrak{I}_{4R}(X,Y), m_{1-\text{meet}}, n_{0-\text{meet}}, \text{Sequence}_{\text{meet}}\} \tag{6.10}$$

$$\mathfrak{I}_{4R}(X,Y) = \begin{bmatrix} X^0 \cap Y^0 & X^0 \cap \partial Y \\ \partial X \cap Y^0 & \partial X \cap \partial Y \end{bmatrix} = \begin{bmatrix} \varnothing & \varnothing \\ \varnothing & \partial X \cap \partial Y \end{bmatrix}$$

式中，X、Y 分别为道路网眼；X^0、Y^0 为道路网眼内部点集；∂X、∂Y 为道路网眼边界点集；$\mathfrak{I}_{4R}(X,Y)=\begin{bmatrix} \varnothing & \varnothing \\ \varnothing & \neg\varnothing \end{bmatrix}$为道路网眼相接，$\mathfrak{I}_{4R}(X,Y)=\begin{bmatrix} \varnothing & \varnothing \\ \varnothing & \varnothing \end{bmatrix}$表示道路网眼相离；1－meet 为 1 维拓扑相接的成分数量；0－meet 为 0 维拓扑相接的成分数量；$\text{Sequence}_{\text{meet}}$为拓扑相接成分的具体顺序。

表 6.3　图 6.24 中道路网眼拓扑关系

道路网眼	拓扑关系	拓扑形式化表达
$\{A,B\}$	相接	$\{1,1,0,\{be\}\}$
$\{A,C\}$	相接	$\{1,0,1,\{b\}\}$
$\{A,D\}$	相离	$\{0,0,0,\{\varnothing\}\}$
$\{B,C\}$	相接	$\{1,1,0,\{bc\}\}$
$\{B,D\}$	相接	$\{1,1,0,\{cd\}\}$
$\{C,D\}$	相接	$\{1,1,0,\{cf\}\}$

4. 基于 stroke 的道路描述

Thomson 和 Richardson(1999)认为，人工选取道路时，道路的视觉长度对道路取舍起着重要作用，由此提出了 stroke 的概念，之后 Thomson(2006)对其进行了完善。stroke 来源于 Gestalt 视觉感知中的“良好连续性”定律(Good Continuation)，即表现为相同方向的那些元素容易被看成连在一起构成一个 stroke，不因为交叉路口而中断。这里方向相同是指相接于同一结点的路段在该点处方向一致。一个重要参数是一个 stroke 包含的路段个数，类似于图论中度的概念，称为 stroke 的度，用符号 D_s 来表示。一般来说，stroke 的度越大表明道路与更多的道路相互交叉，道路也就越重要。当 stroke 的度为 1 时，表明一条路段在几何视觉及名称语义上与其他路段关联最小，在选取中最容易被舍弃。

6.3.2　道路网综合需要遵循的规则

考虑到道路网自身的功能和制图区域原有的地理特点，以及顾及综合后地图的比例尺和地图的用途，道路网综合至少应遵循以下几个方面的规则。

1. 尽量保持道路之间及道路与相关要素之间的拓扑连通

道路的基本功能决定着与居民地之间必然存在着有机的联系，反映到道路网地图综合上就是道路的取舍要考虑与居民地的通达性。如果综合后的道路网使大部分原本贯通的居民地不再连通，这就违背了地图对道路表达的初衷，是不符合要求的；然而这一点往往是人们容易忽略的，也是现有的许多道路网综合模型不能顾及的。虽然现在也有部分模型开始考虑这一问题(如基于遗传算法的道路网综合模型)，但是由于对要素辅助信息和数据质量要求过高而使模型的使用受到限制，因此通常的做法是用道路结点代替居民地予以考虑。

2. 保持道路网图形几何特征

不同地区构成的道路网平面图形是各不相同的。在选取道路时，应注意其平面图形特征，保证选取后的道路网图形与资料图上的图形基本相似，这也是常规手工制图综合中道路网综合的基本标准。

3. 保持道路网密度分布特征

道路网综合后，应保持原有的道路分布特性，即原来密集的地区仍然密集，原来分布稀疏的地区仍然稀疏，这一点主要通过道路网眼的分布进行描述。同时，道路选取后，由于道路与道路之间的距离变小，因此，符号化时可能会出现冲突，即符号压盖。为满足符号化的要求，道路网综合后应保持几何上不冲突。

6.3.3 道路网的综合算法

早期的道路网综合模型主要是基于道路等级的简单选取，这是一种利用道路的等级属性对地图数据库中道路数据的批处理方法，该方法的重点问题是建立道路的分类分级体系。由于该方法只是简单依据道路等级进行选取，没有考虑道路网的图形特征，因此虽然实现简单，处理速度快，但是不能保持道路网的空间网络分布特征，因此只在早期的地理信息系统和自动编图系统中才可以看到。

随着计算机技术与制图理论的发展，道路网综合模型也有了较大突破。现代的道路网综合模型主要是基于图论方法的道路选取，即在建立道路网拓扑关系后，通过删除、合并等方式来减少道路网结点数量以达到道路删除的目的，该方法的研究重点是道路网结点重要性评价和处理方式。其中结点重要性与其连接的道路等级紧密相关，如连接高等级道路的结点相对重要，以保证高等级道路被保留等。该类方法依据了图论的一些基本特性，能在一定程度上保持道路网的结点分布特性，但由于只考虑了结点，因此无法保持道路网眼的空间分布。同时对于道路结点之间具有多条道路的情况无法很好处理，只能同时删除或保留结点之间所有道路。除此之外，还出现了考虑道路连通性、车流量的车辆导航图道路网综合模型、基于遗传算法的道路网综合等(邓红艳，2003)，该类模型虽然具有实用价值，但是需要大量相关辅助信息，大部分现有数据无法满足要求，因此仅仅考虑道路网图形特征的综合方法仍然是主流。

长久以来，制图学家对道路网的研究都离不开对其拓扑关系的分析；因为拓扑关系不仅仅揭示了道路之间的连通关系，也揭示了道路网的空间分布。针对现有基于图论的道路网选取方法的缺点以及结合制图综合过程中拓扑一致性需求，邓红艳(2003)提出了一种基于拓扑相似性的道路网综合算法、胡云岗等(2007)提出了基于网眼密度的道路选取算法，在一定条件下可以解决道路网的自动综合问题，下面对它们分别进行论述。

1. 基于拓扑相似性的道路网综合算法

根据拓扑同胚的定义，制图综合的结果和原图之间应该是 1 对 1 的满映射。然而由于制图综合中的删除、合并等操作，这种 1 对 1 的满映射几乎不可能存在。因此，对于制图综合这种特殊的空间图形数据处理过程，无法保证其拓扑同胚，只能尽量保持其拓扑相似性，以最大可能保持其空间特征。以此为基础，基于拓扑相似性的道路网综合方法的基本原理是：首先对道路网依据分类、分级体系进行预处理，对高等级和具有特殊意义的道路赋予不可删除的属性，同时删除等级很低的道路；然后建立道路网拓扑关系并计算道路网眼的面积，依据制图综合中道路网眼的综合指标，选择面积最小的道路网眼作为待处理道路网眼，依次分析组成该道路网眼的每条可以删除的道路删除时与原图的拓扑相似性；最后删除具有最大拓扑相似性的边并重新修正道路网眼及其拓扑关系。重复此计算过程直至所有道路网眼面积满足制图综合要求或无法再删除道路，道路选取过程结束。在该过程中值得说明的是，对于道路网拓扑相似性的评价并不是简单的针对单条道路或单个道路网眼进行的(因为它们都是简单图形，评价其拓扑相似性没有意义)，而是针对一个道路网眼邻域，即一个子道路图。

1）道路网眼拓扑相似性评价指标

在拓扑学中，要判断两个拓扑空间是否拓扑同胚的方法有两种：一种是找寻其映射函数 f，一般情况下由于变换过程非常复杂，f 难以找寻；另一种方法就是通过比较两个拓扑空间的拓扑不变量来判断两个拓扑空间是否同胚，这是最常用也是相对比较简单的方法。该方法的理论依据是当所有拓扑不变量相似性为 1 时，表示拓扑不变量均相等即拓扑同胚。其拓扑不变量相似性取值范围为(0,1]，越接近 1 表示相似性越大。根据上文中的道路网眼形式化拓扑描述，由于道路网的删除等操作使得道路网眼发生变化，$\text{Sequence}_{\text{meet}}$无法进行比较，而 $m_{1-\text{meet}}$，$n_{0-\text{meet}}$中隐含了道路网眼拓扑相接、相离的信息，因此在实际操作中，对 $m_{1\text{-meet}}$和 $n_{0\text{-meet}}$两个拓扑不变量进行考察即可，据此可得到如下道路网眼拓扑相似性评价指标。

A. 1 维拓扑相接成分相似性

假设综合前某道路网眼的 1 维拓扑相接成分数量为 $mi_{1-\text{meet}}$，综合后由于该道路网眼某条道路的删除，其 1 维拓扑相接成分数量变化为 $mj_{1-\text{meet}}$，则两者之间的 1 维拓扑相接成分相似性可用如下公式表示：

$$1-\text{meetSim}_{i,j}=\frac{\min(mi_{1-\text{meet}},mj_{1-\text{meet}})}{\max(mi_{1-\text{meet}},mj_{1-\text{meet}})} \tag{6.11}$$

式中，$0<1-\text{meetSim}_{i,j}\leqslant 1$，当 $1-\text{meetSim}_{i,j}$为 1 表示 1 维拓扑相接成分不变，$1-\text{meetSim}_{i,j}$越大表示综合前后的相似度越高。按照式(6.11)，可知图 6.25 中道路网眼 A 综合前后的 $1-\text{meetSim}_{i,j}$为 0.8。

B. 0 维拓扑相接成分相似性

与 1 维拓扑相接成分相似性类似，可以得到 0 维拓扑相接成分相似性计算公式：

$$0-\text{meetSim}_{i,j}=\frac{\min(mi_{0-\text{meet}},mj_{0-\text{meet}})}{\max(mi_{0-\text{meet}},mj_{0-\text{meet}})} \tag{6.12}$$

式中，$mi_{0-\text{meet}}$为综合前某道路网眼的 0 维拓扑相接成分数量；$mj_{0-\text{meet}}$为综合后某道路网眼的 0 维拓扑相接成分数量，$0-\text{meetSim}_{i,j}$为综合前后 0 维拓扑相接相似性。与 1 维拓扑相接相似性类似，$0<0-\text{meetSim}_{i,j}\leqslant 1$，并且值越大表示越相似。按照式(6.12)，可知图 6.25 中道路网眼 A 综合前后的 $0-\text{meetSim}_{i,j}$为 1。

C. 拓扑相接相似性

$$\text{meetSim}_{i,j}=\frac{0-\text{meetSim}_{i,j}+1-\text{meetSim}_{i,j}}{2} \tag{6.13}$$

无论是 1 维还是 0 维拓扑相接相似性，都只是反映拓扑相接的一个方面。综合式(6.11)与式(6.12)，可以简单利用式(6.13)对其拓扑相接相似性进行描述。

依此可通过计算得到图 6.25 中道路网眼 A 综合前后的拓扑相接相似性 $\text{meetSim}_{i,j}$ 为 0.9。

2）道路网的综合过程

A. 道路网眼组成边（道路）的删除

依据式（6.13），可以简单地计算并比较综合前后单个道路网眼的拓扑相似性。但实际综合过程中，由于道路网眼组成边（即道路）的删除，不但重新组合生成新的道路网眼，同时还有可能影响其周围区域道路网眼的拓扑结构（这些区域简称拓扑相关区域），因此需要对每条道路网眼组成边的拓扑相关区域进行分析。

如图 6.25(a)所示，对于道路网眼 C，其相邻网眼区域为 H、A、B 和 L，若删除其组成边 ab，则道路网眼 C 与 H 相当于进行了合并操作，其拓扑相关区域变化为 A、B、L、R、K、M、J 和 I，如图 6.25(b)所示，这也是可能引起拓扑变化的相关区域。因此对于拓扑变化的计算应该是计算组成边删除后的拓扑相关区域。

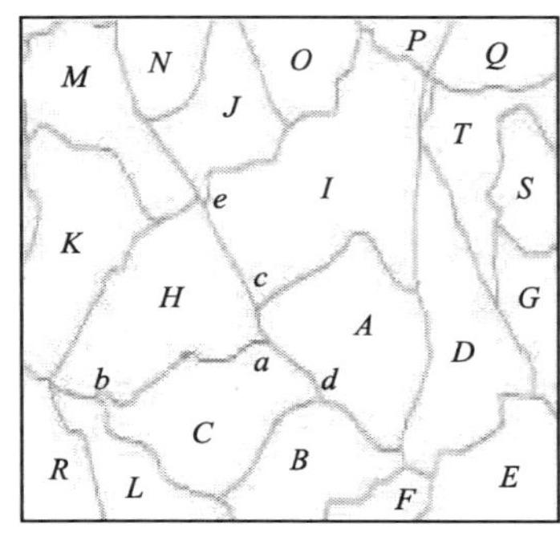

(a) 原始道路网眼A拓扑情况

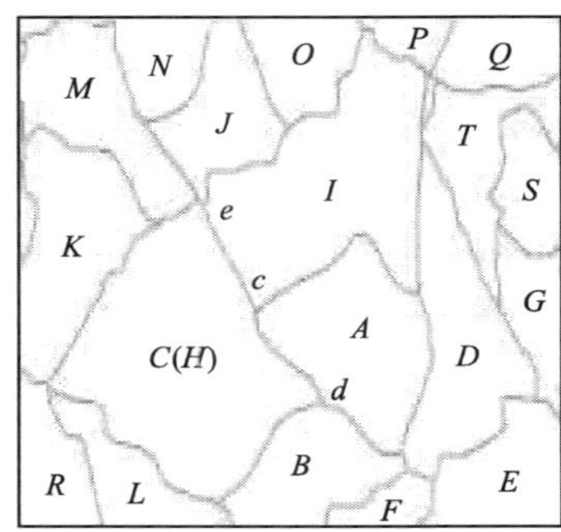

(b) 删除某道路后道路网眼A拓扑情况

图 6.25 道路网眼 A 拓扑情况

根据道路网眼组成边删除引起拓扑不变量变化最小的原则，需要将拓扑变化相关区域进行量化比较，量化公式如下：

$$\text{Change}(f)=\frac{\sum_{k=1}^{n}\text{meetSim}_{i,j}(k)}{n} \tag{6.14}$$

式中，$\text{Change}(f)$为删除组成边 f 的拓扑相似度；$\text{meetSim}_{i,j}(k)$为拓扑相关区域 k 的拓扑相接相似性；n 为拓扑相关变化区域的数量。

当 $\text{Change}(f)$越小表示其拓扑结构变化越大，当拓扑一致（同胚）时，$\text{Change}(f)$取值为 1。

依据式（6.14）分别计算道路网眼各可删除组成边的 $\text{Change}(f)$，选择 $\max(\text{Change}(f))$ 所在边作为待删除道路。若 $\max(\text{Change}(f))$唯一，则直接删除该组成边；若不唯一，则表明出现相同拓扑相似性道路网眼组成边情况，需要进一步分析判断。

B. 相同拓扑相似性道路网眼组成边的删除

如图 6.26 所示的道路网眼 A，删除道路网眼组成边 ab 与 ac，根据式（6.14）计算所得的拓扑相似度相同，即 Change(ab)＝Change(ac)，并且 ab 与 ac 都是可删除的道路。因此，对于究竟删除哪条道路边还需要作进一步的研究。

通过仔细分析不难发现，图 6.26 中删除组成边 ab 形成新的道路网眼相对于原道路网眼 A 与 B 形状变化相对比较大；而删除组成边 ac 形成新的道路网眼则相对于原道路网眼 A 与 C 形状变化相对比较小。因此，从保持道路网眼基本形状的角度可以得到删除组成边 ac 更为合适。借鉴多边形形状评价方法，可得到如下评价公式：

$$\mathrm{Change}_{\mathrm{shape}}=\frac{\mathrm{ratio}_{\mathrm{shape}}(i)+\mathrm{ratio}_{\mathrm{shape}}(j)}{2\mathrm{ratio}_{\mathrm{shape}}(k)} \tag{6.15}$$

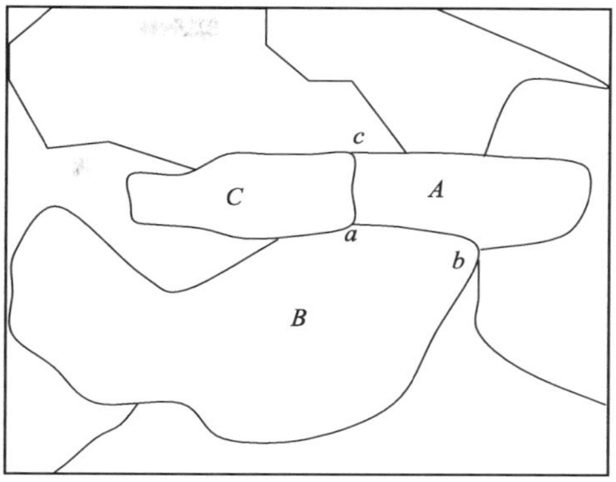

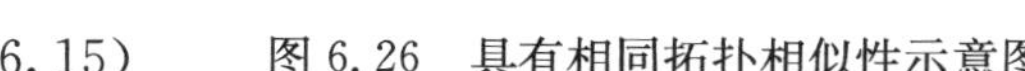

图 6.26　具有相同拓扑相似性示意图

式中，$\mathrm{ratio}_{\mathrm{shape}}(i)=W_i(\mathrm{MBR})/L_i(\mathrm{MBR})$ 为道路网眼 i 的形状比率；$W_i(\mathrm{MBR})$ 为其最小投影矩形的宽；$L_i(\mathrm{MBR})$ 是最小投影矩形的长；$\mathrm{Change}_{\mathrm{shape}}$ 为两道路网眼合并后相对于原来两道路网眼的变化比率，当网眼 i,j,k 形状相同时，$\mathrm{Change}_{\mathrm{shape}}$ 为 1，$\mathrm{Change}_{\mathrm{shape}}$ 越小表示形状变化越大。

C. 局部道路网眼拓扑数据的重组

对道路网眼的组成边进行删除后，原有的拓扑关系将被局部破坏，因此需要进行局部道路网眼拓扑数据的重新组织。如对图 6.25(a)中的道路网眼{A,H}与{A,C}，其拓扑关系可形式化描述为{1,1,0,{ac}}和{1,1,0,{da}}。

如图 6.25(b)所示，当删除道路网眼组成边 ab 后，道路网眼{A,H}与{A,C}的拓扑关系就统一为道路网眼{$A,C(H)$}之间的关系，其拓扑关系可形式化描述为{1,1,0,{dc}}，而并不是{1,2,0,{da,ac}}。

对于相接成分的计算，由于 ab 边的删除，边 da 与 ac 应该相接构成一条边 dc，其相接成分数量计算为 1 而不是 2。这实际就相当于将结点 a 进行了去除，从这个角度来看，基于拓扑一致性的道路网综合方法与普通基于图论的方法并不矛盾。

3）*方法讨论*

图 6.27 是利用上述基于拓扑相似性的道路网综合模型对某一地区 1∶250000 道路网数据进行了 1∶500000 制图综合实验的结果。从结果来看，该方法的优点是：

(1) 充分考虑了道路网眼的拓扑关系，能够保持道路网密度分布特征及其分布规律。

由于将道路作为直接删除目标，避免了基于图论的常规道路网综合方法中两结点之间具有多条道路时，难以区别对待而必须同时删除和保留的情况，使综合结果更加合理。

(2) 在计算拓扑相似度的基础上，对道路网眼的形状进行了分析，能够较好地保持其基本形状特征。

该方法的缺点是：只侧重图形综合，因而适用于语义信息不完善的道路网综合和以制图为目的的地图综合，并不完全适用于导航图等特殊要求。

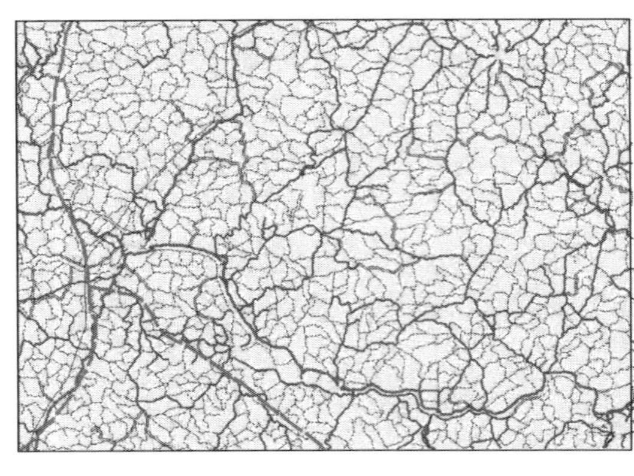

(a) 原始道路数据

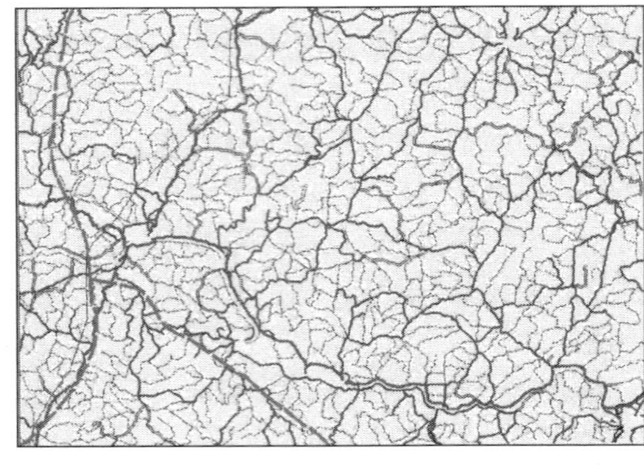

(b) 综合后道路数据

图 6.27　基于拓扑相似性的道路网综合结果

2. 基于网眼密度的道路选取算法

胡云岗等(2007)认为，道路的选取与道路密度相关。一方面不同尺度上的道路密度不同；另一方面在密集区域舍弃的路段较多，而在稀疏区域舍弃的路段较少。这表明密度可以作为阈值来控制道路的选取。因而，根据道路网的疏密划分出一系列小区域，通过确定密度阈值，利用几何、语义等属性，就可以对区域内的路段进行取舍。由此总结认为，基于网眼密度进行道路选取应该遵循的三条原则是：

(1) 网眼作为选取单元和网眼密度作为选取基准。网眼作为道路网自然划分的最小区域，形成了选取单元。当网眼密度大于阈值时，删除网眼上的路段，形成与邻接网眼的合并，新网眼密度也就变小。因而对这样的选取单元，密度阈值不是作为选取率使用，而是衡量路段是否密集的标准。

(2) 保持道路网中不同区域的密度差别。以网眼边界上路段的最低等级为标准将道路网眼分成不同类型。不同类型的网眼设置不同的密度阈值，有助于保持不同区域的密度差别。

(3) 保持道路网的拓扑连通性。网眼作为一个闭合回路，舍弃一条或多条路段，并形成与邻接网眼的合并，不破坏道路网的连通。至于每次舍弃哪些路段，需要根据路段的几何、语义等方面的参数，比较路段的重要性进行选择。

胡云岗等(2007)研究了三种计算网眼阈值的方法，一是由理论分析、计算得到；二是由制图规范计算得到；三是由地图样本统计得到。由此，他们总结认为，不同的方法计算得到的阈值具有不同的使用范围：对等级较高的道路很少进行删除，以理论计算而得的网眼密度阈值或从规范所获取的值为其网眼密度阈值；对等级中等的道路如次要街道、乡村路等组成的网眼，要应用样本统计密度阈值；等级更低的一些道路，如内部道路等组成的网眼，密度阈值为 0，表明在小尺度数据中直接删除所有路段。

该算法建立了路段选取(删除)的 5 条规则，分别是：

规则 1　从等级最低的路段中选择要舍弃的路段。

规则 2　如存在 stroke 的度 D_s 为 1 的路段，舍弃其中长度 L 最小的路段。

规则 3 如果没有 D_s 为 1 的路段，舍弃 stroke 长度 L_s 最小的路段；当长度 L_s 差值不大时，舍弃长度 L 最小的路段。

规则 4 与码头等重要地物相连的路段不舍弃。

规则 5 所在的 stroke 长度达到某一长度时不舍弃。

其中，规则 1、规则 2、规则 3 为删除性规则，而规则 4、规则 5 为保留性规则，防止了某属性重要程度较高的路段被舍弃。这说明对于需要选取的网眼，并非必须舍弃路段，需要全面考虑路段的几何与语义特征，确保所选取的为重要道路，舍弃的为次要道路。

舍弃路段的网眼必须是从密度最大的网眼开始，以防止网眼被过度合并，造成不必要的路段删除。因此，要对密度大于阈值的网眼进行排序，剥离出密度最大的网眼，如果舍弃路段，则与邻接网眼合并，合并后的网眼密度仍可能大于阈值，还要再次进行排序，形成循环处理的过程。网眼合并的主要步骤如下：

第一步，对密度超过阈值的网眼按密度值从大到小排序，剥离出密度最大的网眼；

第二步，比较道路网眼边界上各路段的重要性，判断最次要的路段，如需舍弃，删除并作标识；

第三步，根据标识路段的左右多边形拓扑关系，合并网眼并重新组织路段，标识网眼类型，如果该网眼密度超过阈值，加入密度超过阈值的网眼集，并排序；

第四步，依次从网眼集剥离出网眼，按第二步、第三步处理，直至网眼集中所有网眼被处理。

该方法能够很好地保持道路网的密度对比关系，保证道路网在综合前后拓扑、语义关系的一致性；其缺点是没有考虑道路与居民地的连接关系。

6.4 居民地综合算法

6.4.1 居民地综合中的算子

对于地图综合算子，McMaster 和 Shea(1992)进行了详细的分类研究，仅就居民地综合而言，至少应包括下面的算子：

(1) 融合(Amalgamation)：把两个由道路等分开的居民地合并。

(2) 聚合(Aggregation)：把两个由空地分开的居民地合并。

(3) 降维(Collapse)：把一个多边形表达的居民点在比例尺缩小后变为一个点状符号表示。

(4) 移位(Displacement)：为了解决居民地之间或者居民地与其他地物、地貌之间的压盖或空间符号冲突，把居民地移动一定的距离。

(5) 夸大(Exaggeration)：为了使面积很小而在小比例尺地图上无法表示的居民地尽量表示出来，把该小居民地夸大表示。

(6) 删除(Selective Omission or Elimination)：删除不重要的居民地。

(7) 化简(Simplification)：把居民地的边界简化。

(8) 典型化(Typification)：把阵列式分布的居民地按照其行列对比关系化简。

表 6.4 列举了上述的算子及其图形综合示例。其中，移位和夸大属于地图综合主要工

作完成后，在图形符号化过程中处理的算子。因此，居民地综合中的常用算子为 6 个：融合、聚合、降维、删除、化简、典型化。下面就居民地多边形的合并、化简等算法进行详细论述。

表 6.4　居民地综合中的基本算子

算子	比例尺为 S，$S/2$ 及综合后的图形
融合	
聚合	
降维	
移位	
夸大	
删除	
化简	
典型化	

1. 居民地多边形的合并算法

邻近关系是居民地多边形合并过程中的重要依据。制图综合中的邻近概念与空间拓扑关系中的邻近不同，在 4 元组或 9 元组拓扑描述中只有当多边形共享弧段相切时，才能算作是邻近(Egenhofer and Franzosa，1991)。而在制图综合中，邻近关系是以视觉距离感来认知的。比例尺缩小后，当视觉难于分辨其距离差(尽管几何表达上仍存在缝隙)时，也视为邻近，这种关系称为视觉邻近(Peng，1995)。视觉邻近的探测要基于距离计算实现，目前主要是通过 Buffer 探测、Delaunay 三角网和栅格扩充算法来完成。这里针对拓扑邻近与视觉邻近两种空间关系(图 6.28)，分别介绍基于矢量拓扑结构的“剪枝扩展”算法和基于栅格结构的两垂直方向的扫描填充算法。

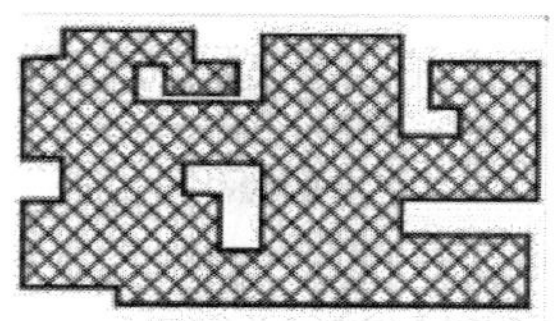
(a) 拓扑邻近

(b) 视觉邻近

图 6.28　居民地之间的两种邻近关系

1）拓扑邻近多边形的合并

在结点-弧段-多边形矢量拓扑结构中，通过查找公用弧段即可派生出多边形间拓扑邻近关系。常规算法中，合并拓扑邻近多边形采用异或位运算。如图 6.29 所示，多边形Ⅰ(f,a,d)；多边形Ⅱ(a,g,c,b)；多边形Ⅲ(d,b,e)。多边形合并采用弧段的异或运算，去掉多边形共享重合边：

$$\text{Ⅰ XOR Ⅱ XOR Ⅲ} = (f,c,g,e)$$

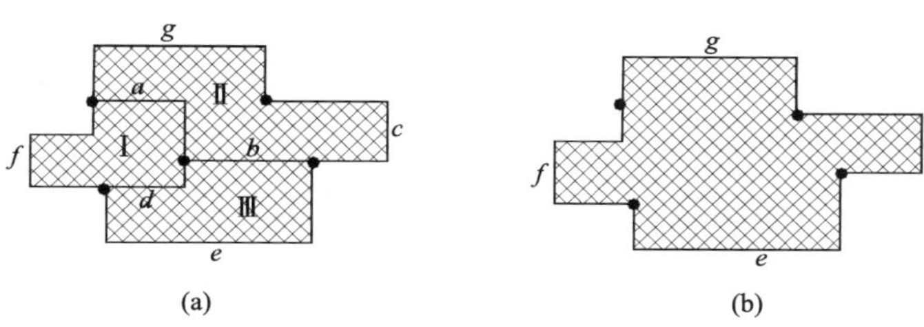

(a)　(b)

图 6.29　位运算进行拓扑邻近居民地的合并

位运算虽然简单，但只找出了组成合并后多边形的弧段号，而弧段的连接顺序、在连接中坐标串的方向以及环与环之间的岛屿关系，尚需进一步处理。实际上，合并前各基础多边形与弧段的关系、弧段之间的邻接顺序已经蕴含着合并后结果多边形需进一步处理的信息内容，采用下面的“剪枝扩展”算法，通过一步搜索即可得到完整的多边形结构。

首先，建立算法实施的数据结构，多边形的存储采用闭合弧段链，待合并多边形的弧段链方向保持一致，均调整为顺时针或逆时针，弧段的正负号用于表达该弧段坐标串的存储方向与闭合弧段链方向的一致性与否。为叙述方便，引入“补链”概念。对于闭合链($a_1,a_2,\cdots,a_i,\cdots,a_n$)，将($a_1,a_2,\cdots,a_i$, $a_{i+k},\cdots,a_n$)称作(a_{i+1}, $a_{i+2},\cdots$, a_{i+k-1})的补链。待合并的多边形为$\{P_i\}(i=0,1,2,\cdots,n)$，合并后的结果多边形为$C_i$，多边形“剪枝扩展”的算法叙述如下：

第一步，赋初值$C_0=P_0$；

第二步，i 从 $1\sim n$ 循环，反复执行下列过程：

(1) 查找获取C_{i-1}与P_i的共用弧段链($a_1,a_2,\cdots,a_k$)；

(2) 生成P_i多边形闭合链中子链($a_1,a_2,\cdots,a_k$)的补链($b_1,b_2,\cdots,b_m$)；

(3) 用($b_1,b_2,\cdots,b_m$)置换C_{i-1}中的弧段子链($a_1,a_2,\cdots,a_k$)，得到合并P_i后的新的

合并多边形链C_i；

第三步，对C_n进行分解，将链中不相邻的且方向相反的同名弧段之间的子链分解出来，得到：$C_n = S_1 \cup S_2 \cup \cdots \cup S_j$；

第四步，计算$S_1, S_2, \cdots, S_j$闭合链对应的多边形的面积，取面积最大者作为多边形外环，其余则为多边形岛屿。

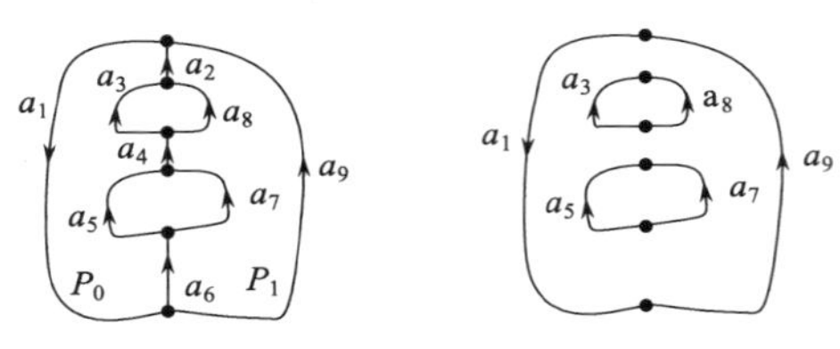

图 6.30 “剪枝扩展”合并多边形示例

如图 6.30 所示，多边形$P_0=(a_1, a_6, a_5, a_4, a_3, a_2)$；多边形$P_1=(a_9, -a_2, -a_8, -a_4, -a_7, -a_6)$。扫描$P_0$的弧段最先得到共用弧段$a_6$，剪弃它：多边形$P_0 \cup P_1 = (a_1, a_9, -a_2, -a_8, -a_4, -a_7, a_5, a_4, a_3, a_2)$，分解$P_0 \cup P_1$，提取$-a_2$与$a_2$间的弧段链得：$(a_1, a_9) \cup (-a_8, -a_4, -a_7, a_5, a_4, a_3)$，进一步分解，提取$-a_4$与$a_4$间的弧段链得：$(a_1, a_9) \cup (-a_8, a_3) \cup (-a_7, a_5)$。

通过多边形的面积计算可探测到(a_1, a_9)为外环，而$(-a_8, a_3)$和$(-a_7, a_5)$为多边形的岛屿。该算法基于多边形间的拓扑邻近关系，“剪开”公用弧段，将另一侧的多边形弧段链加入进来逐步扩展。内部岛屿与外环之间则由一进一出的不相邻且方向相反的同名弧段“架桥”连接。依据这一性质，岛屿的探测不需要其他搜索过程。

2）视觉邻近多边形的合并

视觉邻近多边形是居民地多边形间的另一种空间关系，在制图综合中扮演着重要的角色。视觉邻近多边形的合并即寻找包围多边形的边界，且尽可能保证合并多边形的形状与原多边形相似。多边形的最小投影矩形（Minimum Boundary Rectangle，MBR）、最小外接矩形（Minimum Enclosing Rectangle，MER）、凸壳是对居民地群的不同拟合（Papadias and Theodoridis，1997），如图 6.31 所示，但综合程度过大，不能表达居民地群的内部空间分布结构。

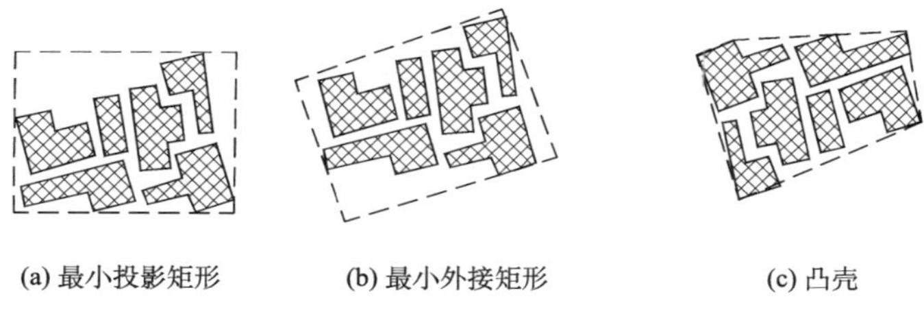

图 6.31 居民地群的三种拟合

在此给出一种基于栅格扩展的算法对视觉邻近多边形进行合并，合并的条件通过栅格之间的距离来控制，既保证居民地覆盖区域的范围轮廓不失真，又能将相互间距离小的空白区域填充。下面结合图 6.32 介绍该方法的基本过程。

(1) 对待合并的多边形进行旋转，使得旋转后栅格沿水平和垂直方向扩展时，在最短距离内碰到邻近多边形栅格，且在一定程度上保持多边形合并后的矩形化特征。与各多边形的每一条边平行，作包围多边形的旋转外接矩形，其中面积最小者表明该矩形对居民地群的范围拟合最佳，能代表居民地群空间分布的主方向，该最小矩形相邻两边的垂直方向即为栅格扩展的方向。运用该方法寻找 MER，在理论上是不严密的，但在实践中对居民地多边形而言是适用的。

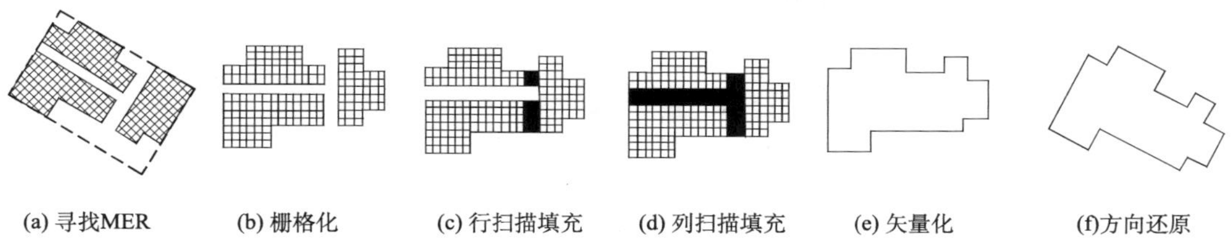

图 6.32　栅格扩展进行居民地多边形合并

(2) 对旋转后的各多边形进行栅格化，采用二维行程编码对栅格化的结果存储。

(3) 按行扫描对行程编码结构的栅格进行扩展，填充空白间距小于阈值的区域。如图 6.33 所示，第 i 行的栅格为 $(C_1, C_2) \cup (C_3, C_4)$。当 $C_3 - C_2 < w$（w 为用栅格数表示的间距阈值）时，表明 C_2 与 C_3 具有视觉邻近关系，其间的空白区域可以被填充，合并结果变为 (C_1, C_4)。

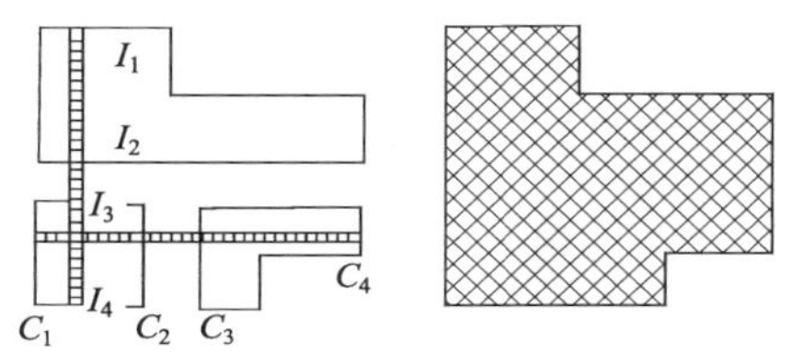

图 6.33　按行扫描进行填充

2. 居民地多边形的化简算法

居民地多边形与湖泊、土地利用类型等多边形相比，多边形结构具有其自身的特点。居民地的边界主要有一些垂直线段构成，居民地多边形可以看作一系列矩形的并差运算结果。这一特点使得居民地多边形的形状化简可以运用计算几何中的“分治”(Divide and Conquer)思想进行多边形的矩形分解与组合（图 6.34）。通过基础矩形的差分组合表达居民地的形状结构，基础矩形的差分组合可以有多种形式，合理的组合反映出居民地多边形由整体到细节的逐步化简过程（郭仁忠和艾廷华，2000）。

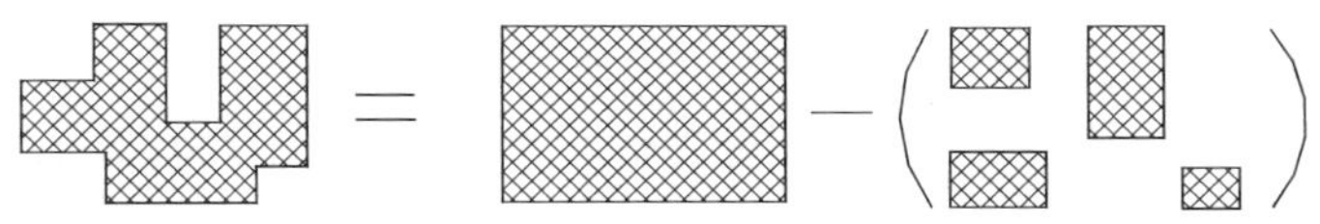

图 6.34　居民地多边形的矩形差分组合

居民地多边形化简后的形状应能体现矩形化特征，垂直棱角应能保留。如图 6.35 对居民地 A 的化简，C 保持了垂直角特征，化简效果好，而 B 则不可取。

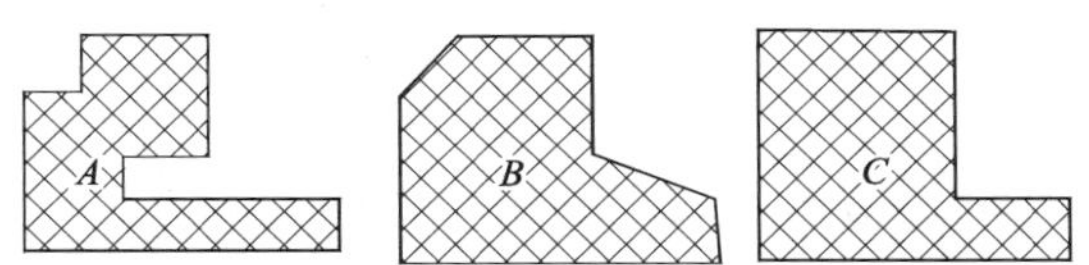

图 6.35　矩形特征保持与否的比较

居民地多边形的化简是在其最小外接矩形基础上通过多层次的矩形差分组合实现的，每个层次下的矩形组合状态对应着一定比例尺下居民地化简的结果。图 6.36 描述了该化简过程的基本思想，居民地在最小外接矩形 A 上分解 B、C、D 之后，差分组合 $A-C-B-D$ 到 $A-C-B$ 到 $A-C$ 到 A，综合程度逐步加大。矩形差分组合的基本规则是：保留面积大于阈值 a 的凹部矩形，优先填充面积小的凹部矩形。按面积大小排序 $D<B<C$，该顺序即反映出凹部填充的优先级。

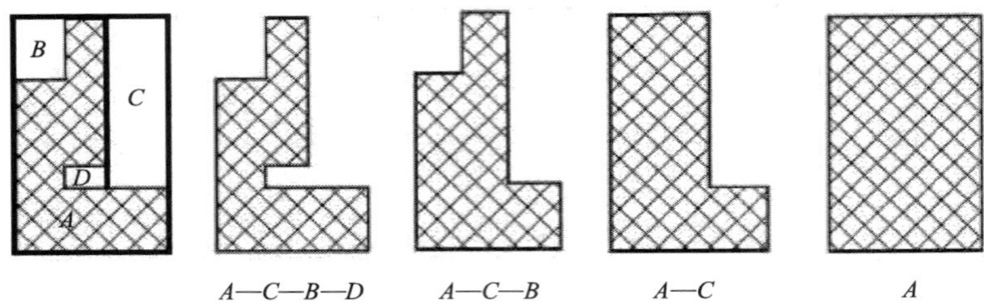

图 6.36 基于矩形差分组合的形状化简层次化过程，每一状态对应一定分辨率下的综合结果

下面结合图 6.37 讨论对居民地多边形 B 建立差分组合的方法。

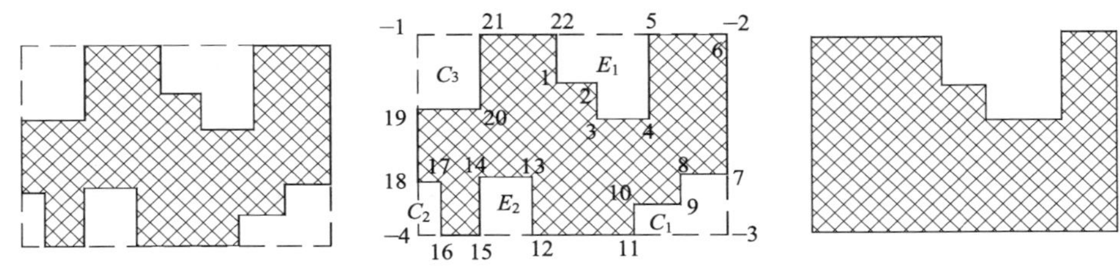

图 6.37 矩形差分分解、形状化简

(1) 按视觉邻近多边形的合并中的方法寻找多边形最小外接矩形 R，由于数字化采集的多边形数据存在误差，通过最小外接矩形按距离阈值对居民地多边形的顶点进行几何修正，使得靠近最小外接矩形角、边的顶点吸收到角、边上。

(2) 按顺时针方向对矩形和居民地多边形顶点编号，其中，矩形顶点用负号表示。

(3) 寻找落在矩形 4 条边上的多边形顶点，并与矩形 4 个角顶点一起按顺时针方向排序，如图 6.37 所示，得到顶点序列为：$P(-1,21,22,5,6,-2,7,-3,11,12,15,16,-4,18,19,-1)$。

(4) 提取与矩形边相切的局部凹多边形 E_i。对顶点序列 P 扫描，当符号为正的相邻顶点 P_i、P_{i+1}满足 $P_{i+1}\neq P_i+1$（当 P_i 为多边形最大顶点编号时，P_{i+1} 取 1）时，由 P_i、P_{i+1}以及两者之间的序列号顶点构成该凹多边形。图 6.37 中，$E_1=(22,1,2,3,4,5)$，$E_2=(12,13,14,15)$。

(5) 提取外接矩形角上的凹多边形 C_i。对顶点序列 P 考察与负号顶点前后相邻的顶点，即当 $P_k<0$ 时，考察 P_{k-1}、P_{k+1}，当 $P_{k+1}\neq P_{k-1}+1$ 时，由 P_k 及 P_{k-1}与 P_{k+1}在多边形顶点序号之间的顶点构成该凹多边形(P_k,[P_{k-1}, P_{k+1}])。图 6.37 中，$C_1=(-3,7,$

8,9,10,11);$C_2=(-4,16,17,18)$;$C_3=(-1,19,20,21)$。

至此,居民地多边形在最小外接矩形 R 基础上分解后,表示为

$$B=R-\sum_{i=1}^{n}E_i-\sum_{i=1}^{m}C_i$$

居民地多边形 B 由最小外接矩形 R 与 $(n+m)$ 个多边形求差运算得到。

在差分组合上对居民地多边形化简,设填充空白区域的面积阈值为 a,则填充 E_i,表现为从原居民地多边形顶点序列 B 中删除 E_i 的不位于矩形边上的顶点。如图 6.37 所示,当 $E_2=(12,13,14,15)$ 的面积小于阈值 a,则从 B 中删除顶点 13、14 得到化简多边形 $B'=(1,2,3,4,5,6,7,8,9,10,11,12,15,16,17,18,19,20,21,22)$。化简 C_i 表现为从居民地多边形顶点序列中删除不位于矩形边上的为正的顶点,且将负号顶点追加到多边形顶点序列中。当 $C_1=(-3,7,8,9,10,11)$,$C_2=(-4,16,17,18)$ 的面积小于阈值 a,在 B' 的基础上继续化简得到 $B''=(1,2,3,4,5,6,7,-3,11,12,15,16,-4,18,19,20,21,22)$。两种局部凹多边形的化简,通过链表的结点删除、置换、插入实现,此处不再赘述。

但上述算法只对小面积的凹部细节通过填充实现形状细节化简,面积大于阈值的多边形保留下来后形状细节并没有化简,为此需进一步考察保留的 E_i、C_i 的化简问题,即进入到第二层次的岛屿矩形差分组合。按与前述相同的方法,填充其最小外接矩形的凹部细节,结果使岛屿夸大而居民地面积缩小,这对第一层次的扩大式的化简在一定程度上起到面积平衡作用。如图 6.38 所示,保留岛屿 E_1 分解为 $E_1=R_1-(C_{11}+C_{12}+C_{13})-E_{11}$,根据面积阈值填充 C_{11}、C_{12}、E_{11}后得到最终化简结果。

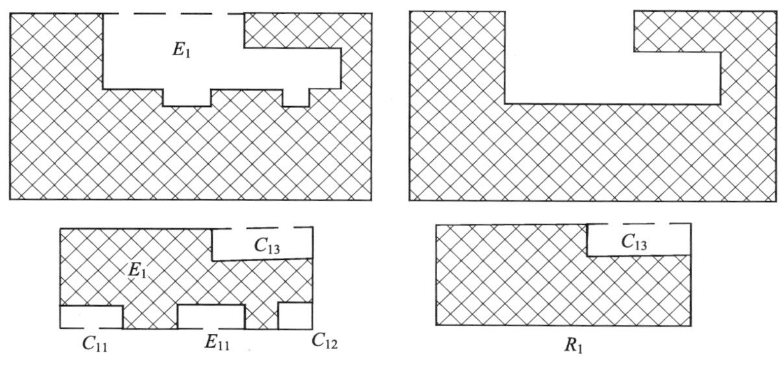

图 6.38 第二层次的形状化简

6.4.2 居民地综合中的全局约束条件

Li 等(2004)根据心理学中"注意"的概念认为,制图员在地图综合中对居民地群组图形的分析有"预注意"和"注意"两个阶段:第一阶段制图员关注居民地群的全局分布,第二阶段制图员关注居民地群的细节。由此认为,居民地综合中存在两类约束条件:全局约束条件和局部约束条件。

基于城市形态学(Urban Morphology)中的街坊模型(Neighbourhood Model)(Adams et al.，1929；Perry，1929）的观点，城市被道路、水系等划分为 4 个层次（图 6.39）：地块、街区、超级街区、街坊。

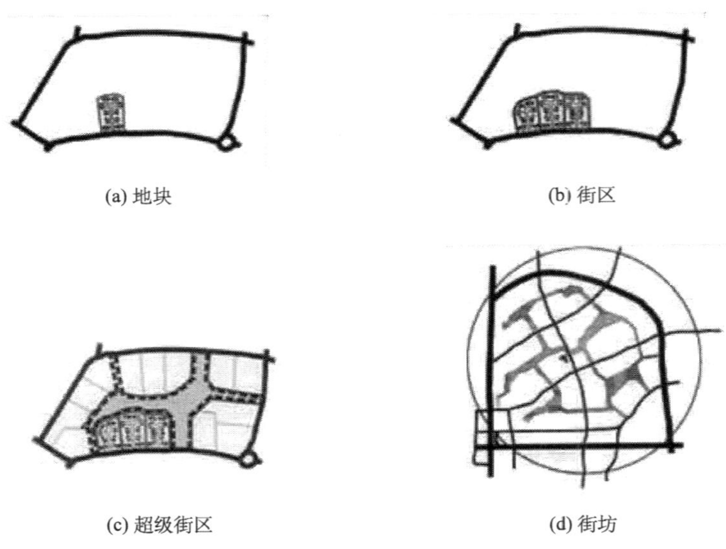

(a) 地块　(b) 街区　(c) 超级街区　(d) 街坊

图 6.39　基于城市形态学的城市划分模式

对城市居民地的综合应该在完成城市划分的基础上，在地块内部进行。因此，这里的城市街坊模型就是居民地综合的全局约束条件；在地块内对居民地群的描述因子则属于局部约束条件。图 6.40 是依据全局约束条件对城市居民地进行划分的一个例子。

局部约束条件基本上是基于 Gestalt 原理的，在本章的后续部分，结合 Yan 等（2008）提出的地块内部居民地聚群与自动综合算法详细论述。

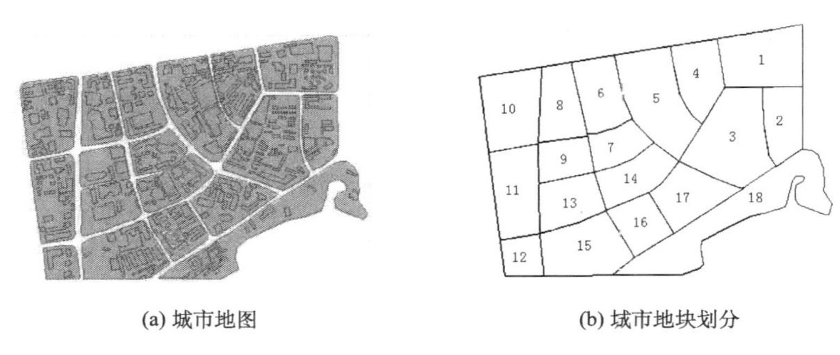

(a) 城市地图　(b) 城市地块划分

图 6.40　基于街坊模型的城市划分

6.4.3　地块内居民地的聚群与综合算法

在对居民地进行综合时，随着比例尺的减小，地图将变得拥挤而难以辨认。因此，许多居民地需要被删除、合并、降维或者化简。根据手工方式的地图综合经验可知，制图员对居民地实施综合的思维顺序通常是先把居民地分成群组，然后对不同的居民地群组采用不同的综合操作。进一步分析并分解该过程，容易发现，有经验的制图员通常在居民地综合过程中采用以下三个连续的步骤：

(1) 对居民地的结构、分布模式和关系有个大致的描述；

(2) 将居民地分成群组；

(3) 选择合适的方法对居民地进行化简、删除等地图综合操作。

计算机辅助的自动地图综合是一个模仿人类制图行为的过程。因此，为了实现居民地的自动综合，需要解决以下三个问题：

(1) 怎样对居民地的结构、分布模式和居民地之间的空间关系进行描述？

(2) 怎样把居民地分成群组？

(3) 如何为居民地群组匹配合适的综合操作？

为了论述方便，把将居民地分成群组的过程称为“居民地聚群”。

1. 居民地聚群的规则

综合以往的研究成果，至少有格式塔心理学中的 8 个原理被采用到自动地图综合中(Palmer，1992；Rock，1996)对地图目标进行分群/组(Weibel，1996；Bader and Weibel，1997；Yukio，1997)。如表 6.5 所示，它们分别是：

(1) 相近性：那些在距离上相近的对象易于被看成一个群组。

(2) 相似性：那些形状和大小相似的对象易于形成一个群组。

(3) 同方向性：按相同或相似方向排列的对象易于被看成一个群组。

(4) 同态性：那些具有相同运动方向的对象容易被视为一个整体。

(5) 同区域性：处于相同区域的对象容易被看作一个群组。

(6) 封闭性：具有封闭趋势的几个对象容易被认为是一个整体。

(7) 连续性：形状连续或具有连续的趋势的对象容易被看作一个整体。

(8) 连通性：拓扑连通的多个目标容易形成一个群组。

表 6.5 格式塔因子的图解说明

格式塔因子	举例
相近性	
相似性	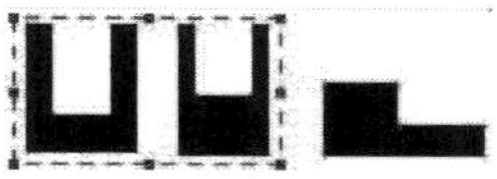
同方向性	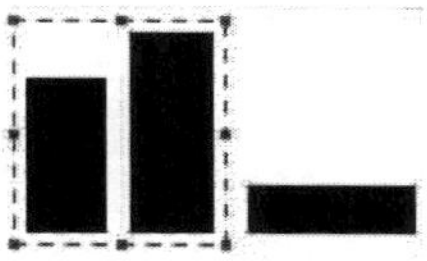
同态性	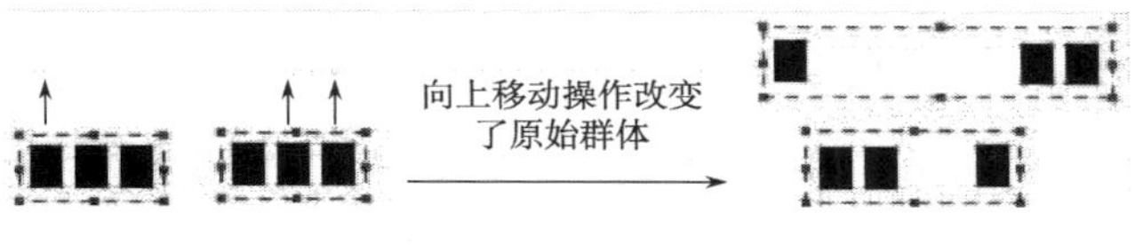 向上移动操作改变了原始群体

续表

格式塔因子	举例
同区域性	
封闭性	
连续性	
连通性	

就一定街区范围的地图居民地而言，连通性和封闭性就意味着居民地之间的距离为0。因此，它们可以被相近性所代替。同区域性原理是与上下文有关的，一般需要考虑街区里居民地与街道、河流等的上下文关系，这不在本书的研究范围之内。同态性原理只适用于动态地图。因此，本书中的居民地聚群只考虑前三个原理，即相近性、相似性和同方向性(图 6.41)。

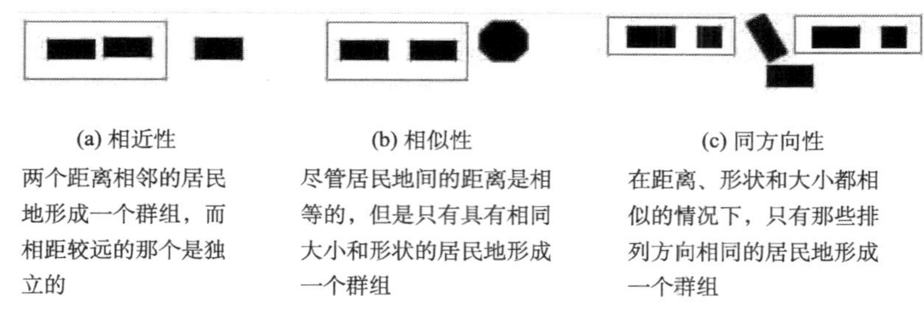

图 6.41　居民地分组规则应用的 3 个实例
在灰线矩形内的居民地形成一个群组

2. 用来描述居民地间关系和模式的参数

专家们在以前的研究工作(Boffet and Serra，2001；Regnauld，2001；Li et al. ，2004)中认为以下 6 个参数及其阈值适合于居民地结构、形态、关系及其聚群的描述。它们分别是：

(1) 最小距离:两个居民地间的最小距离。

(2) 可视区域面积:两个居民地间可视区域的面积。

(3) 大小相似性:通常使用面积比率来评估两个居民地 P 和 Q 的大小相似性。

$$R_a^{P,Q} = \frac{A_{\min}}{A_{\max}} \tag{6.16}$$

式中,$R_a^{P,Q}$ 为 P 和 Q 的面积比率;$A_{\max}$为较大的居民地面积;$A_{\min}$为较小的居民地面积。

(4) 相似形状性:用两个居民地边数的比率来度量两个居民地 P 和 Q 的形状相似性。

$$R_s^{P,Q} = \frac{E_{\min}}{E_{\max}} \tag{6.17}$$

式中,$R_s^{P,Q}$为 P 和 Q 的边数的比率;$E_{\min}$ 为具有较少边数的居民地的边数;$E_{\max}$ 为具有较多边数的居民地的边数。

应用式(6.17)来描述居民地形状的相似性是基于在地图上大多数居民地的内角都是直角的事实,在大部分情况下它是有效的。

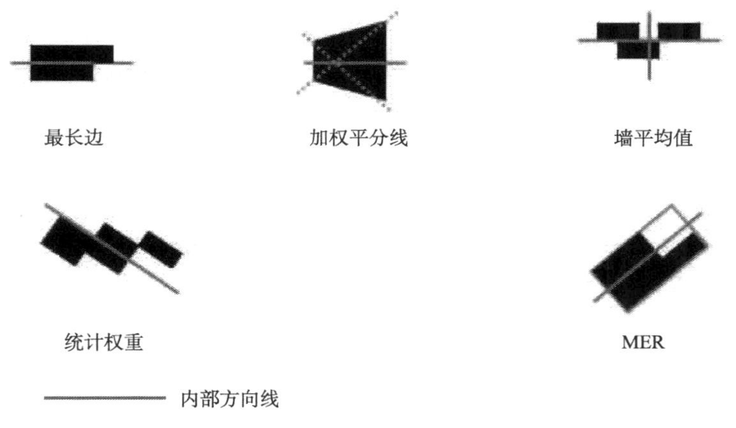

图 6.42　描述内部方向的五种方法

(5) 内部方向:内部方向用来描述一个独立居民地自身的空间延伸趋势。Duchêne 等(2003)的研究成果中概括了 5 种描述居民地内部方向的方法,包括“最长边”、“加权平分线”、“墙平均值”、“统计权重”、“最小外接矩形(MER)”,且通过实验总结认为 MER 是描述该类方向最合适的一个(图 6.42)。

为了提高居民地聚群和综合算法的效率和正确性,Yan 等(2008)在 MER 的基础上为其定义了长轴、短轴(图 6.43),用以表示居民地的两个主要的延伸方向。虽然长轴被较频繁使用,但短轴在部分情况下也十分有效。特别地,当一个居民地的主要延伸方向在直觉上并不明显时,需要长轴和短轴共同的支持来确定居民地的延伸趋势。

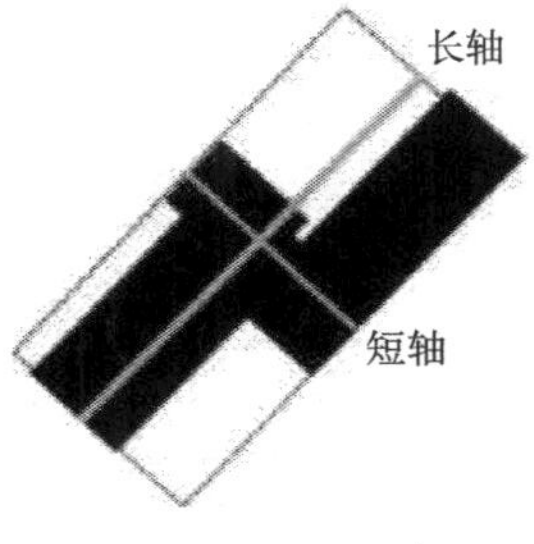

长轴

短轴

图 6.43　MER 的长轴和短轴

长轴:MER 中较长的轴;

短轴:MER 中较短的轴

(6) 对象间的方向。

算法通过方向 Voronoi 图模型(Directional Voronoi Diagram,DVD)得到定量描述两个居民地(以 P 和 Q 为例)间空间方向关系的表达式:

$$\mathrm{Dir}(P,Q)=\{\langle N,a_1\rangle,\langle NW,a_2\rangle,\langle W,a_3\rangle,\cdots,\langle NE,a_8\rangle\} \tag{6.18}$$

式中,$a_i(i=1,2,\cdots,8)$是权值(即每个主方向上的 Voronoi 边占 Voronoi 边总长度的比率),且 $\sum_{i=1}^{8}a_i=1$; N, NW,…, NE 为八方向系统下的主方向。

如果 $\mathrm{Dir}(Q,O)=\{\langle N,b_1\rangle,\langle NW,b_2\rangle,\langle W,b_3\rangle,...,\langle NE,b_8\rangle\}$,居民地 P、Q、O 之间的共同方向可以描述为下式:

$$\mathrm{Dir}(P,Q)\cap\mathrm{Dir}(Q,O)=\{\langle N,a_1\vee b_1\rangle,\langle NW,a_2\vee b_2\rangle,\cdots,\langle NE,a_8\vee b_8\rangle\} \tag{6.19}$$

为了容易讨论,$a_i^{P,Q,O}=a_i\vee b_i$ 用来表示目标 P、Q、O 的共同方向的权值。

3. 居民地聚群

为了将给定街区的居民地群聚群以便于进行地图综合,可以采用迭代方法首先形成每两个居民地之间的小聚群,然后将这些小的群组再组合成较大的过渡群组,最后获得适合于地图综合的最终群组。以下是实现该聚群操作的三个过程:

第一个过程是探测居民地之间的邻近关系,以求得所有的由两个居民地构成的群组。该过程包含以下四个步骤:

第一步,三角剖分居民地。把所有居民地多边形的顶点作为点集,构建居民地的 Delaunay 三角网,这样可形成三种类型的三角形[图 6.44(a)]。如果一个三角形的三个顶点同属于一个居民地且该三角形在居民地内部,该类三角形称为"居民地三角形";第二类是"真连通三角形",就像桥一样连接两个或三个不同的居民地;第三类是"假连通三角形",它们位于居民地的外部而三个顶点为一个居民地所有,连通的是同一个居民地的凹部。有助于探测居民地邻近关系的只有真连通三角形,而居民地三角形、假连通三角形是无用的,可从三角形队列中删除[图 6.44(b)]。

第二步,探测邻近关系。如果一个真连通三角形的一个顶点属于某个居民地,则定义该三角形也属于该居民地。因此,每个真连通三角形属于(连接)两个或三个居民地。两个拥有相同三角形的居民地被定义成拓扑邻近,也意味着这两个居民地具有邻近关系。

第三步,参数的计算。此处的参数计算只针对两个拓扑邻近的居民地之间。由于计算面积比率、边数比率和 MER 的方法相对简单,不再赘述,在这里只讨论其他三种参数的计算。

(1) 最小距离:两个居民地之间的最小距离必定存在于它们共同的真连通三角形范围内。显然,在这些真连通三角形中求得的距离的最小者就是两个居民地的最小距离。

(2) 可视区域面积:由可视区域的定义可推知,两个居民地的可视区域的面积应该是这两个居民地的公共三角形面积之和。两个居民地的公共三角形又有两种情形,其一是一个三角形只为这两个居民地共有;其二是一个三角形为三个居民地共有。前者容易处理。对于后者,需要考虑连接三角形的分割问题。可这样处理该问题:对于每个这样的三

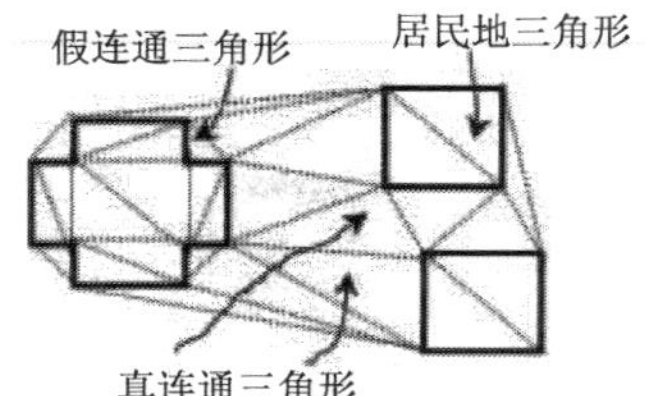

(a) 将居民地的所有顶点作为一个点集，根据Delaunay三角规则将空间三角化

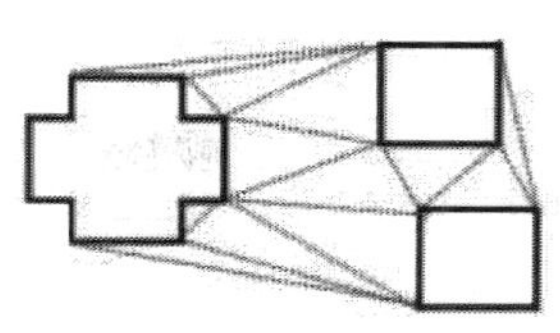
(b) 从三角形队列中删除居民地三角形、假连通三角形

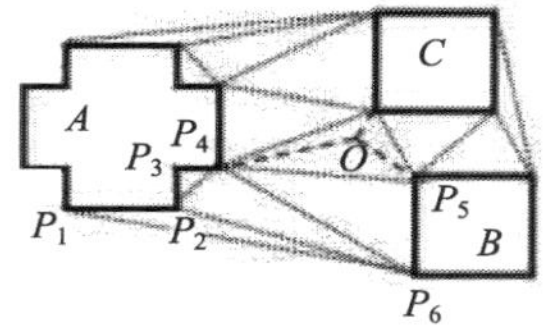

(c) 构建每两个邻近居民地的可视区域

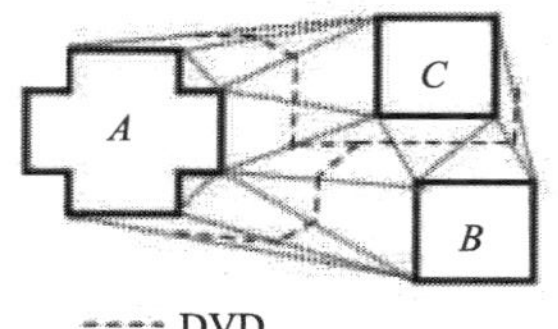

(d) 追踪三角形队列，生成每两个邻近居民地的DVD

图 6.44　拓扑邻近关系的探测和相关参数的计算

角形，连接三角形三个顶点和三角形质心的三条线段把该三角形分成三部分，每部分各属于两个居民地共有。以图 6.44(c)为例，连接居民地 A、B、C 的三角形的质心为 O，A 和 B 的可视区域为 $P_1P_2P_3P_4OP_5P_6$。

(3) DVD：为了求得方向 Voronoi 图(DVD)，需要查找三角形队列中的所有真连通三角形，然后用 DVD 定义中给出的方法，可以得到每对邻近目标的 DVD[图 6.44(d)]，进而可以用 DVD 计算出方向和权值。

为了保存以上的参数，构造一个基于 C++ 的名为 Parameter-Saver 的结构体，并且构建一个数据类型为 Parameter-Saver 的 $k\times k$ 阶矩阵(设为 T)来记录每两个拓扑邻近居民地的参数，其中 k 是居民地的个数。

```
Typedef struct TagParameter-Saver
{
    BOOL isAdjacent ；//标识两个居民地是否拓扑邻近
    float minDistance；//两个居民地间的最小距离
    float visibleArea；//两个居民地间可视区域的面积
    float areaRatio；//两个居民地的面积比率
    float eNumRatio；//两个居民地的边数比率
    float majorAxis；//MER 的长轴
    float minorAxis；// MER 的短轴
    float directionRelation[8]；//八方向系统下的方向权值
} Parameter-Saver
```

第四步，形成由两个居民地构成的群组：通过矩阵 T 中记录的参数，容易得到所有潜在的由两个居民地构成的群组。这样的每个小群组由两个拓扑邻近的居民地组成，其邻近关系信息可以直接从 Parameter-Saver 类型的数组 T 中的元素 isAdjacent 的值获得。图 6.45(a)所示为由两个居民地构成的群组。

第 2 个过程是根据两个居民地构成的群组之间的空间关系，构建过渡群组。

上述过程形成的由两个居民地构成的群组显然不能直接应用于地图综合，还需进一步合并。为了合并这些由两个居民地构成的群组，需要知道每个群组的特征信息以及两个群组的关系。后者可以用最小距离和可视区域的面积来描述。对于前者，定义一个名为“compactness”的参数来评估居民地群组的强弱。根据地图综合的经验和已有的研究成果(Yukio，1997；Li et al.，2004)并基于格式塔心理学的原理，Yan 等(2008)提出三个规则用以评判由两个居民地构成的群组(计为 G)的紧凑性(即联系的强弱)：

(1) 如果 $D>D_{\text{limit}}$ 且 $A>A_{\text{limit}}$，G 为弱群组；

(2) 如果 $D>D_{\text{limit}}$ 且 $A\leqslant A_{\text{limit}}$，或 $D\leqslant D_{\text{limit}}$ 且 $A>A_{\text{limit}}$，G 为一般群组；

(3) 如果 $D\leqslant D_{\text{limit}}$ 且 $A\leqslant A_{\text{limit}}$，$G$ 为强群组。

对上面规则中的参数取值说明如下：

(1) $D_{\text{limit}}=0.2\text{mm}$ 是地图空间分辨率的临界值(SSC，2005)；

(2) $A_{\text{limit}}=0.4\text{mm}\times0.5\text{mm}$ 是地图空间中面积的临界值(SSC，2005)。

式中，D 为两个居民地的最小距离；A 为两个居民地的可视区域的面积。

一般的，对于 n 个居民地的群组($n\geqslant3$)，如果上述规则中的 D 被 $\overline{D}$(平均最小距离)所代替，A 被 $\overline{A}$(平均可视区域面积)所代替，以上三个规则同样可以用于评判由多个居民地组成的群组的紧凑性。

根据居民地的紧凑性信息，保留强群组和一般群组，删除弱群组[图 6.45(b)]。

这些保留的群组仍然不能直接被综合，因为它们还有被组合成更大群组的潜力，进一步对这些群组进行合并是必要的。设存在两个群组 $G_1=\{A_1,A_2,A_3,\cdots,A_n,B\}$ 和 $G_2=\{B,C_1,C_2,C_3,\cdots,C_m\}$，这里 B 是两个群组的一个公共居民地。如果满足以下要求之一，G_1 和 G_2 可以被合并为一个更大的群组 G：

(1) G_1 和 G_2 是强群组；

(2) 如果一个为强群组而另一个为一般群组，且满足 $R_a^{A_n,B}\geqslant0.6$ 且 $R_s^{A_n,B}\geqslant0.6$ 且 $R_a^{B,C_1}\geqslant0.6$ 且 $R_s^{B,C_1}\geqslant0.6$，或者 $a_i^{A,B,C}\geqslant40\%$，且 A_n 和 B 长轴的夹角及 B 和 C_1 长轴的夹角均小于 15°；

(3)如果 G_1 和 G_2 都是一般群组，且满足 $R_a^{A_n,B}\geqslant0.6$ 且 $R_s^{A_n,B}\geqslant0.6$ 且 $R_a^{B,C_1}\geqslant0.6$ 且 $R_s^{B,C_1}\geqslant0.6$，且 $a_i^{A,B,C}\geqslant40\%$，且 A_n 和 B 长轴的夹角及 B 和 C_1 长轴的夹角均小于 15°。

初始时，G_1 和 G_2 是由两个居民地组成的群组；经过一轮合并后，有一些群组变成了由三个居民地组成的群组，故每个新群组的紧凑性信息和每对潜在的即将被合并的群组的 D 和 A 都要被重新计算。然后重新应用上述三个规则，重新对群组进行新一轮的合并。重复执行这个过程，直到没有群组可以合并为止。

图 6.45(b)和图 6.45(c)是群组构造过程的示例。

第 3 个过程是对具有公共居民地的过渡群组进行拆分或者合并，以得到最终群组。

通过上述过程，过渡群组还不能被综合，因为一些居民地同时出现在两个或更多的群组中[图 6.45(c)]。为了能在每个群中直接进行综合操作，那些拥有相同居民地的群组需要被分离或合并。设 G_1 和 G_2 为两个群组，G_1 比 G_2 强。

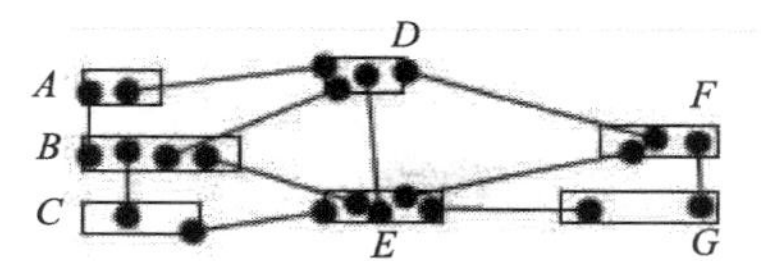

(a) 由两个居民地组成的群组
每个线段所连接的就是由两个居民地组成的群组

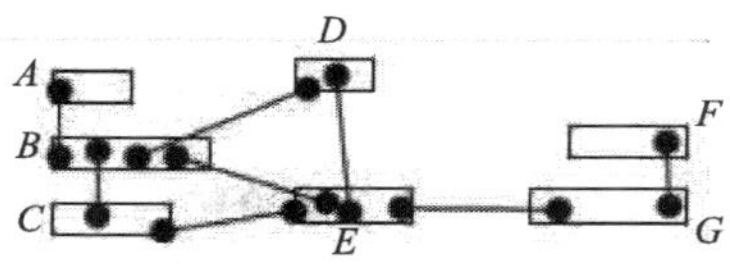

(b) 删除弱群组
去掉了 A 和 D，D 和 F，E 和 F 三个连接

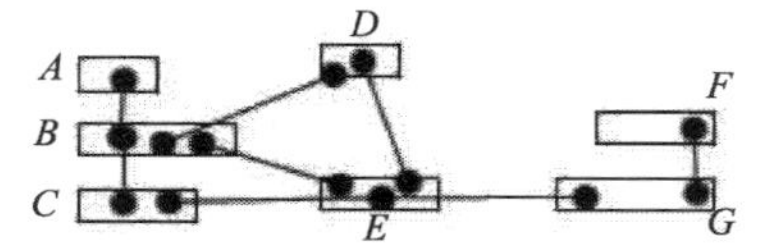

(c) 过渡群组的形成
形成了 6 个群组，分别是{A, B, C}, {B, E}, {B, D}, {D, E}, {C, E, G} 和{F, G}

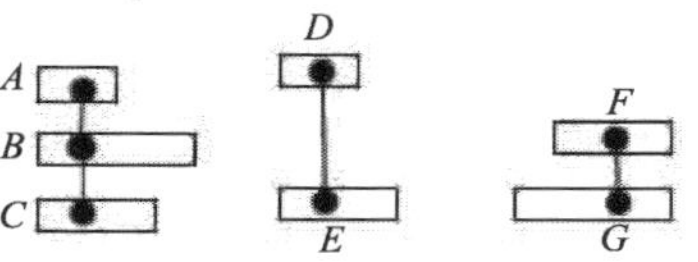

(d) 群组公共居民地的合并与分离
群组{A, B, C}比群组{B, D}和群组{B, E}强，且B和E属于群组{B, E}；如果群组{B, E}与群组{A，B，C}分离，居民地B只属于群组{A，B，C}，也就是说B和D，B和E的连接被移除。同样地，C和E，E和G的连接被删除，使居民地分离

图 6.45　居民地的分组原理

这里，评估是否 G_1 比 G_2 强的标准是按字典序比较两群组内部居民地间的平均距离、居民地间可视区域的平均面积、公共方向的平均值、居民地的个数，面积比率的平均值和边数比率的平均值。值越大，则群组越强。

合并和分离群组的规则是：如果 G_2 中除了包含公共居民地外没有其他居民地，合并 G_1 和 G_2；否则，从 G_2 中删除公共居民地，也就是公共居民地只被保留在更强的群组 G_1 中。

至此，就得到了可以直接被综合的最终群组，如图 6.45(d)所示。

4. 居民地的综合

为了综合居民地群组，必须为每个特定的群组选择合适的综合操作和算法。设 G 为将要被综合的群组，N 为 G 中居民地的个数。可运用下面的规则，为 G 选择合适的操作：

(1) 如果 $N=1$，且居民地的图上面积小于 0.4mm×0.5mm(SSC，2005)，综合操作选择“降维”(定位点取质心)。

(2) 如果 $N=1$，且居民地的图上面积不小于 0.4mm×0.5mm(SSC，2005)，综合操作为“边界线化简”。

(3) 如果 $N=2$，综合操作是“合并”、“边界线化简”。

(4) 如果 $N\geqslant 3$，找出 G 的邻近群组。如果邻近群组的特征与 G 的相似，综合操作是“典型化”(这里，“典型化”意味着“合并”+“分割”)、“边界线化简”。如果两群组不相似，计算 G 中居民地间的非居民地区域面积(计为 A_s)和居民地的总面积(计为 A_b)。如果 $A_b>A_s$，则综合操作是“合并”、“边界线化简”；否则，综合操作为“选择”、“边界线化简”。

所有群组被综合之后，需要检查综合后居民地间的拓扑关系，因为经过综合后的居民地间可能存在图面的拥挤甚至交叠。为了消除居民地空间占位的冲突，被综合后的居民地需要被重新三角化来计算它们的最小距离。如果两个居民地拥挤或交叠，采取的方法是把其中一个居民地的位置微动，或者适量缩减一个居民地的面积。

图 6.46 所示是利用该算法综合得到的一个结果图，实验的原始数据来自比例尺为 1∶10 000 的地形图，综合后的地图比例尺为 1∶25 000 和 1∶50 000。

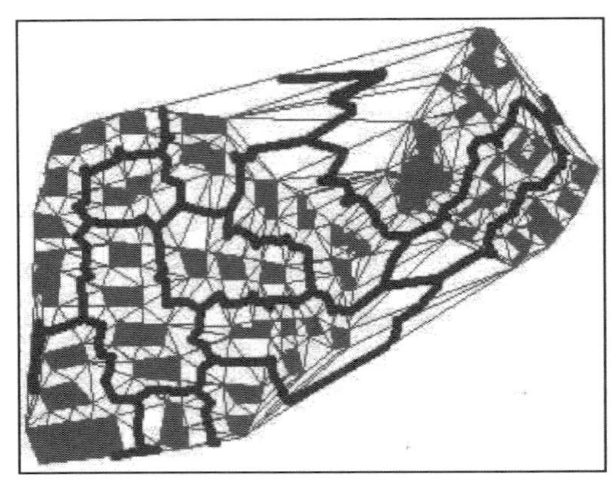

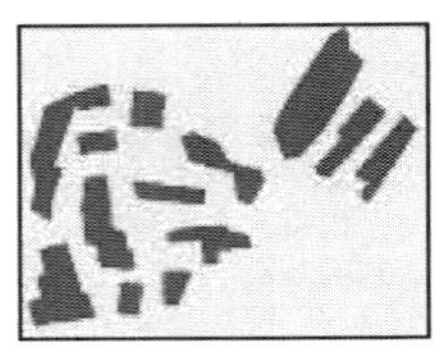

(a) 为综合成1∶25 000地图而进行的聚群结果　(b) 综合后的1∶25 000地图

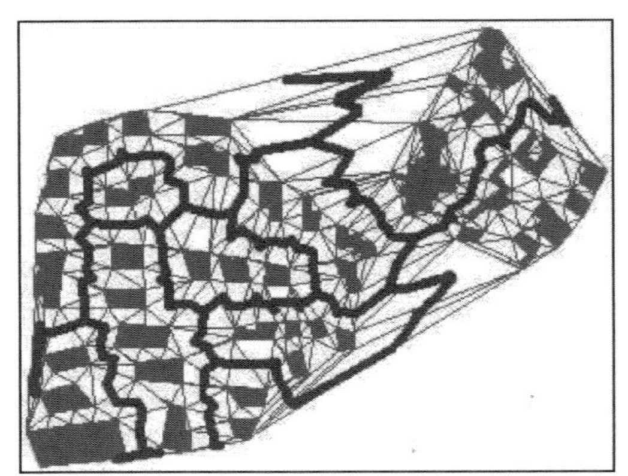

(c) 为综合成1∶50 000地图而进行的聚群结果　(d) 综合后的1∶50 000地图

图 6.46　居民地的聚群和综合

原图比例尺为 1∶10 000，居民地形状复杂，有许多凹形居民地且拐角的角度任意，居民地长轴少有平行且延伸方向不同

主要参考文献

艾廷华，刘耀林．2002. 保持空间分布特征的群点化简方法．测绘学报，31(2)：175～181

邓红艳．2003. 基于遗传算法的自动制图综合研究．解放军信息工程大学硕士学位论文

郭仁忠，艾廷华．2000. 制图综合中建筑物多边形的合并与化简．武汉测绘科技大学学报，25(1)：25～30

郭仁忠．1997. 空间分析．武汉：武汉测绘科技大学出版社

郭庆胜，毋河海，李沛川．2000. 等高线的空间关系规则和渐进式图形简化方法．武汉测绘科技大学学报，25(1)：31～34

胡云岗,陈军,李志林等.2007. 基于网眼密度的道路选取方法.测绘学报,36(3):351～357
王晏民.2002. 矢量曲线的特征点提取.测绘工程,11(2):8～10
毋河海.1995. 地形图等高线树的建立.武汉测绘科技大学学报,20(增刊):1～5
闫浩文,褚衍东,孙建国等.2007. 计算机地图制图原理与算法基础.北京:科学出版社
闫浩文,王家耀.2005. 基于 Voronoi 图的点群目标普适综合算法.中国图象图形学报 A,10(5):633～636
杨得志,王杰臣,闾国年等.2002. 矢量数据压缩的 Douglas-Peucker 算法的实现与改进.测绘通报,(7):18～19
张海堂 等.2004. 基于三角网渐进式简化的等高线多尺度综合.测绘信息与工程,29(5):11～13
张锦.2002. 多分辨率空间数据模型理论与实现技术研究.中国科学院研究生院博士学位论文
张琳琳,武芳,王辉连.2005. 等高线空间关系的确定及应用.测绘通报,8:19～22
朱文博 等.2008. 一种基于多分辨率模型简化算法的等高线自动综合方法研究.山西农业大学学报(自然科学版),28(3):332～337
Adams T, Bassett E M, Whitten R. 1929. The Radburn project: The planning and subdivision of land. *In*: Neighbourhood and community planning, Regional survey of New York and its environs (volume VII) New York: Arno Press:264～269
Ahuja N. 1982. Dot pattern processing using Voronoi neighborhoods. IEEE Transactions on Pattern Analysis and Machine Intelligence, 4(3):336～343
Ahuja N. 1989. Extraction of early perceptual structure in dot patterns: integrating region, boundary and component gestalt. Computer Vision, Graphics and Image Processing, 48(3):304～356
Bader M, Weibel R. 1997. Detecting and Resolving size and proximity conflicts in the generalisation of polygon maps. *In*: Proceedings of the 18th International Cartographic Conference. Stockholm, 1525～1532
Boffet A, Serra R. 2001. Identification of spatial structures within urban blocks for town characterization. *In*: Proceedings of the 20th international cartographic conference, Beijing, China
Duchêne C, Bard S, Barillot X. 2003. Quantitative and qualitative description of building orientation. *In*: The 5th ICA workshop on progress in automated map generalization. Paris, France
Egenhofer M, Franzosa R. 1991. Point-set topological spatial relations. International Journal of Geographical Information Systems, 5 (2): 161～174
Hoppe H. 1996. Progressive meshes. *In*: ACM SIGGRAPH'96 Proceedings, New York, USA
Langran C, Poicker T. 1986. Integration of name selection and name placement. *In*: Proceedings of 2nd International Symposium on Spatial Data Handling, 50～64
Li Z, Yan H, Ai T et al. 2004. Automated map generalization based on urban morphology and gestalt psychology. International Journal of Geographic Information Science, 18(5):513～534
McMaster R B, Shea K S. 1992. Generalization in digital cartography. Washington DC: Association of American Cartographers
Palmer S E. 1992. Common region: a new principle of perceptual grouping. Cognitive Psychology, 24(2):436～447
Papadias D, Theodoridis Y. 1997. Spatial relations, minimum bounding rectangles, and spatial data structure. International Journal of Geographical Information Systems, 11(2): 111～138
Peng W. 1995. Automatic generalization in GIS. The Netherlands: ITC Publication Serics
Perry C. 1929. The neighbourhood unit. *In*: Neighbourhood and community planning, Regional survey of New York and its environs (volume VII). New York: Arno Press: 21～140
Regnauld N. 2001. Contextual building typification in automated map generalization. Algorithmica, 30(2):312～333
Rock I. 1996. Indirect Perception. London: MIT Press
SSC. 2005. Topographic maps: Map graphics and generalization. Cartographic Publication Series No. 17. Swiss Society of Cartography (CD-ROM)
Thomson R C, Richardson D E. 1999. The "Good Continuation" principle of perceptual organization applied to the generalization of road networks, *In*: the proceedings of ICA 1999, Ottawa, Canada
Thomson R C. 2006. The "Stroke" concept in geographic network generalization and analysis. *In*: Proceedings of 12th

International Symposium on Spatial Data Handling. Vienna: [s. n.]: 681～697

Tobler W R. 1970. A computer movie simulating urban growth in the Detroit region. Economic Geography, 46: 234～240

Töpfer F, Pillerwizer W. 1966. The principles of selection. The Cartographic Journal, 3(1):10～16

Van Kreveld M, Van Oosterum R, Snoeyink J. 1995. Efficient settlement selection for interactive display. *In*: Proceedings of Auto Carto 12, Bethesda, Md. 287～296

Weibel R. 1996. A typology of constraints to line simplification. *In*: Kraak M. J. and Molenaar M. (ed.), Advances on GIS II. London: Taylor & Francis, 9A. 1～9A. 14

Yan H W, Weibel R. 2008. An algorithm for point cluster generalization based on the Voronoi diagram. Computers and GeoSciences, 34(8):939～954

Yan H W, Weibel R, Yang B S. 2008. A multi-parameter approach to automated building grouping and generalization, Geoinformatica, 12 (1):73～89

Yukio S. 1997. Cluster perception in the distribution of point objects. Cartographica, 34(1):49～61

第7章 结 束 语

计算几何与空间数据处理的共性决定了它们结合的必然性：其一，二者研究的对象一致，都是几何图形；其二，二者都需要把算法作为解决问题的手段。基于此认识，本书把计算几何和空间数据处理结合在一起，较为系统地论述了基于计算几何理论的空间数据处理算法，它包括4类，即空间分析与空间查询算法、空间数据可视化算法、空间关系表达算法和地图自动综合算法。书中选用的算法均是经典的或最新的研究成果。

空间数据处理本身是一个庞大而复杂的课题，仅凭计算几何的理论和方法远远不能解决其中的全部问题。但是，无法否认的是，计算几何已经成为解决空间数据处理的一个极其有效的工具；近年的国内外相关文献较为清楚地呈现了该问题的答案。诚然，计算几何在空间数据处理中的应用已经具有了相当的深度和广度。我们几乎在空间数据处理的各个方面都可以寻觅到计算几何的踪迹，如矢量数据、栅格数据、混合格式数据等；甚至在文本数据、多媒体空间数据的处理中，计算几何也已占了一席之地。

然而，“如何运用计算几何理论和方法解决空间数据处理的具体问题”还是一个远未解决的课题。纵览已有的相关研究成果，作者认为，该课题至少有如下重要工作值得继续关注和深入研究：

(1) 基于计算几何的哪些基元，如何可以构建算法用以计算地图上的单个线条目标(如境界线)在多尺度下的相似度？

(2) 如何运用计算几何的基元构建算法用以计算地图上的单个面目标(如湖泊、居民地等)在多尺度下的相似度？

(3) 如何运用计算几何的基元构建算法用以计算地图上的点群目标(如测量控制点)在多尺度下的空间相似度？

(4) 如何运用计算几何的基元构建算法用以计算地图上的线网目标(如道路网)在多尺度下的空间相似度？

(5) 如何运用计算几何的基元构建算法用以计算地图上的线簇目标(如等高线簇)在多尺度下的空间相似度？

(6) 如何运用计算几何的基元构建算法用以计算地图上的离散面群目标(如农村居民地群、群岛等)在多尺度下的空间相似度？

(7) 如何运用计算几何的基元构建算法用以计算地图上的连续面群目标(如土地利用地图中的地块多边形)在多尺度下的空间相似度？

(8) 如何基于计算几何，设计出地图上面目标的全自动、高智能化注记算法？

(9) 如何基于计算几何，设计出地图上线(如河流、等高线)目标的全自动、高智能化注记算法？

(10) 如何基于计算几何和图论，设计算法用以自动计算、完整描述和客观表达地图上道路网的空间拓扑关系？

(11) 如何基于计算几何的基元(如 Voronoi 图)，结合河流的属性信息，设计高智能化的算法，计算河流各支流对空间的合理剖分？

（12）如何基于计算几何的基元，设计高效算法，对空间点群数据进行组织，实现点群数据的用户自适应（即渐进式、多尺度）网络传输？

（13）如何基于计算几何的基元，设计高效算法，对空间河流数据进行组织，实现其用户自适应的网络传输？

（14）如何基于计算几何的基元，设计高效算法，对空间离散或连续的面群数据进行组织，实现其用户自适应的网络传输？

（15）如何把计算几何的各个基元拓展到高维空间数据的处理中？

（16）如何把计算几何的各个基元拓展到空间数据处理的并行算法设计中。

以上问题，部分来自于作者近年来在科研上的粗浅思考，部分来自于资料文献；因而，问题远未穷尽，旨在抛砖引玉，引起同行的关注和共鸣。